广西高等职业教育示范特色专业系列教材

（作物生产技术专业群）

作物生产技术

何荫飞　主编

中国农业大学出版社

·北京·

内容简介

本教材重点讲述我国华南地区(广东省、广西壮族自治区、海南省)栽培的主要作物,介绍与作物生产技术相关的基本理论、作物生长发育与环境条件、作物产量与品质、作物种植制度的基础上,还对华南地区常见作物的生产概况、生物学基础以及栽培技术措施进行了系统的阐述。教材力求体现地域性、科学性、先进性、实用性。为了突出对学生实践能力的培养,本书还设计了 28 个实验实训项目,各院校可根据实际情况选择实施。

本教材适合华南地区高职高专农学种植类各专业教学使用,也可作为农村培训用书。

图书在版编目(CIP)数据

作物生产技术/何荫飞主编. —北京:中国农业大学出版社,2019.6(2022.1 重印)
ISBN 978-7-5655-2222-2

Ⅰ.①作… Ⅱ.①何… Ⅲ.①作物-栽培技术 Ⅳ.①S31

中国版本图书馆 CIP 数据核字(2019)第 109648 号

书　名　作物生产技术
作　者　何荫飞　主编

策划编辑　郭建鑫　司建新　　　责任编辑　姚慧敏　邢永丽
封面设计　郑　川
出版发行　中国农业大学出版社
社　址　北京市海淀区学清路甲 38 号　　　邮政编码　100083
电　话　发行部 010-62733489,1190　　　读者服务部 010-62732336
　　　　编辑部 010-62732617,2618　　　出　版　部 010-62733440
网　址　http://www.caupress.cn　　　E-mail　cbsszs @ cau.edu.cn
经　销　新华书店
印　刷　北京鑫丰华彩印有限公司
版　次　2019 年 6 月第 1 版　　2022 年 1 月第 3 次印刷
规　格　170 mm×228 mm　　16 开本　　21.5 印张　　400 千字
定　价　67.00 元

教材编审委员会

编写人员

主　编　何荫飞（广西农业职业技术学院）

副主编　周晓舟（广西农业职业技术学院）

李　梅（广西农业职业技术学院）

编　者　何荫飞（广西农业职业技术学院）

周晓舟（广西农业职业技术学院）

李　梅（广西农业职业技术学院）

简　峰（广西农业职业技术学院）

马　涛（广西农业职业技术学院）

奉志高（广西农业职业技术学院）

蒋含笑（广西农业职业技术学院）

何元强（广西农业职业技术学院）

前　言

本教材根据华南地区高职高专种植类专业人才培养目标，注重理论联系实际，体现教、学、做一体化，突出地域性、科学性、先进性、实用性，力求有一定的理论知识、深浅适度、重点突出、体例实用，尽量满足华南地区培养种植类专业人才的需要。

本教材选取华南地区主要农作物，概述作物资源的分类与分布、生长发育特点、产量和品质形成规律、作物种植制度以及光、温、水、气、土壤和矿物质营养等环境因素与作物的关系，详细介绍了水稻、玉米、花生、甘蔗、桑树、油菜、大豆、剑麻、甘薯、马铃薯、木薯作物的生产概况、生物学基础和主要栽培技术。每章(除第三章)都列有实验实训及思考与讨论。具有较强的知识性、先进性和实用性。

由于作物生产的区域性和季节性很强，各地的种植制度、气候条件、栽培环境条件等差异很大，加上各院校“作物生产技术”课程课时不同，因此，各院校在使用本教材时，应根据当地实际情况，选择相关内容组织教学，并补充当地生产急需要的新知识和新技术。

本教材由何荫飞担任主编，周晓舟、李梅担任副主编。编写分工如下：绪论、第七章甘蔗、第八章桑树由周晓舟编写；第一章作物生长发育与环境条件、第十章大豆由马涛编写；第二章作物产量与品质、第三章种植制度、第六章花生由何荫飞编写；第四章水稻由李梅编写；第五章玉米由简峰编写；第九章油菜由奉志高编写；第十一章剑麻由蒋含笑编写；第十二章甘薯、第十三章马铃薯、第十四章木薯由何元强编写。

由于编者水平有限，难免有缺点、错误，特别是对于作物生产技术的新理论、新技术还没有充分反映，希望同行专家和广大读者批评指正。

编　者

2019 年 3 月

目　录

绪　论

一、作物栽培的概念

什么是作物？广义上讲，作物是指野生植物经过人类不断选择、驯化、利用和演变而来的，被人类栽培利用，具有经济价值的植物。地球上有记载的植物约 39 万种，被人类利用的约 2 500 种。狭义上讲，作物是指在田间栽培面积较大的农艺作物，如粮、棉、油、麻、烟、糖、茶、桑、蔬、果、药、花等。因其栽培面积大、地域分布广，故又称大田作物或农作物，俗称庄稼。全世界栽培的农作物大约 90 种，我国约 60 种。

作物栽培技术是研究作物生长发育、产量和品质形成规律及其与环境条件的关系，并在此基础上采取栽培技术措施以达到作物高产、稳产、优质、高效的一门应用技术。作物栽培的任务就是根据作物品种的要求，为其提供适宜的环境条件，采取与之相配套的栽培技术措施，充分发挥作物品种的潜力，实现作物的高产、优质、高效。

二、作物栽培的意义和作用

人类生存和发展首先必须解决吃、穿这两个基本问题。依托绿色植物转化太阳能，生产出产品是供人类吃、穿的主要来源，也是人类赖以生存的物质基础。畜牧产品也是人类生活必不可少的产品，但畜牧产品的形成依赖于植物产品。可见，供给人类生命活动的食物全部是直接或间接地来自植物，更准确地说是来自作物。

作物是人类栽培的绿色植物，作物生产是农业生产最基础的部分，农业产业是人类社会最根本的产业。

三、我国作物资源的分类与分布

（一）我国作物资源的分类

我国栽培作物种类繁多，分类方法也很多，常用的有如下几种。

1. 按产品用途和植物学系统相结合的方法分类

(1)粮食作物：主要包括谷类作物、豆类作物、薯类作物。

谷类作物（或称禾谷类作物），如稻、小麦、大麦、燕麦、黑麦、玉米、谷子、高粱、黍、稷、薏苡、荞麦等。

豆类作物（或称豆菽类作物），如大豆、蚕豆、豌豆、绿豆、饭豆、小豆、扁豆等。

薯类作物，如甘薯、马铃薯、木薯、山药（淮山）、芋等。

(2)经济作物：主要包括纤维作物、油料作物、糖料作物、嗜好作物、其他作物。

纤维作物，其中种子纤维，如棉花、木棉等；韧皮纤维，如亚麻、大麻、洋麻、黄麻、红麻、苎麻等；叶纤维，如龙舌兰麻、蕉麻、菠萝麻等。

油料作物，如花生、油菜、芝麻、向日葵、蓖麻等。大豆种子也是食用油的原料，故有时也归此类。

糖料作物，南方有甘蔗，北方有甜菜，此外还有甜叶菊等。

嗜好作物，如烟草、茶叶、咖啡、可可等。

其他作物，如桑、橡胶、香料作物（薄荷、香茅等）、编织原料作物（芦苇、席草）、调味佐料类作物（小茴香、大茴香）等。

(3)饲料和绿肥作物：主要包括豆科作物、禾本科作物和绿肥作物。

豆科作物，常见的有苜蓿、苕子、紫云英、草木犀、田菁、柽麻、三叶草等。

禾本科作物，常见的有苏丹草、黑麦草等。

绿肥作物，如红萍、水葫芦、水浮莲、水花生等也属此类。这类作物既可作饲料，又可作绿肥。

(4)药用植物：主要包括人参、枸杞、黄芪、连翘、大黄、田七、天麻、五味子、茯苓、灵芝、百合、红花、泽泻、甘草、半夏等。

上述分类是相对的，有些作物有几种用途，根据需要，既可划到这一类，也可划到另一类。如大豆，既可食用，又可榨油；亚麻既是纤维作物，种子又是油料；玉米既可食用，又可作饲料或青贮饲料；马铃薯既可作粮食，又可作蔬菜。

2. 按作物对温度条件的要求分类

(1)喜温作物:如水稻、棉花、玉米、烟草、花生等。这类作物生育期间所需的日均温和总积温量较高,生长发育的最低温度为10～12℃,若温度过低,生长发育就缓慢,甚至停止。

(2)耐寒作物:如小麦、大麦、黑麦、燕麦、豌豆、油菜等。这类作物生育期间要求的日均温和总积温量较低,生长发育的最低温度为1～3℃,温度过高,则生长发育缓慢,甚至停止。

3. 按作物对光周期的反应分类

(1)长日照作物:如小麦、大麦、油菜、甜菜等。这类作物在白昼长、黑夜短的条件下,生长发育速度快,生育期缩短。

(2)短日照作物:如水稻(中晚稻)、玉米、棉花、大豆、烟草等。这类作物在白昼短、黑夜长的条件下,生长发育速度快,生育期缩短。

(3)日中性作物:如早稻、豌豆等。这类作物对日照长短要求不严格。

4. 按作物对二氧化碳的同化途径分类

(1)碳四(C_4)作物:如玉米、甘蔗、高粱等。这类作物在光合作用过程中,吸收二氧化碳最先形成的中间产物是带四个碳原子的草酰乙酸等双羧酸。其光合作用的二氧化碳补偿点低,光呼吸消耗也低,光合作用能力强。在强光、高温下,其光合能力比碳三作物高出一倍以上。

(2)碳三(C_3)作物:如水稻、小麦、大麦、棉花、大豆等。这类作物在光合作用过程中,吸收二氧化碳最先形成的中间产物是带三个碳原子的磷酸甘油酸。其光合作用的二氧化碳补偿点高,光呼吸作用的消耗也高,光合能力较弱。

此外,还有按作物播种期不同,分为春(夏)播作物和秋(冬)播作物;按成熟、收获期不同,分为夏熟作物和秋熟作物;按种植密度和田间管理不同,分为密植作物和中耕作物等;按照对光照强度的要求不同,分为喜光作物和耐阴作物;按照作物对水分的要求不同,分为喜水耐涝型作物、喜湿润型作物、中间水分型作物、耐旱怕涝型作物、耐旱耐涝型作物;按照作物需肥特性不同,分为喜氮作物、喜磷作物、喜钾作物等。

(二)我国作物资源的分布

作物资源分布在很大程度上受气候条件影响与制约,也与生物学特性、地理环境、社会经济条件、生产技术水平和社会需求等有关。我国主要作物的种类及分布如表 0-1 所示。

表 0-1　我国主要作物的种类及分布

作物种类	作物	作物简介	主要分布地区
谷类作物	水稻	水稻可以分为籼稻和粳稻、早稻和中晚稻、糯稻和非糯稻	我国水稻主产区主要是东北地区、长江流域、珠江流域
	小麦	按播种季节可分为春小麦和冬小麦	春小麦：主要分布在中温带的东北平原、河套平原、宁夏平原、新疆和青藏高原等地 冬小麦：主要分布在暖温带的黄淮海平原地区，长江以南地区也有分布
	玉米	我国第一大粮食作物，玉米是一种碳四植物，雌雄同株	中国的玉米集中分布在从东北经华北走向西南的斜长形地带内，其种植面积约占全国总面积的 85%
豆类作物	大豆	大豆是喜温作物，夏季宜有高温，适宜我国北方温带地区栽培	我国大豆主产区有黑龙江、吉林、内蒙古、辽宁、安徽、河南等
薯芋类作物	马铃薯	马铃薯是中国五大主食之一，其营养价值高、适应力强、产量大，是全球第三大重要的粮食作物，仅次于小麦和玉米	我国马铃薯的主产区是西南山区、西北、内蒙古和东北地区
	甘薯	甘薯属喜光的短日照作物，茎叶利用光能的时间长，效率高。喜温，不耐寒	甘薯在中国分布很广，以淮海平原、长江流域和东南沿海各省最多
油料作物	油菜	油菜是我国最重要的油料作物	长江流域是我国油菜的主产区，近年有“北移南迁”趋向。如黄淮海平原，辽、黑及华南地区
	向日葵	向日葵为世界四大油料作物之一，主产区北纬 35°～55°	我国向日葵主产区分布在东北、西北和华北地区，如内蒙古、吉林、辽宁、黑龙江、山西等省、自治区
糖料作物	甘蔗	甘蔗生长期长，需水肥量大，喜高温	我国甘蔗种植面积十分有限，主要分布在台湾、广东、广西、福建、四川、云南地区
	甜菜	甜菜生长期短，耐盐碱干旱，喜温凉	我国甜菜主要分布在东北、华北、西北三个产区，其中东北种植最多

续表 0-1

作物种类	作物	作物简介	主要分布地区
纤维作物	棉花	主要纤维作物	我国棉花生产集中分布在黄河、长江中下游地区。在我国各棉区中，新疆光热条件是最适宜种植棉花的，棉花品质最好
	剑麻	剑麻纤维在海水中的耐腐性特别强，因此适宜制造舰艇和渔船的绳索、缆绳、绳网等	我国剑麻主要分布在生长于雷州半岛及广西部分地区
	纤维型亚麻	亚麻喜凉爽、湿润的气候	我国主要分布在黑龙江和吉林两省
嗜好作物	烟草	茄科一年生或有限多年生草本植物，喜钾	分布于我国南北地区，如云南、海南、山东、广西等省、自治区
	茶	茶是茶属植物中的常绿植物，茶树有灌木和乔木两大品系	茶起源于我国西南部云南、贵州、四川一带
药用作物	三七	喜温暖而阴湿的环境，怕严寒和酷暑，也怕涝	分布于江西、湖北、广东、广西、四川、云南等地。云南省文山州为原产地和主产地
	天麻	天麻为多年生草本植物，分布于全国大部分地区，是一味常用而较名贵的中药	天麻在中国普遍栽培，分布较广
经济作物	天然橡胶	天然橡胶树属热带雨林乔木，种植地域基本分布于南北纬15℃以内	我国天然橡胶产区有海南、云南、广东、广西以及福建等地，主要集中在海南、云南两省

资料来源：https://wenku.baidu.com/view/1d45023302020740be1e9b9c.html

四、我国作物栽培概况

（一）粮食作物

水稻、小麦、玉米是我国的主要粮食作物。各省、自治区中黑龙江省的粮食作物播种面积最大，约占全国粮食播种总面积的10.24%。其次是河南省和山东省，粮食播种面积分别占全国的8.96%、6.57%。总产量方面，河南省居全国首位，占全国粮食总产量的10.46%，排在第二、第三位的是山东省和黑龙江省。我国主要粮食产区有黑龙江、河南、山东、江苏、安徽、四川等。

1. 稻谷

稻谷主要分布在南方地区，以稻谷为首要粮食作物的地区有湖北、江西、江苏、广西、四川、湖北、广东、浙江、福建、海南等；安徽、重庆、贵州、云南，东北地区的黑龙江、辽宁、吉林等地也有大量稻谷播种。

分布主要集中在长江中下游平原、东北平原、四川盆地等地形区，其主要特点：地形以平原、盆地和河谷为主，地势平坦；气候湿热、雨热同期、降水充沛；河流发达，灌溉便利；土壤肥沃，人口稠密。其中湖南、江西、黑龙江、江苏、安徽、广西、四川这些地区播种面积都在200万hm^2以上，湖南、江西、江苏、湖北、四川、黑龙江、安徽、广西、广东这些地区总产量在1 000万t以上。全国的稻谷总产量约占全国粮食总产量的40%，是我国总产量最高的粮食作物。

2. 小麦

我国小麦主要分布在黄河下游、淮河流域和西北地区，河南、山东、安徽、甘肃、宁夏、新疆、青海等地均以小麦作为首要粮食作物。其他地区如陕、晋、冀、苏、川、鄂及西藏的雅鲁藏布江谷地等也大面积种植小麦。

春小麦占全国小麦总产量的10%以上，主要分布于长城以北，岷山、大雪山以西气候寒冷、无霜期短的地区，小麦只能在春天播种，当年收割，是一年一熟作物。其中黑龙江、内蒙古、甘肃和新疆为主要产区。

北方冬麦区分布在长城以南、六盘山以东，秦岭—淮河以北的各省、自治区，包括山东、河南、河北、山西、陕西等地区，是我国最大的小麦生产区和消费区，该区小麦的播种面积和产量均占全国的2/3以上，有我国的“麦仓”之称。

南方冬麦区分布在秦岭至淮河以南、横断山以东地区。安徽、江苏、四川和湖北等省为集中产区，大部分为棉麦和稻麦两熟制。本区居民以稻米为主食，故小麦商品率较高。

3. 玉米

玉米的种植范围极广，南起海南，北到黑龙江，西达新疆，东至江苏，均有种植。其中以玉米为首要粮食作物的地区有吉林、辽宁、内蒙古、河北、北京、天津、山西、陕西等地区。这些地区大多位于中温带，一部分位于暖温带。

但是南方亚热带的玉米播种面积也很大，产量也很高。我国玉米播种面积由大到小排列的前九位地区分别是黑龙江、河北、山东、吉林、河南、内蒙古、辽宁、四川、云南，可见玉米对温度的适应性比较强，几乎在各个温度带都有大量种植。但是玉米对肥的需求较高，需要充足的养分才能保证高产量，另外还需要充足的水源进行灌溉。

4. 谷子

谷子性喜干燥，生育适温 22～30℃，海拔 1 000 m 以下均适合栽培，属于耐旱稳产作物，因而在我国北方有较广泛的种植，在南方种植较少。

谷子主要产区在华北地区和东北地区，但其播种面积都较小，最大播种面积在山西，其次在河北、内蒙古、辽宁、陕西，其他省区播种面积较小。重庆、浙江、西藏、四川、上海、青海、湖南、海南等地区没有谷子种植。由于谷子的播种面积较小，因而总产量较低。

5. 高粱

高粱主要产区在东北地区、西北部分地区，南方较少。高粱在各省区的播种面积都较小，内蒙古高粱播种面积最大，约为 10 万 hm^2，其他地区如辽宁、吉林、黑龙江、四川、山西、贵州、河北等地区才超过 2 万 hm^2。浙江、西藏、上海、青海、海南没有播种高粱。由于高粱播种面积小，因而总产量低。

6. 其他谷物

其他谷物包括大麦、燕麦、青稞、粟等作物，产区主要在西北地区及西南地区等。播种面积最大的地区是内蒙古，其次为甘肃、云南、山西、江苏、四川等地区。其他谷物总产量以甘肃最高，其次分别为江苏、西藏、内蒙古、云南、四川等地区。

7. 豆类

我国是大豆的故乡，大豆分布广泛，主要产区在东北地区和西北地区，而以东北最为集中，松辽平原是我国最主要的大豆生产基地。黑龙江豆类播种面积最大，内蒙古居第二位，再次为安徽，其他地区均较少。哈尔滨、辽源、长春被称作我国大豆的“三大仓库”。豆类总产量也是黑龙江排首位。

我国大豆年产量排名在美国、巴西之后，居第三位。美国占全球大豆总产量的 50%，而中国却成为世界大豆第一进口国。

8. 薯类

中国薯类的主产区是西南地区、西北地区和东北地区。播种面积最大的省区依次为四川、贵州、重庆、甘肃、内蒙古，总产量最大的省区依次是四川、重庆、甘肃、贵州、山东。对于薯类而言，四川省无论是播种面积还是总产量，都是全国最大的省份。

薯类是一种分布广泛、适应性强、产量高、营养丰富的宜粮宜菜宜饲宜作工业原料、具有多种用途的经济作物，在我国其分布的最南界是云南、贵州、湖南、江西、福建。

（二）油料作物（经济作物）

油料作物品种繁多，主要有花生、油菜籽、芝麻、大豆、向日葵等。我国油料作物的种植面积在经济作物中居首位，是世界上油料作物种植最多的国家。

1. 花生

在各种油料作物中，花生的单产高，含油率高，是喜温耐瘠作物，对土壤要求不严，以排水良好的沙质土壤为最好。主要集中在山东、广东、河南、河北、江苏、安徽、广西、辽宁、四川、福建等地区，其中山东的产量居全国首位，其次是广东。

2. 油菜

油菜是播种面积最大，地区分布最广的油料作物，我国是世界上生产油菜籽最多的国家。油菜喜凉，对热量要求不高。根据播种期不同，可分为春油菜、冬油菜。春油菜和冬油菜分布的界线，相当于春小麦和冬小麦的分界线而略偏南。我国以种植冬油菜为主。长江流域是全国冬油菜最大产区，其中四川省的播种面积和产量均居全国之首。其次为安徽、江苏、浙江、湖北、湖南、贵州等省。春油菜主要集中于东北、西北北部地区。

（三）糖料作物（经济作物）

糖料作物主要包括甘蔗和甜菜，以甘蔗为主，有“南蔗北菜”的特点。

1. 甘蔗

甘蔗是热带和南亚热带经济作物，具有喜高温、喜湿、喜肥的特性，生长期长。我国甘蔗主要分布在北纬 24°以南的地区。其中以广东、广西、台湾、福建、海南、云南、四川等地区种植面积最大，广西是种植甘蔗最多的省份。

2. 甜菜

甜菜喜温凉气候，有耐寒、耐旱、耐碱等特性。我国甜菜主要分布在北纬 40°以北各省、自治区。黑龙江、内蒙古、新疆、吉林、甘肃、宁夏为主要产地。黑龙江是我国甜菜的最大产区。甜菜生产基地有黑龙江松嫩平原西部、吉林西部、内蒙古河套地区和新疆玛纳斯地区。

（四）其他经济作物——棉花

我国主要有三大产棉区域：新疆棉区、黄淮流域棉区和长江流域棉区。

新疆棉区日照充足，气候干旱，雨量稀少，属灌溉棉区；耕作制度为一年一熟，棉田集中，种植规模大，机械化程度较高；单产水平高，原棉色泽好，“三丝”含量低。新疆是我国唯一的海岛棉(长绒棉)产区。

黄淮流域棉区包括河北(不包括长城以北区域)、山东、河南(不包括南阳、信阳两地区)、山西南部、陕西关中、甘肃陇南、江苏安徽两省的淮河以北地区。该区土地平坦、灌溉条件较好、日照充足、光热资源适中，棉田布局集中，耕作制度以两熟套种为主。棉花生产成本较低，单产水平中等，纺织工业较发达，运输成本低。

长江流域棉区包括上游的四川盆地，中游的洞庭湖平原、江汉平原、鄱阳湖平原和沿江地区，下游的滨海地区。该区光热资源丰富，棉田布局较集中，单产水平较高，纺织工业发达，运输成本较低。

思考与讨论

1. 什么是作物？什么是作物栽培？
2. 作物栽培是一门什么样的课程？
3. 我国粮食作物主要有哪些？
4. 我国经济作物主要有哪些？
5. 我国饲料和绿肥作物主要有哪些？
6. 根据作物对温度条件要求的不同，可将其分为哪几类？
7. 根据作物对光周期反应的不同，可将其分为哪几类？
8. 根据作物对二氧化碳同化途径的不同，可将其分为哪几类？

参考文献

[1]李振陆．作物栽培．北京：中国农业出版社，2008.

[2]吴琼峰，周晓舟．作物生产技术(南方本)．北京：化学工业出版社，2017.

第一章

作物生长发育与环境条件

第一节　作物的生长发育

一、作物生长发育的特性

（一）生长和发育

生长发育是一个极其复杂的过程，生长是作物在数量上不可逆的增长，它主要是通过细胞分裂和伸长来完成的，表现为作物体积的增大，重量的增加。而发育则是植株内部生理状态的转变，作物体的构造和机能从简单到复杂的变化过程，它的表现就是细胞、组织和器官的分化。

生长和发育二者存在着既统一又矛盾的关系，统一关系表现为生长是发育的基础，停止生长的细胞不能完成发育，没有足够大小的营养体就不能正常繁殖后代；发育又促进了新器官的生长，作物经过内部质变后形成了具备不同生理特性的新器官，继而促进了进一步的生长。生长和发育又是一对矛盾，在生产实践上经常会出现两种情况：生长快而发育慢时，营养生长过旺的作物往往影响开花结实，如“贪青”；生长受到抑制时，发育却加速进行，例如在营养不良条件下，作物提早开花结实，发生“早衰”，种子因灌浆不足而造成瘪粒。

因此，要实现农作物产品的高产优质，必须根据生产的需求，调节控制作物的生长发育过程和强度。

（二）作物生长的一般过程

作物生长一般要经过种子萌发、植株生长、开花、结果到整株死亡的过程，此过程一般经历缓慢增长期、快速增长期、减速增长期和缓慢下降期，遵循一条“S”形生长曲线（图 1-1）。

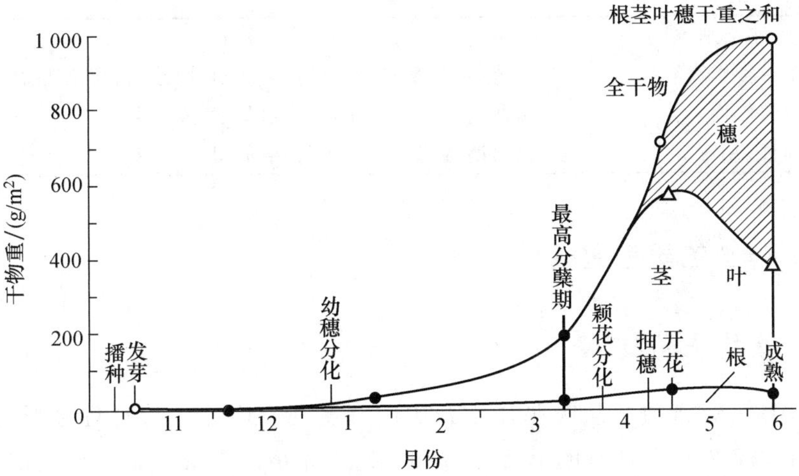

图 1-1　大麦各生育时期的干物质变化（武田等）

“S”形曲线可以作为检验作物生长发育进程是否正常的依据之一，各种促进或抑制作物生长的措施，都应该在作物生长发育最快速度到来之前应用。如用矮壮素控制小麦拔节，应在基部节间尚未伸长前施用。同一作物的不同器官，通过“S”形生长周期的步伐不同，在控制某一器官生育的同时，应注意对其他器官的影响。如小麦拔节后施氮肥，对穗形大小和花芽分化起促进作用，但同时也能促进基部 1～2 个节间的伸长。

（三）生育期与生育时期

作物生育期一般指作物从播种到种子成熟所经历的时间，以所需的日数表示。部分作物如麻类、薯类、甘蔗、绿肥等系指播种到主产品收获所经历的时间。

作物的整个生育期又可分为以根、茎、叶营养器官为主的营养生长期和以分化形成花、果实、种子等生殖器官为主的生殖生长期。如谷类作物在幼穗分化开始以前属营养生长期；幼穗分化开始到抽穗，属营养生长和生殖生长并进时期；抽穗后纯属生殖生长期。

生育时期是指作物一生中外部形态发生一系列变化，根据这些变化表现出的特征，人为地按一定的标准划分出来一个生长发育进程时间点，两个时间点之间的时间段称为生育时期或生育阶段。由于作物种类的不同，划分的时期也各不相同。

主要作物生育时期划分如表 1-1 所示。

表 1-1 主要作物生育时期划分

作物类别	生育时期
禾谷类作物	出苗期、分蘖期、拔节期、孕穗期、抽穗期、开花期、成熟期
豆类作物	出苗期、现蕾期、开花期、结荚期、成熟期
油菜	出苗期、蕾薹期、开花期、结荚期、成熟期

二、作物的器官建成

(一)种子萌发

种子萌发是指种子从吸胀作用开始的一系列有序的生理过程和形态发生过程。种子的萌发需要适宜的温度,适量的水分,充足的空气。种子萌发时,首先是吸水,种子浸水后使种皮膨胀、软化,可以使更多的氧透过种皮进入种子内部,同时二氧化碳透过种皮排出,里面的物理状态发生变化;其次是空气,种子在萌发过程中所进行的一系列复杂的生命活动,只有种子不断地进行呼吸,得到能量,才能保证生命活动的正常进行;最后是温度,温度过低,呼吸作用受到抑制,种子内部营养物质的分解和其他一系列生理活动,都是在适宜的温度下进行的(表 1-2)。

表 1-2 不同作物种子萌发温度要求 ℃

作物种类	最低温度	最适温度	最高温度
小麦、大麦	0～5	25～31	31～37
玉米	5～10	37～44	44～50
水稻	10～13	25～35	38～40
黄瓜	15～18	31～37	38～40
番茄	15	25～30	35
棉花	12～15	25～30	40
大豆	10～12	30	40

(二)根的生长

根一般指植物在地下的部位。主要功能为固持植物体,吸收水分和溶于水中的矿物质,将水与矿物质输导到茎,以及储藏养分。

根分为根尖结构、初生结构和次生结构3部分。根尖是主根或侧根尖端，是根的最幼嫩、生命活动最旺盛的部分，也是根的生长、延长及吸收水分的主要部分。根尖分成根冠、分生区、伸长区和成熟区。根生长最快的部位是伸长区。伸长区的细胞来自分生区。由根尖顶端分生组织经过细胞分裂、生长和分化形成了根的成熟结构，这种生长过程为初生生长。在初生生长过程中形成的各种成熟组织属初生组织，由它们构成根的结构，就是根的初生结构。若从根尖成熟区做一横切面，可观察到根的全部初生结构，从外至内分为表皮、皮层和维管束3部分。由形成层细胞分裂形成的结构与根尖、茎尖生长锥分生组织细胞分裂形成的初生结构相区别，称它们为次生结构。

（三）茎的生长

茎是植物体中轴部分，呈直立或匍匐状态，茎上生有分枝，分枝顶端具有分生细胞，进行顶端生长。茎一般分化成短的节和长的节间两部分。茎具有输导营养物质和水分以及支持叶、花和果实在一定空间的作用。有的茎还具有光合作用、储藏营养物质和繁殖的功能。不同植物的茎在适应外界环境上有各自的生长方式，使叶能有空间开展，获得充分的阳光，制造营养物质，并完成繁殖后代的作用。

作物茎尖分生组织具有自我形成和维护的能力，包括分生组织的形成与再生、保持和调控。茎秆的高度取决于地上部的伸长节间数和节间长度。禾谷类作物的茎主要靠每个节间基部的居间分生组织的细胞进行分裂和细胞体积的扩大，使每个节间伸长而逐渐长高，其节间伸长的方式为居间生长。双子叶作物的茎，主要靠茎尖顶端分生组织的细胞分裂和伸长，使节数增加，节间伸长，植株逐渐长高，其节间伸长的方式为顶端生长。从整个植株看，茎的增高进程表现为“S”形。

（四）叶的生长

叶是维管植物营养器官之一。功能为进行光合作用合成有机物，并有蒸腾作用提供根系从外界吸收水和矿质营养的动力。有叶片、叶柄和托叶三部分的称“完全叶”，如缺叶柄或托叶的称“不完全叶”。叶又分单叶和复叶。

叶片是叶的主体，多呈片状，有较大的表面积来接受光照和与外界进行气体交换及水分蒸散。富含叶绿体的叶肉组织为进行光合作用的场所。表皮起保护作用，并通过气孔从外界取得二氧化碳，向外界放出氧气和水蒸气。叶内分布的维管束称叶脉，保证叶内的物质输导。

叶来自茎尖的叶原基，其生长过程包括叶原基生长、顶端生长、边缘生长和居间生长等方式。

1. 叶原基生长

最初周缘分生组织原表皮下面1至几层细胞作平周分裂，不久又作垂周分裂，形成侧面突起，此即为叶原基。

2. 顶端生长

叶原基形成后，分布在叶原基顶端的分生组织活动使叶原基向上伸展，增加高度和宽度成为没有叶片和叶柄的叶轴。这时，由于远轴面比近轴面的生长更为活跃，因而叶原基弯向茎端。

3. 边缘生长

分布在叶轴相对面两侧的边缘分生组织进行分裂，使叶轴作侧面伸展生长，从而在叶轴基部分化出中脉和两边的叶片。叶片继续扩展时，侧脉以原形成层的形式出现，同时在叶片和叶原基基部之间出现叶柄。有托叶的植物，叶原基基部可形成托叶或叶鞘。生长的叶片弯向叶子的近轴面，因此它包裹着茎尖顶端分生组织和更幼小的叶原基。

4. 居间生长

叶片形成之后，分布在边缘分生组织之内，表皮之下的板状分生组织，只作垂周分裂增加叶肉细胞而不增加层数，分裂分化的结果使叶片面积增大数十至百倍，直至达到叶片成熟时的大小。

（五）花的发育

花是被子植物的繁殖器官，其生物学功能是结合雄性精细胞与雌性卵细胞以产生种子。这一进程始于开花和授粉，然后是受精，从而形成种子并加以传播。对于高等植物而言，种子是其下一代，而且是各物种在自然分布的主要手段。同一植物上着生花的组合称为花序。花的结构见图1-2所示。

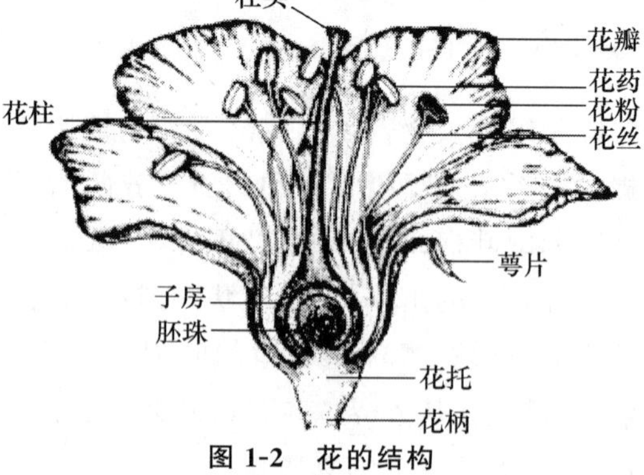

图1-2　花的结构

1. 开花

开花是指花朵张开，已成熟的

雄蕊和雌蕊(或其中之一)暴露出来的现象。

各种作物开花都有一定的规律性,具有分枝(分蘖)习性的作物,通常是主茎花序先开化,然后是第一次分枝(分蘖)花序、第二次分枝(分蘖)花序依次开化。同一花序上的花,开放顺序因作物不同而不同,由下而上开放的有油菜、花生和无限结荚性的大豆等;中部先开花,然后向上、向下开放的有小麦、大麦、玉米和有限结荚习性的大豆等;由上而下开放的有稻、高粱等。

2. 授粉

成熟的花粉粒借助外力的作用从雄蕊花药传到雌蕊柱头上的过程,称为授粉。

作物植株自身花的花粉传到柱头上能否发芽和受精,与作物的自交亲和性和自交不亲和性有密切关系。具自交亲和性的作物,可进行自花授粉,完成受精过程,这类作物称自花授粉作物,如水稻、小麦、大麦、大豆、花生等。具自交不亲和性的作物,不能进行自花授粉,更不能完成受精过程,这类作物称异花授粉作物,如白菜型油菜、向日葵等。玉米虽无自交不亲和性,但因为雌雄同株异花,也称异花授粉作物。具有自交亲和性的作物,虽然可以完成授粉受精过程,但是异交率通常在5%以上,有的高达40%,这类作物称常异花授粉作物,如甘蓝型油菜、棉花、高粱、蚕豆等。

3. 受精

作物受粉后,雌雄性细胞即卵细胞和精子相互融合的过程,称为受精。

其大体过程:成熟的花粉落在柱头上以后,通过相互“识别”或选择,亲和的花粉粒就开始在柱头上吸水、萌发、长出花粉管,穿过柱头,经花柱诱导组织向子房生长,把两个精子送到位于子房内的胚囊,分别与胚囊中的卵细胞和中央细胞融合,形成受精卵和初生胚乳核,完成“双受精”过程。

(六)种子和果实发育

种子是裸子植物和被子植物特有的繁殖体,它由胚珠经过传粉受精形成。种子一般由种皮、胚和胚乳3部分组成,有的植物成熟的种子只有种皮和胚2部分。

果实在传粉受精后,其体积的增加比受精前大200～300倍。果实成熟后的形状与大小差异,主要受遗传基因所控制。一般果实体积增长的过程也和营养生长相似,即开始时生长缓慢,以后逐渐加快,达到最高点时又逐渐减缓,以至停止生长。

果实生长的过程,开始时细胞数目的增多占优势,但时间较短,接着主要为细胞的体积增大，其持续时间较长，直至成熟。从果实的表层到里面：细胞体积的大小，也有一个明显的变化梯度。一般果实的外表皮细胞体积最小，向里逐渐增大。如西瓜的果肉细胞，体积可增大到肉眼可见的程度，而在桃、李等果实中，体积最大的细胞是在果皮中间，然后分别向果实里面和外边，逐渐减少。苹果果实中，由果心部分向外，细胞体积逐渐增大，直至离外表皮下面约 0.5 cm 处的细胞体积最大。

果实的发育一般是与植物的受精作用同时期发生的。通常在传粉过程中，花粉管分泌出的酶，将色氨酸转变为生长素，从而刺激子房的生长。此外，受精后的种子也能提供生长刺激素，刺激果实的生长。草莓是一种聚合果，在其肉质可食的花托上，着生有许多瘦果。如果把一侧的瘦果摘除，则该侧花托不能膨大，由此说明发育的瘦果可向花托提供生长刺激素；草莓花托的重量与发育瘦果的数目成正比关系，即发育瘦果越多，花托直径越大。

三、作物生长的相关性

作物各个器官的建成不是孤立的，营养器官的建成是基础，生殖器官的建成是目标，同类器官间、不同类器官间的生长都是密切相关的，明确这些关系对于调控作物生长发育具有重要意义。

（一）营养生长与生殖生长的关系

1. 营养生长是生殖生长的基础

如果作物没有一定的营养生长期，通常不会开始生殖生长。如玉米的早熟品种也要到 6 片叶时开始雄穗分化，晚熟品种需 8～9 片叶。

营养生长期生长的优劣，直接影响到生殖生长期生长的优劣，最后影响到作物产量的高低。一般说来，营养生长期的生长必须适度，生殖生长期才较好，作物产量也较高。

2. 营养生长和生殖生长的协调发展

在作物营养生长和生殖生长并进阶段，营养器官和生殖器官之间会形成一种此消彼长的竞争关系，加上彼此对环境条件及栽培措施的反应不尽相同，从而影响到营养生长和生殖生长的协调和统一。

作物生殖生长期主要是生殖生长，但营养器官的生理过程还在进行，并且对生殖生长的影响还很大，若营养生长过旺，如后期贪青倒伏，影响种子和果实充实形成；若营养生长太差，又会引起作物早衰，同样影响种子和果实的形成。

（二）地上部生长与地下部生长的关系

作物的地上部分（也称冠部）包括茎、叶、花、果实、种子；地下部分主要是指根，也包括块茎、茎等。作物的地上部分生长与地下部分生长有密切关系，即通常说的“根深才能叶茂”“壮苗必先壮根”。根系如果生长不好，则地上部的生长会受到很大影响；相反，地上部的生长对根系的生长也有重要作用。

1. 地上部与地下部物质的相互交换

一方面，地下部与地上部依赖大量物质的相互交换。地下部的根是吸收水分和矿质营养的器官，水分与矿质营养不断输送到地上部分去。地上部是作物有机营养物质的主要来源，碳水化合物在叶片中制造，通过韧皮部不断送至根系，供应根系生理活动的需要。另一方面，根与地上部分还进行着微量活性物质的交换，在叶内合成的维生素、生长素是根所需要的，根又是细胞分裂素、赤霉素、脱落酸合成的部位，这些激素沿木质部导管运到地上器官，对地上部器官的生长发育产生影响。

2. 地上部与地下部重量保持一定比例

在作物的地下部和地上部各自的生长过程中，由于生理的协调和竞争，以及对同化物的需求和积累，在重量上表现出一定的比例。通常将根系干重与冠部干重之比叫作根冠比，在作物生产上可作为控制和协调根系与冠部生长的一种参数。

3. 环境条件和栽培技术措施对地下部和地上部生长的影响不一致

对于根来说，土壤水分过多，根系的呼吸作用受到抑制，根系不发达；相反，土壤水分较少，通气良好，根系延伸，向纵深发展。简单地说就是“旱长根，水长苗”。对茎叶来说，水分充足能促进其生长，水分不足特别是干旱，对茎叶生长极为不利。为了培育壮苗，前期土壤水分不宜过多。

在矿质元素中，氮素对地上茎叶生长有利。当氮充足时，茎叶生长旺盛，光合产物多用于自身建成，根系所得比例较少，生长受到抑制，根冠比小。反之，缺氮时，茎叶生长受到限制，而根系所利用的碳水化合物比例较多，生长受到促进，根冠比大。磷素对根系生长是有利的，磷素丰富，根系发达，根冠比增大。钾素对块根、块茎作物的地下器官生长起促进作用。

关于温度的影响，根系生长所要求的地温条件比地上部分低。如小麦在秋季低温下根的生长可超过茎叶，但返青后，茎叶的生长又比根系快。

（三）作物器官的同伸关系

作物各个器官的分化和形成是有一定程序的，同时又因外界环境条件的影响而发生变化。各个器官的建成呈一定的对应关系。在同一时间内某些器官呈有规律的生长或伸长，叫作作物器官同伸关系，这些同时生长（或伸长）的器官就是同伸器官。同伸关系既表现在同名器官之间，如不同叶位叶的生长，也表现在异名器官之间，如叶与茎或根，乃至叶与生殖器官之间。一般说来，环境条件和培育措施对同伸器官有同时促进或抑制的作用。因此，掌握作物器官的同伸关系，可为调控作物器官的生长发育提供依据。

（四）个体与群体的关系

假如孤立地种植一个单株（个体），在给予很大的空间，提供充足肥水的条件下，任其生长，个体的产量可能达到惊人的水平。作物生产是群体生产，作物产量是群体产量。作物群体中的个体与孤立生长的个体是截然不同的。作物个体与群体的关系是十分密切的。二者的关系有一个发展的过程。当作物处于苗期的时候，每个个体有各自的地上和地下空间，彼此之间互不相干。随着个体茎叶长大和根系伸展特别是分枝的出现和增加，每个个体所拥有的空间相对缩小，群体中个体与个体之间的相互影响逐渐增大。与单独生长的个体比较起来，在群体中的个体株型比较收敛，稻、麦等分蘖作物的分蘖减少，棉花、油菜、大豆等分枝作物的分枝减少且分枝部位升高。种植密度越大，即群体越大，个体所受的抑制也越大。

群体是由个体组成的。但群体不是一群个体的随意堆积，而是由个体组成的统一整体。在作物群体中，由于个体的生长发育，引起群体内部环境的改变（株间越来越拥挤，根系越来越密集，光照、空气、养分、水分条件均有变化），改变了的环境反过来又影响个体的生长发育，这种反复的过程，称为“反馈”。

四、作物的温光反应特性

所谓作物的温光反应特性，是指作物必须经历一定的温度和光周期诱导后，才能从营养生长转为生殖生长，进行花芽分化或幼穗分化，进而才能开花结实。

（一）作物的感温性

一些二年生作物，如冬油菜等，在其营养生长期必须经过一段较低温度的诱导，才能转为生殖生长，这段低温诱导也称为春化。在高温下形成花芽，而在低温诱导之后开花，表明花芽形成和花芽发育是截然不同的两个过程，所需的环境条件也各不相同。植物经过低温阶段是保持生命力旺盛的环节，这不仅是成花，也是营养生长的需要。春化作用期间，植物体内的代谢发生了各种各样的并且又相互联系的变化。在春化作用完成之前，春化作用可以被逆转，但当春化作用完成之后，环境的高温不能解除春化。

甘蓝型油菜感温敏感期在 9～10 叶期，而感光敏感期在 11～12 叶期。

（二）作物的感光性

作物在系统发育过程中，对日照长度的变化做出反应，从营养生长的顶端转向生殖生长，这种现象称为光周期现象。作物可以划分为短日照作物、长日照作物和对日长无反应的日中性作物。

在自然条件下，昼夜总是在 24 h 的周期内交替出现的，因此与临界日长相对应的还有临界暗期。临界暗期是在昼夜周期中短日照作物能够开花所必需的最短暗期长度，或长日照作物能够开花所必需的最长暗期长度。

短日照作物和长日照作物在北半球的分布是：低纬度地区没有长日照条件，所以只有短日照作物；中等纬度地区，长日照作物和短日照作物都有，长日照作物在春末夏初开花，而短日照作物在秋季开花；高纬度地区，由于短日照时气温已低，所以只在气温较高时生存一些要求日照较长的作物。

（三）作物温光反应特性在生产上的应用

1. 引种上的应用

不同地区的温光条件不同，因此地区间相互引种时必须考虑品种的温光反应特性。如感光性弱、感温性亦不甚敏感的水稻品种，只要不误季节，且能满足品种所要求的热量条件，异地引种较易成功。东北水稻品种经历的日照较长，温度较低，引至我国南方生育期缩短，若原为早熟品种，则出现早穗、穗小粒小、产量不高。我国南方水稻品种感光性强，所经历的温度高，引至东北则生育期延长，有的甚至不能成熟。总的说来，凡从相同纬度或温光生态条件相近的地区引种易于成功。

2. 栽培上的应用

作物的品种搭配、播种期的安排等，均需考虑作物品种的温光反应特性。如在我国南方双季稻地区，早稻应选用感光性弱、感温性中等、基本营养生长期较长的迟熟早稻品种。并且在栽培上还应培育适龄嫩壮秧，同时加强前期管理，有利于获得高产。冬油菜，若在晚播条件下，要选用偏春性的品种，并且要抓紧田间管理。而对冬性强的品种，则应注意适时播种。

3. 育种上的应用

在制定作物育种目标时，要根据当地自然气候条件，提出明确的温光反应特性。在杂交育种（或制种）时，可根据亲本的温光反应特性调节播种期，使两亲本花期相遇。为了缩短育种进程或加速种子繁殖，育种工作者应根据育种材料的温光反应特性决定其是否进行冬繁或夏繁。

第二节　影响作物生长发育的环境条件

一、作物与温度

（一）作物生长发育的“三基点温度”

作物生长发育的“三基点温度”是作物生命活动过程的最适温度、最低温度和最高温度的总称。在最适温度下，作物生长发育迅速而良好；在最高和最低温度下，作物停止生长发育，但仍能维持生命。如果继续升高或降低，就会对作物产生不同程度的危害，直至死亡。常见农作物三基点温度范围如表 1-3 所示。

表 1-3　常见农作物三基点温度范围　℃

作物种类	最低温度	最适温度	最高温度
小麦	3～4.5	25	30～32
大麦	3～4.5	20	28～30
玉米	8～10	32～35	40～44
水稻	10～12	30～32	36～38
烟草	13～14	28	35
豌豆	1～2	30	35
紫花苜蓿	1	30	37

三基点温度是最基本的温度指标，它在确定温度的有效性、作物种植季节与分布区域、计算作物生长发育速度、光合潜力与产量潜力等方面，都得到广泛应用。

（二）温周期现象

温周期，由温特(F. W. Went)首先提出，是指控制植物生长发育的昼夜温度周期性变化及季节性周期变化。由于自然条件下气温是呈周期性变化的，许多生物适应温度的某种节律性变化，并通过遗传成为其生物学特性，这一现象称为温周期现象。植物的温周期效应对农业生产具有重要意义，可利用不同植物对温度变化的不同反应和要求，进行作物的选育及布局，以采取相应措施提高作物的产量和质量。

温周期可以根据周期长短分为日温周期(即昼夜变温)及年温周期(即温度的季节变化)两种。

日温周期，温度的昼夜周期变化主要作用于植物体有机物质的积累与消耗以及各器官的协调生长。在适温范围内的日温周期常对植物生长有利，这是因为在生命活动所需的其他条件存在时，白天适当高温有利于光合作用；夜间适当低温使呼吸作用减弱，光合产物消耗量减少，使净积累增多，产量增加。同时，在较低温度条件下，植物体内可溶性小分子物质的增加，有利于植物体各种生命活动的进行，各部位获得协调生长。对番茄的实验表明，它在日温 23～26℃，夜温 8～15℃的情况下生长最好，产果最多；在昼夜恒温 26℃时反而生长不好，果实形成也受抑制。

年温周期，温度的季节性变化，主要控制着植物的发育进程及生长特性。温度年变化对温带植物开花影响比较明显，年温变化决定植物相应的发育节律，即“春华秋实”。温带一二年生植物在种子萌发期间必须经过一定的温度条件作用(即春化作用)，才能正常开花结实。如冬小麦必须在 0～2℃环境中经历 5～8 天才能开花。

（三）积温

作物需要在一定的温度以上才能开始生长发育，同时作物也需要有一定的温度总量，才能完成其生命周期，通常把作物整个生育期或某一发育阶段内高于一定温度以上的日平均温度的总和，称为某作物整个生育期或某发育阶段的积温。

积温可分为有效积温和活动积温两种，作物不同发育时期中有效生长的温度下限叫生物学最低温度，在某一发育时期中或全生育期中高于生物学最低温度的温度叫活动温度。活动温度与生物学最低温度之差叫有效温度。例如，冬小麦幼苗期的生物学最低温度为 3℃，而某天的平均温度为 8.5℃，这一天的活动温度就是 8.5℃，而有效温度则为 5.5℃。我国各温带的积温和作物熟制如表 1-4 所示。

表 1-4　各温度带的积温和作物熟制

温度带	范围	≥10℃积温	作物熟制
寒温带	黑龙江省北部、内蒙古东北部	<1 600℃	一年一熟：早熟的春小麦、大麦、马铃薯等
中温带	东北和内蒙古大部分、新疆北部	1 600～3 400℃	一年一熟：春小麦、大豆、玉米、谷子、高粱
暖温带	黄河中下游大部分地区和新疆南部	3 400～4 500℃	两年三熟或一年两熟：冬小麦复种荞麦等，或冬小麦复种玉米、谷子、甘薯等
亚热带	秦岭淮河以南，青藏高原以东	4 500～8 000℃	一年两熟到三熟：稻麦两熟或双季稻；双季稻加冬作油菜或冬小麦
热带	滇、粤、台的南部和海南省	>8 000℃	一年三熟：甘蔗、水稻

对于作物生产来说，积温具有重要的意义，可以根据积温来制订农业气候区划，合理安排作物。一个地区的栽培制度和复种指数，在很大程度上取决当地的热量资源，而积温是表示热量资源既简单又有效的方法，比年平均温度等温度指标更可靠。

（四）极端温度对作物的危害

1. 低温对作物的危害

作物生长发育过程中，常会遇到低温的影响，当低温逐渐到来时，作物体内会发生一系列生理生化反应，新陈代谢强度降低，适应性增强，生命活动得以延续，可是当作物还没有获得对寒冷的适应性准备，或温度低于作物所能忍耐的限度时，将会受到严重的伤害，甚至死亡。

作物忍耐低温的能力，随作物种类和生长发育而异。如水稻、棉花、花生等在 0.5～5℃温度中，34～36 h 便可死亡；玉米、高粱等在同样条件下，受害较轻；大豆、番茄等则不会受害。在同一植株上，器官间耐寒能力的差异表现为：花芽首先最不耐寒，其次是叶、芽等，分蘖节比叶子耐寒性强。

除冬季低温产生的冻害和冷害影响作物生存、生长外，晚秋出现的早霜和开春后的晚霜，对作物生长的影响也很大。早霜会使甘薯等晚秋作物受冻或提前死亡，影响产量和品质。晚霜或“倒春寒”会使早春作物的幼苗和越冬作物如油菜等冻伤，造成减产。

2. 高温对作物的危害

当温度超过最适温度范围后，再继续上升，也会对作物产生伤害作用，使作物生长发育受阻，特别是在作物开花结实期最易遭受高温的伤害。据观测结果，水稻抽穗开花期遇高温（35～41℃），供试品种花粉活力、花粉萌发率和结实率都急剧下降，花粉活力降低是高温导致结实率大幅度降低的主要生理原因（汤日圣等，2006）。高温对稻米品质也有显著影响，导致糙米率、精米率，特别是精米率下降，垩白发生率提高（程方民等，1998）。高温危害既包括使蛋白质变性、膜脂液化等直接伤害，也包括因破坏了作物的光合作用和呼吸作用的平衡，使呼吸作用超过了光合作用，而造成代谢性饥饿，乙醛、乙醇等有毒物质积累，蛋白质破坏，生理活性物质缺乏在内的间接伤害。例如，当温度达到 40℃时，马铃薯的同化作用就等于零，而呼吸速率却随温度上升而继续增强。作物若长期处于这种状态下，就会死亡。高温还能促进蒸腾作用，破坏水分平衡，使植物萎蔫干枯。同时，高温能促使叶片过早衰老，造成高温通熟。

二、作物与光照

光照强度、日照长度、光质和光能利用率等都与作物生长发育密切相关。光是作物的一个非常重要的生态因子。

（一）光照强度

光照强度对作物生长及形态建成有重要的作用，因为光是作物进行光合作用的能量来源，光合作用合成的有机物质是作物进行生长的物质基础。细胞的增大和分化，作物体积的增长、重量的增加都与光照强度有密切的关系。光还能促进组织和器官的分化，制约器官的生长发育速度。植物体各器官和组织保持发育上的正常比例，也与一定的光照强度有关。例如，作物种植过密，行间或株间光照不足，由于植株顶端的趋光性，茎秆的节间会过分拉长，导致茎秆细弱而倒伏，这样一来不但影响分蘖或分枝，而且影响群体内绿色器官的光合作用，造成减产。

光照强度也影响作物的发育。作物花芽分化和形成即受光照强度的制约。通常作物群体过大，有机营养的同化量少，花芽的形成减少，已经形成的花芽也由于体内养分供应不足而发育不良或早期死亡。在开花期，如果光照减弱会引起结实不良或果实停止发育，甚至落花落果。例如，棉花在开花、结铃期如遇长期阴雨天气，光照不足，影响碳水化合物的制造与积累，就会造成较多的落花落铃。

光是光合作用中能量的来源，虽在正常条件下，自然光强超过光合的需要，但在丰产栽培条件下，常常由于群体偏大而影响通风透光。中下部叶片常因光照不足而影响光合，并削弱个体的健壮生育，这时光成为最主要的限制因子。如果不能合理解决这一主要矛盾，产量就上不去，但是光太强也不一定有利，因为光合对光强的要求也有一定的范围，接近或超过高限（光饱和）就会造成浪费，可能还有其他不良影响，如光抑制。所以，生产上必须进行合理调节，才能提高光能利用率而获得高产。

（二）日照长度

作物花器分化和形成除需要一定温度诱导外，还必须经历一定的光周期诱导，不同作物品种需要一定光周期诱导，一般分为 4 种类型。

1. 短日照作物

日照长度短于一定的临界日长时，才能开花。如果适当延长黑暗，缩短光照可提早开花。相反，如果延长日照，则延迟开花或不能进行花芽分化。属于这类作物的有大豆、晚稻、黄麻、大麻、烟草等。

2. 长日照作物

日照长度长于一定的临界日长时，才能开花。如果延长光照缩短黑暗可提早开花。而延长黑暗则延迟开花或花芽不能分化。属于这类作物的有小麦、燕麦、油菜等。

3. 日中性作物

开花之前并不要求一定的昼夜长短，只需达到一定的基本营养生长期，在自然条件下四季均可开花。如荞麦等。

4. 定日照作物

要求日照长短有一定的时间才能完成其生育周期，如甘蔗只有在 11.5～12.5 h 的日照条件下才能开花。

（三）光质

一年四季中，光的组成由于气候的改变有明显的变化。如紫外光的成分以夏季的阳光中最多，秋季次之，春季较少，冬季则最少。夏季阳光中紫外光的成分是冬季的 20 倍，而蓝紫光比冬季仅多 4 倍。因此，这种光质的变化，可以影响到同一种植物不同生产季节的产量及品质。光质还会影响蔬菜的品质，紫外光与维生素C的合成有关，玻璃温室栽培的番茄、黄瓜等其果实维生素C的含量往往没有露地栽培的高，就是因为玻璃阻隔紫外光的透过率，塑料薄膜温室的紫外光透光率就比较高。光质对设施栽培的园艺作物的果实着色有影响，颜色一般较露地栽培色淡。

（四）光能利用率及其提高途径

光能利用率是衡量一定面积农作物利用光能程度和生产水平的指标。单位土地面积上一定时间内植物光合作用积累的有机物所含能量与同期照射到该地面上的太阳辐射量的比率。其计算公式为：

$$\text{光能利用率}=\frac{\text{单位面积上作物总干重折算含热能}}{\text{同面积入射太阳辐射能}}\times 100\%$$

提高光能利用率的途径包括延长光合作用时间（如复种），增加光合作用面积（如合理密植间作套种），提高光合作用效率（如控制光照强弱和成分、增加CO_2浓度、合理施肥）等。

要想提高作物产量，从光量方面可考虑如何降低作物的光补偿点，提高光饱和点，以最大限度地利用光能利用率。

三、作物与水分

（一）作物的需水规律

1. 不同作物的需水量不同

需水量因作物种类有很大差异，一般可根据蒸腾系数的大小来估计某作物对水分的需要量，即以作物的生物产量乘以蒸腾系数作为理论最低需水量。

蒸腾系数用每形成1 g干物质需要蒸腾水分的克数表示，系数越大则水分利用效率越低。

蒸腾系数的倒数，即植物每蒸腾失水1 000 g所形成干物质的克数称为蒸腾效率，其值越大则水分利用效率越高，一般植物的蒸腾效率为1～8。

同一种作物不同类型之间的需水量，因地理起源不同，形态、结构、生理、生化特性以及由此所决定的光合效率不同而不尽相同。同一种作物的需水量，还常因其他条件变化而异，如在土壤缺乏氮、磷、钾等无机营养时，水分利用效率降低。

2. 作物不同生育期的需水量不同

作物不同生育期的需水量是不同的，以禾本科作物水稻为例，整个生长发育阶段可分为五个时期：第一个时期是从种子萌发到分蘖前期。这个时期主要进行营养生长，特别是根系发育快，蒸腾面积小，耗水量少。第二个时期是从分蘖末期至抽穗期（包括返青、拔节、孕穗期）。这一时期小穗分化，茎、叶、穗开始迅速发育，叶面积快速增大，代谢亦较旺盛，消耗水量最多。如果缺水，小穗分化不良，茎生长受阻，矮小，产量低。第三个时期是从抽穗到开始灌浆。这一时期叶面积扩大基本结束，主要进行受精、胚胎发育和生长。如果供水不足，上部叶因蒸腾强烈，开始从下部叶或花器官夺取水分，引起受精受阻，胚发育不良，导致产量下降。第四个时期是从开始灌浆至乳熟末期。此时主要进行光合产物的运输与分配，若缺水，有机物运输受阻，造成灌浆困难，旗叶早衰，籽粒瘦小，产量低。第五个时期是从乳熟末期到完熟期，灌浆过程已结束，种子失去大部分水，逐渐风干，植物枯萎，已不需供水。

植物对水分不足最敏感、最易受害的时期称为作物的水分临界期。水稻第一个水分临界期是花粉母细胞四分体到花粉粒形成阶段；第二个水分临界期是从开始灌浆至乳熟末期。

（二）提高水分利用率的途径

作物的水分利用率一方面由产量高低决定，另一方面由水分投入的多少来决定。因此，在作物生产中只有在充分挖掘作物产量潜力的同时减少水分的投入，即进行节水灌溉才能提高水分利用效率。

提高水分利用率包括工程节水、农艺节水和生物节水三条途径，措施主要包括：选育种植抗旱高产优良品种，使用农田保墒技术（覆盖、少免耕、镇压、中耕除草等）、地力培肥技术、水肥耦合技术、化学制剂保水节水，建立适宜的种植制度、节水制度与灌溉模式（优化灌溉、调亏灌溉、非充分灌溉、局部灌溉、控制性根系交替灌）等。

四、作物与土壤

1. 土壤质地对作物生长发育的影响

按照土壤质地进行分类一般可以把土壤区分为 3 类 9 级，即沙土类（粗沙土、细沙土）、壤土类（沙壤土、轻壤土、中壤土、重壤土）、黏土类（轻黏土、中黏土、重黏土)。由于土壤质地对水分的渗入和移动速度、持水量、通气性、土壤温度、土壤吸收能力、土壤微生物活动等各种物理、化学和生物性质都有很大影响,因而又直接影响作物的生长和分布。

沙质土粒间孔隙较大,大都为非毛管孔隙,土壤结持性差,松散性和透水性好,但不保水保肥,是一种抗旱和抗风能力弱的土壤。同时沙性土通气性好,有机质分解快,养分也不易保蓄。在这种土壤上生长的作物,常常呈前期猛长似疯,后期脱肥早衰现象。但沙性土热容量小,增温快,降温也快,昼夜温差大,有利于碳水化合物的积累,对块根、块茎类作物的产品器官形成有利。沙性土易耕作,适耕期长,只要有墒播种,出苗整齐。在沙性土上施肥,宜勤施少施,这样可以防止作物早衰。

壤质土沙粒、黏粒含量比例适中,毛管孔隙与非毛管孔隙比例适当,保水供水性能和保肥供肥性能均很好。耐旱耐涝,适耕期长,耕性良好,既发小苗也发老苗,适于种植各种作物,是耕地中的"当家地"和高产田。

黏质土黏粒含量比较高,毛管孔隙比例大,通透性差。吸附作用强,保肥性好,作物前期不易"拿苗",但后期无脱肥现象,如施肥太迟,往往因供肥缓慢造成后期生长过旺而推迟成熟,影响作物产量和品质。黏质土不耐旱也不耐涝,适耕期短,湿犁成片,耙时成线,耕作困难,整地质量差。黏质土出苗率低,应提高播种质量。

2. 土壤酸碱度对作物生长发育的影响

土壤酸碱性是指土壤中存在着各种化学和生物化学反应,表现出不同的酸性或碱性。土壤酸碱性的强弱,常以酸碱度来衡量。土壤之所以有酸碱性,是因为在土壤中存在少量的氢离子和氢氧离子。当氢离子的浓度大于氢氧离子的浓度时,土壤呈酸性;反之呈碱性;两者相等时则为中性。

由于我国南北方气候的差异,南方湿润多雨,土壤多呈酸性,北方干旱少雨,土壤多呈碱性。土壤偏(过)酸性或偏(过)碱性,都会不同程度地降低土壤养分的有效性,难以形成良好的土壤结构,严重抑制土壤微生物的活动,影响各种作物生长发育。

适合不同农作物生长的高产土壤,一般要求呈中性、微酸性或微碱性反应,pH多在6～8。因为在酸性土壤中,可溶性磷易与铁、铝化合,形成磷酸铁、磷酸铝而降低有效性。土壤中的交换性钾、钙、镁等易被氢离子置换出来,一旦遇到雨水,就会流失掉。各种作物适宜生长的土壤pH范围如表1-5所示。

表 1-5　各种作物适宜生长的土壤 pH 范围

作物	pH 范围	作物	pH 范围
水　稻	6.0～7.5	小　麦	6.0～7.5
玉　米	6.0～7.0	高　粱	6.0～8.0
甘　薯	5.0～6.0	马铃薯	5.0～6.0
大　豆	6.0～7.0	豌　豆	6.0～8.0
棉　花	6.0～8.0	花　生	5.0～6.0
油　菜	6.0～8.0	烟　草	5.0～6.0
甘　蔗	6.0～8.0	甜　菜	6.0～8.0

五、作物与空气

空气属于混合物，按体积计算，其中氮气的体积分数约为 78%，氧气的体积分数约为 21%，稀有气体（氦、氖、氩、氪、氙、氡等）的体积分数约为 0.94%，二氧化碳的体积分数约为 0.04%。

在这些气体成分中，以 CO_2 与作物的关系最密切，它是光合作用的主要原料。大气中的 CO_2，通过植物的光合作用以有机碳的形态固定下来；同时，通过氧化过程，又将有机碳氧化，以 CO_2 的形式不断地释放到大气中去。大气中的 CO_2 浓度升高，植物的光合作用将会增强，植物的生产率也将会有一定的提高，这就叫 CO_2 的施肥效应。这一效应对水稻、大豆等农作物尤为明显。

由于提高 CO_2 浓度可以促使某些作物增加产量，于是也就出现 CO_2 施肥的问题。迄今为止，CO_2 施肥多半还是在温室中或在塑料薄膜保护下进行的。目前推广 CO_2 施肥还有很大的难处。首先，每生产 1 kg 干物质大约要消耗 1.5 kg CO_2，用量大，体积更大，特别是 CO_2 以气体状态存在，流动性也大，应用起来比较困难。其次，不论利用干冰或液化石油燃烧来发生 CO_2，价格都很昂贵，成本过高，难以推广。比较现实的提高 CO_2 浓度的措施是增施有机肥来增加土壤中好气性细菌的数量，增强其活力，释放出更多的 CO_2。

豆科作物通过与它们共生的根瘤菌固定并利用空气中的氮素。关于豆类作物固氮数量的报道很多，需要说明的是，根瘤菌所固定的氮只占豆类作物需氮总量的 1/4～1/2，并不能全满足要求。在轮作中安排豆类作物对于缓和土壤肥力的减退有一定的好处。但是，除了像绿肥能够增强肥力外，其他豆类作物并没有“养地”作用。以收籽粒为收获器官的豆类作物从土壤中带走的氮素远比它们遗留给土壤的要多。

六、作物与营养

总的说来，碳、氢、氧、氮、磷、钾、硫、钙、镁、硼、铁、铜、锌、锰、钼、氯是所有植物生长中必须的不可缺少的16种营养元素。

碳(C)、氢(H)、氧(O)这3种元素可以从二氧化碳和水中获得，通过光合作用转化为简单的碳水化合物，再一步步生成淀粉、纤维素或生成氨基酸、蛋白质、原生质，还可能生成其他物质。一般认为，这些元素是非矿质营养元素。

其余13种元素来自土壤，被称为矿物质营养元素。人们可以通过施肥来调节控制它们的供应量。按照它们在植物体中含量的多少，可以将它们大致分为3类。

大量元素包括氮(N)、磷(P)、钾(K)；中量元素有硫(S)、钙(Ca)、镁(Mg)和微量元素硼(B)、铁(Fe)、铜(Cu)、锌(Zn)、锰(Mn)、钼(Mo)、氯(Cl)。这样分类绝不意味着有的元素重要，有的元素不重要。它们在作物体中同等重要，缺一不可。无论哪种元素缺乏，都对作物生长造成危害。

1. 不同作物对养分的需求

粮食作物每形成100 kg籽粒吸收氮、磷、钾的数量大致为3∶1∶3，氮、钾数量相近。薯类、糖料作物在淀粉和糖的形成过程中钾有重要作用，为喜钾作物，钾的吸收量明显高于氮，为氮的1.5～2倍。剑麻等纤维作物是合成大量碳水化合物的作物，需钾量也较高。油料作物中，油菜需氮、钾量相近，需磷量较高，尤其是冬油菜对磷营养特别敏感。大豆、花生是豆科作物，需要的大量氮可由根瘤供应2/3左右，因而要注意磷、钾营养的供应。烟、菜、桑的主产品同为叶片，但烟草吸钾量高，吸氮次之。而茶叶和桑叶的需氮量高于钾和磷。果树为多年生木本植物，吸收养分的情况比较复杂。幼树期氮的供应，结果期钾、磷的供应都很重要。蔬菜作物种类很多，叶菜类吸收氮、钾较多，茄果类、瓜类和根菜类吸钾量远超过吸氮量，同时蔬菜一般吸钙量较高。

2. 同一作物的不同品种对养分的要求

同一作物不同品种间吸收土壤中氮、磷、钾的数量有一定差异，对投入的氮、磷、钾肥的当季肥料利用率相差最多可达1倍多，不同品种间相同肥料的增产效果及其经济效益最高相差2～3倍。因此，在生产中同一作物不同品种的肥料施用方案应根据其营养特性区别对待。

3. 同一作物不同生育时期对养分的需求

同一作物不同生育时期对养分需求一般遵循:生长发育旺盛时期吸收数量相应增多,生长发育减慢吸收量相应减少。禾谷类作物不同生育时期的吸肥规律是分蘖期吸收养分较少,幼穗分化到抽穗期是吸收养分最多和吸收强度最大的时期;抽穗以后一直到成熟,养分吸收量明显减少。

4. 需肥规律指导施肥

作物在生长发育过程中,常有一个时期,对某种养分的要求在绝对数量上并不多,但需要的程度却很迫切。此时如缺乏这种养分,作物生长发育就会受到明显的影响,而且由此所造成的损失,即使在以后补施这种养分也很难恢复或弥补,这个时期就叫作物的营养临界期。

同一种作物,对不同种类的养分来说,其临界期也不完全相同。大多数作物,磷的临界期都在幼苗期。从磷的作用和它在土壤中的变化特点来看,磷对促进根系发育有明显的作用,苗期需磷迫切是扎根的需要。由于土壤中有效磷一般含量不高,而且移动性差,所以苗期需磷十分迫切。在农业实践中,采用少量速效性磷肥作种肥,常能收到极其明显的增产效果。

氮的临界期,一般比磷晚些,往往是在营养生长转向生殖生长的时候,例如冬小麦是在分蘖和幼穗分化两个时期,生长后期补施氮,只能增加茎叶中氮素含量,对增加穗粒数或产量已不可能有明显作用。有关钾的临界期问题,试验资料很少。有资料认为,水稻钾的临界期在分蘖期和幼穗分化期。

在作物一生中,还有一个养分需求量和吸收速度都很大的时期。这时的施肥作用最明显,增产效果也往往最好。这一时期称为作物营养的最大效率期。作物营养最大效率期往往都在作物生长最旺盛的中期,此时作物吸收养分能力最强,表现出的生长速度也最快。例如,小麦在拔节至抽穗期,玉米在大喇叭口至抽雄期,棉花在盛花至结铃期等。但有些作物的营养最大效率期也因养分不同而异,如甘薯生长初期,氮营养的效果较好,而块根膨大时,磷、钾营养的效果较好等。

实验实训　种子发芽实验

一、目的要求

应用所学种子萌发理论知识,学会播种种子、掌握种子萌发的所需条件,描述种子结构。

二、材料用具

盛有潮湿土壤的桶、滴管、水、实验记录单、绿豆种子、塑料杯、纸巾、标签等。

三、方法步骤

(1)制作培养杯,将纸巾放入塑料杯中。

(2)在有光照和黑暗处培养绿豆种子。

(3)每天定时观察种子发芽情况,描述种子生长出来的结构名称(胚根、子叶、真叶、胚轴);测量并记录幼苗高度变化。

思考与讨论

1. 什么叫作物的生长和发育,二者的关系如何?

2. 什么叫作物的生育期和生育时期?

3. 什么是植物的营养生长和生殖生长?二者有什么关系?

4. 什么是光周期现象?其机理如何?在生产上有何指导意义?

5. 根据作物的光周期反应,作物分为哪几种类型?

6. 温度对作物有哪些影响?

7. 什么是三基点温度和温度临界期?

8. 积温的含义是什么?对农业生产有何指导意义?

9. 极端温度对作物的危害有哪些?

10. 水对作物有哪些生理和生态作用?

11. CO_2 对作物有什么意义?如何给作物施用 CO_2 肥料?

12. 作物所必需的营养元素有哪些?其中哪些是大量元素?哪些是微量元素?

13. 什么是作物的营养临界期和最大效率期?

14. 土壤质地和酸碱度对作物生长的影响有哪些?

15. 作物生长过程的需肥一般规律是什么?

参考文献

[1]曹卫星．作物学通论．北京:高等教育出版社,2001.

[2]董钻,沈秀瑛,王伯伦．作物栽培学总论．北京:中国农业出版社,2010.

[3]孟彦,陈鑫伟,李新国．作物栽培学技术．北京:中国农业科学技术出版社,2018.

[4]湘、鄂、赣、桂、琼、粤农业中专教材编审委员会．作物栽培学．北京:气象出版社,1999.

第二章

作物产量与品质

第一节　作物产量的形成

一、作物产量及其构成因素

（一）作物产量

作物产量可分为生物产量和经济产量两种。

1. 生物产量

生物产量是指作物在整个生育期中积累的有机物质的总量。通常以整个植株总干物质的收获量计算。因根系无法全部回收，所以除产品在地下的作物外，生物产量一般只计地上部分的产量，不计根系重量，收获前枯落的部分通常也忽略不计。

2. 经济产量

经济产量是指栽培目的所需要的产品收获量。由于作物种类和栽培目的不同，它们被利用作为产品的部分也就不同。如谷类和豆类作物的主产品是籽粒；薯类作物主产品是块根、块茎；甘蔗是茎秆，桑树是桑叶；剑麻是纤维。当玉米作为粮食作物时，其产品收获量是籽实，作为饲料作物时，茎、叶、果穗的全部有机物，都包括在产品之内。

3. 经济系数

经济系数是指经济产量与生物产量的比值。经济产量是生物产量的一部分。经济产量的形成是以生物产量为物质基础的。但是有了生物产量，究竟能获得多高的经济产量，还要看生物产量转化为经济产量的效率。经济系数越高，说明对有机物的利用也越经济。一般来说，凡是以营养器官作为主要收获产品的作物，经济系数高于以生殖器官的部分作为主要收获产品的作物，例如甘蔗经济系数大约为70%，而水稻大约为50%；产品以含碳水化合物为主的作物，经济系数高于产品含脂肪和蛋白质较多的作物；例如，水稻经济系数约为50%，比大豆约高30%。

作物的生物产量、经济产量和经济系数之间关系十分密切。在作物正常生长的情况下，各个作物的经济系数是相对稳定的，因为生物产量高，经济产量一般也较高，所以提高生物产量是获得高产的基础。

中国杂交水稻之父、中国工程院院士袁隆平在2017年4月12日首届中国（三亚）国际水稻论坛上提出稻谷产量=生物学产量×收获指数（经济系数），目前半矮秆品种收获指数已非常高，进一步提高收获指数的空间已相当有限，下一步要提高水稻产量，主要依赖提高生物学产量，提高生物学产量的途径有两种，第一种增加株高、第二种增加茎秆壁厚，但增加茎秆壁厚比增加株高难度大。

（二）作物产量构成因素

作物产量是单株产量和单位面积上株数的乘积。作物种类不同，其构成产量的因素也有所不同。

禾谷类作物的产量=穗数×单穗粒数×粒重

或　穗数×单穗颖花数×结实率×粒重

豆类作物产量=株数×单株有效分枝数×每分枝荚数×单荚实粒数×粒重

薯类作物产量=株数×单株薯块数×单薯重

油菜的产量=株数×每株有效分枝数×每分枝角果数×每果粒数×粒重

剑麻的产量=株数×拟割叶片数×单叶重

不同作物品种在不同的栽培条件下，各有其产量构成因素的最好组合。研究、掌握最适宜的组合，明确主攻方向，采取相应的栽培技术，对增产有显著效果。作物的产量构成因素是在生育的不同时期形成的。研究各种作物的产量构成因素的形成过程及影响因子，在实践上具有重要意义。例如，水稻前期的栽培目标是争取适宜穗数，中期栽培的目标是争取较大的穗粒数，后期栽培目标是争取较高的结实率和粒重。

作物的产量构成因素之间有如下的关系：产量构成因素之间为乘积关系；产量构成因素相互间很难同步增长，往往彼此之间存在着负相关关系；株数（密度）与单株产品器官数量间的负相关关系较明显；在产量构成因素中，前者是后者的基础，后者对前者有一定的补偿作用。产量构成因素协调发展得以实现高产。

（三）作物产量形成的特点

1. 产量构成因素的形成

产量因素的形成是在作物整个生育期内不同时期依次而重叠进行的；产量因素在其形成过程中具有自动调节现象，这种调节主要反映在对群体产量的补偿效应上。

例如，水稻栽培过程中穗数与栽培密度、分蘖消长有关，粒数与颖花分化与退化有关，结实率与开花结实及其后的光合产物向籽粒运转的程度有关，千粒重与颖花分化时颖壳的大小和开花结实及其后的光合产物向籽粒运转的程度有关。

2. 干物质的积累与分配

作物产量形成的全过程包括光合器官、吸收器官及产品器官的建成，离不开干物质的形成、运输、分配和积累。从物质生产的角度分析，作物产量实质上是通过光合作用直接或间接形成的，取决于光合产物的生产、运输、分配与积累。

作物光合生产的能力与光合面积、光合时间、光合效率密切相关。光合面积包括叶片、茎、叶鞘及结实器官能够进行光合作用的绿色表面积，其中绿叶面积是构成光合面积的主体；光合时间是指光合作用进行的时间；光合效率是指在单位时间内单位叶面积同化 CO_2 的质量（单位：mg）或积累干物质的质量（单位：g）。一般来说在适宜范围内，光合面积越大，光合时间越长，光合效率又较高，光合产物非生产性消耗少，运输畅，分配利用较合理，就能获得较高的经济产量。

作物的干物质积累动态遵循 Logistic 曲线（“S”形曲线）模式，即经历缓慢增长期、指数增长期、直线增长期和减慢停止期。干物质的生产、运输、分配和积累随作物、作物的品种、生育时期及栽培条件而异。

3. 作物的生长分析

生长分析法的基本观点是以测定干物质增长为中心，同时也测定叶面积，计算与作物光合作用生理功能相关的参数，比较不同作物、不同品种、不同生态环境下生长和产量形成的差异。

相对生长率（RGR）：单位时间单位重量植株的重量增加，通常用 g/(g · 天)或 g/(g · 周)表示。

净同化率（NAR）：表示单位叶面积在单位时间内的干物质增长量。

叶面积比率（LAP）：叶面积与植株干重之比（LAV）称叶面积比率，即单位干重的叶面积。

比叶面积(SLA):比叶面积也称叶面积干重比,为叶面积与叶干重之比,在某种意义上是叶子相对厚度的一种度量。

叶干重比(LWR):叶干重比是叶的干重与植株干重之比。

作物生长率(CGR):作物生长率又叫作群体生长率,它表示在单位时间、单位土地面积上所增加的干物重。

叶面积指数(LAI):$叶面积指数=\frac{总绿叶面积}{土地面积}$

光合势(LAD):通常用 m^2 · 天表示,光合面积与光合时间的乘积。

二、“源、流、库”理论及其应用

源是指生产和输出光合同化物的器官,以叶片为主,就作物群体而言,是指作物群体的叶面积及其光合能力。流是指作物植株体内输导系统的发育状况及其运转速率。库是指产品器官的容积和接纳营养物质的能力。

(一)源

1. 源对产量的影响

①产量主要来自光合产物占 90%～95%;来自根系吸收的营养占 5%～10%。

②产量来自果实形成期间的光合产物占 60%左右;来自果实形成前积累在茎、叶、鞘、分枝上的有机物占 40%左右。一般产量越高,依赖果实形成期的光合产物越多。

2. 影响源的因素

①光合面积。一般最适叶面积指数在 6 左右。

②光合能力。与品种特性(如株型)、营养状况、光强度(尽量不使上层光饱和,也不使下层光补偿现象)、二氧化碳浓度、长相等有关。

③光合时间。选用迟熟品种、适时早播早栽促早发,生育后期防叶片早衰。

(二)流

1. 流对产量的影响

提高作物的经济系数,通流是提高作物产量的重要途径之一。

2. 影响流的因素

①有强大的维管束系统。这与营养生长基础有关。

②库对养分的竞争能力。防止营养生长过旺,保持库器官的生理活性不早衰。

③植株体的含水量。营养物质运输的载体。

④磷、钾等营养状况。磷、钾可促进营养物质的运转。

(三)库

1. 库对产量的影响

库容量决定了产量的上限;增库是提高作物产量的重要途径之一。

2. 影响库的因素

①作物品种特性。如超级杂交水稻分蘖力较强,穗大粒多,每穗粒数在180~220粒,每亩(1亩≈667 m^2)穗数18万以上。

②作物前期营养生长基础。例如,甘蔗前期营养生长良好,分蘖多,单位面积有效茎多。

③生殖器官分化发育时的环境条件。例如,水稻幼穗分化期水肥条件好,既分化颖花数量多,颖壳大,同时可以减少颖花退化。

(四)源、流、库的协调及其应用

(1)源与库的关系。源是库形成和充实的物质基础,源不足表现出库小且库不饱满,例如在水稻幼穗分化期遮光,颖花分化数会减少40%左右,空秕粒增加50%左右,千粒重下降10%左右;库对源有活化或抑制作用,例如水稻在抽穗后去穗,光合速率降低。

(2)库、源与流的关系。库、源大小影响流的方向、速率、数量,起着“拉力”和“推力”的作用,例如对水稻剪叶和对小麦摘除部分籽粒都会减少有机物向穗部输送;流直接影响同化物向库转运的速度和运转量,也影响光合速率,最终影响经济产量。

(3)产量的形成是源、流、库共同作用的结果。

(4)源库的平衡发展才能取得增产的最佳效果。

因此作物栽培应该是生育前期促进建立较大的营养体系,为生物产量打好基础;生育中期使营养器官与产品器官健壮而协调生长,以积累大量的有机物质并形成具有足够数量的贮藏光合产物的器官;生育后期要维持功能叶片多,叶面积指数高，叶片不早衰，并保证有足够的有机物质向产品器官运转。也就是说，不仅要同化产物多，运转能力强，而且要有相应的贮藏产品的器官。

三、作物产量的潜力

作物产量的形成，主要依靠来自太阳辐射中的光能。农作物的生长，实质上就是植物的光合作用把太阳光能进行转化的过程。农作物利用太阳光能直接或间接地为人类提供粮食、燃料、纤维、饲料等具特定性质的高分子物质。在植物的干物质中，90％～95％是在植物的光合作用中利用光能合成的。

在农业生产中，特别是在作物栽培中，人们所做的一切努力，实质上就是合理地应用各种农业措施，使作物充分地利用阳光、空气中的 CO_2 和土壤中的水分等，以便高效地进行光合作用，并且使光合产物能够更“合理地”分配（即经济系数高）的过程。

（一）作物产量的潜力

作物产量潜力是指作物在通过人为措施克服某一个限制因子、几个限制因子或者所有限制因子后可能达到的最高产量。如作物产量的光合潜力是指作物在通过人为措施最大限度地提高光能利用（光照强度、光照时间、光合效率）条件下可能达到的最高产量；光温潜力是指作物在追求光合生产潜力的同时，通过人为措施最大限度地改善温度条件，可以达到的最高产量；光温水潜力是指作物在同时克服光、温、水 3 个方面的限制因子时可能达到的最高产量等。迄今为止，学术界研究主要集中在作物产量的光合生产潜力。

理想状态下的最大光能利用率一般认为 5％左右，广西地区太阳年总辐射量达 378～420 kJ/(cm^2・年)，按太阳光能利用率为 5％计算：

$$\text{理论产量(kg/亩)} = 378 \times 667 \times 10\,000 \times 5\% \div 17.85 \times 50\% \div 87\%$$
$$= 4\,059$$

式中：每克干物质所含的化学潜能取碳水化合物 17.85 kJ/g，经济系数取 50％、产品含水量为 12％。

源自国家统计局关于 2018 年粮食产量的公告，广西早稻平均产量为 5 952 kg/hm^2，光能利用率仅为 0.978％。可见光能利用率还很低，提高光能利用率潜力很大。

（二）提高作物产量的途径

1. 培育高光合效率的农作物品种

高光效育种是指以改进植物光合机能和受光姿态、提高光能利用效率为目标的育种，与常规育种相结合，在对作物丰产性状和品质特性进行改良的基础上，对光能利用效率进行改进，达到光合效率与产量和品质同步提高的目的。在现代遗传学基础上，高光效育种继承了传统育种、形态和生理育种的成就，强化光合器官，促进其光合作用，抑制光呼吸，提高光能利用率，即将形态结构上的高光效和生理功能上的高光效结合起来，并综合其他优良经济性状及提高抗逆、抗病性于一体，以培育出大幅度增产的品种。

根据植株形态特征、空间排列及各性状组合与产品形成的关系进行遗传改良，创造具有理想株型的新品种，例如已选育出玉米紧凑株型品种单产达到15 000 kg/hm^2 以上，单季稻直立叶型品种单产达到13 200 kg/hm^2 左右。黄耀祥（1990年）研究表明，理想水稻株型的每穗实粒数应为100～200粒，千粒重为25～30 g，并以这一标准成功育成了特青、双青、新秀299、胜优1号和胜优2号等耐肥抗倒伏抗病的水稻品种；周开达等（1995年）研究认为，水稻理想株型为株高120 cm左右，株型松紧适中，有效穗数为225万穗/hm^2，并按此模式组配出了高产品种Ⅰ优6078；杨守仁等（1996年）研究表明，水稻理想株型应具备耐肥抗倒伏、生长量大、短枝立叶、大穗直穗，并成功育成了符合此种株型设计的水稻品种沈农256；袁隆平（1997年）针对长江中下游生态区的中稻提出杂交水稻理想株型为株高100 cm，秆长70 cm，穗长25 cm左右，且上部3叶修长，剑叶50 cm左右，高出穗尖20 cm以上，倒二叶比剑叶长10%以上，并高过穗尖，倒三叶叶尖达到穗中部，选育成功了两系杂交稻"两优培九"。

2. 提高作物群体的光能截获量

提高作物群体的光能截获量主要是提高群体叶面积指数和叶面积持续时间。作物群体叶面积一生中需保持最适宜的叶面积指数，低于最适宜值，即光能未充分利用；高于最适宜值，群体过大，郁闭加重，导致减产。一般要求前期叶面积增长速度要快而稳，最大叶面积指数要适宜，高峰期限持续的时间较长，叶面积衰退缓慢。例如，玉米紧凑型品种高产群体最适叶面积指数为6～7，平展型品种高产群体最适叶面积指数仅为4～5，另外叶面积持续时间比较长，成熟期叶面积指数仍达到3.5左右，因此种植紧凑玉米光能截获量比平展型玉米多，更容易获得高产。

3. 降低呼吸消耗

作物光呼吸很显著,光合作用生产的光合产物总量30%左右可通过光呼吸消耗掉。利用光呼吸抑制剂和提高田间 CO_2 浓度,可明显降低光呼吸,通过改善田间的通风条件或其措施,避免温度过高,减少呼吸消耗,提高净光合生产率,通过环境调控,防止高温、干旱、病虫为害等逆境引起的呼吸过旺,减少光合产物损耗,是提高光合生产力的途径之一。

4. 采用先进的栽培技术措施,改善栽培环境

(1)间作、套种、育苗移栽、复种。采取合理的间作、套作、育苗移栽、复种等措施,合理地安排茬口,创造适宜的农田群体结构,增加作物的光合面积,延长作物的光合时间,从时间和空间上更好地利用光能,缩短田地空闲时间,减少漏光率,以达到提高作物光能利用率的目的。

(2)合理密植。合理密植能解决作物群体与个体之间的矛盾,可增大绿叶面积,以截获更多的太阳光,提高作物群体对光能的利用率,同时还能充分利用地力。密植一定要合理,密度低时不能发挥群体的优势,光能利用率较低,也不能很好地利用地力。密度高时,群体叶面积过大,相互遮蔽,使下层叶片得到的光照太少,光合强度在光补偿点以下时,植物不但无法积累,反而加大了消耗;而且因光照过弱,植株生长加快,最终使植株茎细易倒伏或落花落果;另外,还会使作物群体小气候条件恶化,易发生病虫害,导致作物减产。

(3)加强田间管理。通过增施肥料、合理灌溉、及时中耕除草、间苗定苗、培土、加强病虫害防治等综合措施,改善田间的通风透光条件,多施有机肥,促进土壤微生物的活动,提高土壤中的二氧化碳含量,土壤中二氧化碳散逸,可改善植物群体下层环境中的二氧化碳。在温室和塑料大棚中适当施用二氧化碳,增加二氧化碳浓度。有效利用延缓型或抑制型植物生长调节剂,创造一个良好的环境条件以利作物群体和个体协调生长发育良好,以提高光合作用效率,增加有机物质积累,从而达到增产的效果。

第二节 作物产品品质

一、作物产品品质的概念

作物产品的品质是指产品的质量,即达到人们某种要求的适合度,直接关系到

产品的使用价值和经济价值。作物产品品质的评价标准，即所要求的品质内容因产品用途而异。作为食用的产品，其营养品质和食用品质更重要，作为衣着原料的产品，其纤维品质是人们所重视的。

作物产品品质主要包括营养品质、食用品质、加工品质、商业品质等。

1. 营养品质

营养品质指农产品所含的营养成分，如蛋白质，脂肪、淀粉以及各种维生素、矿质元素、微量元素等。对人体健康有益的功能性成分，还包括人体必需的氨基酸、不饱和脂肪酸、支链淀粉与直链淀粉及其比例等。好的营养品质一方面要求富含营养成分，另一方面要求各种营养成分的比例合理。功能农产品是未来高端食品的发展方向，功能性农产品是指所有农林水产品或经科学认证的含有对人体健康有益的功能性成分的农林水产品，例如我国人均硒摄入量科学标准应为每日 50～250 μg，而现实是我国人群食物中尚达不到每日每人 40 μg 以上的标准补硒水平，因此广西正打造“富硒品牌”农业，力争让大众定量补硒，科学补硒，健康补硒。

2. 食用品质

适口性即人食用时的感觉好坏，即通常说的好吃不好吃。例如，水果成熟时，食用品质最佳，不熟或过熟都会影响到食用品质。

3. 加工品质

一方面指农产品是否适合加工，另一方面指加工以后所表现出来的品质。加工品质不仅与农产品质量有关，而且与加工技术有关。例如，加工玉米笋采收应该在玉米吐丝长 3 cm 左右，过嫩过老都不好。

4. 商业品质

商业品质指农产品的外观和包装，如形态、色泽、整齐度、容重、装饰等表现或视觉性状，也包括是否有化学物质的污染。随着现代科技进步，这些性状可以通过光电仪器、机械、电脑以及化学方法等先进检测手段来实现。例如，商品玉米可以通过机械作业把籽粒分级，使整齐度、粒色、含水量、纯度、净度以及容重等均达到较高水平，提高市场竞争力。

二、评价作物产品品质的指标

1. 生化指标

生化指标包括作物产品所含的生化成分，如碳水化合物、脂肪、蛋白质、微量元素、维生素等，以及有害物质含量和化学农药、有毒金属元素等污染物质的含量等。

2. 物理指标

每种作物都有一定的指标体系，如农产品的形状、大小、色泽、滋味、香气、种皮厚度、整齐度、纤维长度及纤维强度等。

三、影响农产品品质的因素

影响作物产品品质的因素错综复杂，归纳起来主要受遗传因素、气候生态因素、栽培措施三个方面的影响。

（一）遗传因素

1. 不同作物的品质不同

禾谷类作物以碳水化合物为主，油料作物以脂肪和蛋白质为主，甘蔗以含糖量为主，剑麻以含纤维为主，这些都与它们的基因型不同有关。

2. 同一作物不同品种的品质不同

不同的甘蔗品种含糖量不同，高油玉米比普通玉米籽粒含油量高50%以上，同样是糯米，但各品种香味、松软度、口感都不一样。

（二）气候生态因素

1. 地理因素

种植的地理环境条件不同，作物产品品质有很大的差异。禾谷类作物蛋白质含量大体表现为南高北低，东高西低的趋势。充分利用当地地理环境优势，发展当地的特色农产品，打造品牌，是满足人民日益增长的美好生活途径之一。

2. 季节因素

同一种作物，由于种植与成熟的季节不同，产品品质差异很大。如早稻与晚稻相比，一般都是早稻稻米的品质比晚稻差。主要表现在早稻米质腹白较多，米质疏松，加工时易产生碎米，特别是早籼品种的蒸煮品质不佳；晚稻米质则腹白少，米质坚实，碎米少，米饭食味和蒸煮品质也比早稻好。

3. 温、光因素

温度和光照同样影响作物产品的品质。例如，日平均温度低，昼夜温差大，光照度强和日照长度短有利于稻米整精米率和胶稠度提高，垩白率和垩白度降低，蛋白质减少；日平均温度高，昼夜温差小，光照度弱和日照长度短有利于碱消值和直链淀粉减少。

（三）栽培措施

栽培技术措施对作物产品品质有很大的影响，但可以通过合理轮作、合理密植、科学施肥、适时灌溉与排水、适时收获等栽培技术措施，提高作物产品品质。合理轮作特别是水旱轮作，能够减少病虫危害，均匀使用土壤养分，改善土壤理化性质。作物群体过大，个体发育不良，可使作物的经济形状变劣，产品品质降低。根据营养特性、土壤特性、作物生育期需要选择肥料，坚持有机肥与无机肥相结合，选择合理的施肥方法，推广使用专用、复合、特种肥。水分过多会影响根系的发育，尤其对薯类作物的品质极为不利，可使其食味差、不耐贮藏、肉色不佳，甚至会产生腐烂现象。如土壤水分过少，也会使薯皮粗糙，降低产量和品质。各种作物成熟期收获，品质最佳。

第三节 无公害农产品、绿色食品和有机食品生产

一、无公害农产品

（一）无公害农产品概念

无公害农产品是指产地环境、生产过程和产品质量符合国家有关标准和规范的要求，经认证合格获得认证证书并允许使用无公害农产品标志的未经加工或者初加工的食用农产品(图 2-1)。

图 2-1 无公害农产品标志

（二）无公害农产品生产技术

1. 产地环境

产地环境主要包括土壤、环境空气、灌溉水，重点检测重金属、生物毒素、农药残留、大气污染物、致病微生物。

产地周边环境及产区条件应满足 NY/T 2798.1 中的相关要求，产地环境质量安全应符合 NY 5332 的要求。

2. 种子种苗

(1)属于主要农作物范围的，应选择通过审定的品种，非主要农作物范围的，应

优先选择省级以上农业行政主管部门公告发布的、适合当地的主推品种或当地示范成功的推广品种。

(2)应从具有种子经营许可证的经销部门购买具有包装(不能包装的除外)、附有标签(内容符合国家规定)、质量符合相关标准要求的种子。

(3)如需对种子进行化学处理和包衣,应遵守相关技术规范,并有相应记录。

3. 肥料施用

主要防止过量使用肥料,坚持有机肥料与无机肥料相结合、大量元素与中微量元素相结合、基肥与追肥相结合,施肥与其他措施相结合的施肥原则。对有机肥料的来源、潜在危害进行分析,如致病微生物、重金属含量、堆肥方式、杂草种子含量等。不应将人类生活的污水、淤泥和城市垃圾等废弃物作为有机肥料使用。

4. 病虫草鼠防治

(1)优先采用农业防治、生物防治、物理防治措施,尽可能减少化学农药的使用。

(2)不得选择国家禁止使用的农药,应使用经国家登记许可,符合 NY/T 1276 和 NY/T 2798.1 相关规定的农药。

(3)农药使用时,应严格遵守农药标签规定的用药量、配制方法、施药时间、施药方法、施用次数等。

5. 采收

应根据成熟度并确保在农药安全间隔后适时采收产品,对于易受生物毒素污染的产品,应避免阴雨天采收。

(三)无公害农产品生产主体的基本要求

1. 主体资质

具备国家相关法律法规规定的资质条件,以及组织无公害农产品生产和承担责任追溯的能力。

(1)申请主体应是经工商注册登记的农产品生产企业、农民专业经济合作组织或家庭农场,生产经营范围涵盖所申请的事项。

(2)应有稳定的生产基地,或租期(承包期)在 5 年以上,生产规模应符合省级无公害农产品工作机构规定或产地认定标准的相关要求。

(3)申请前 3 年内无质量安全事故和不良诚信记录。

2. 生产管理人员

有专业的生产和质量管理人员，至少有一名经培训合格的无公害农产品内检员专职负责农产品生产和质量安全管理。

3. 管理制度及文件

具有组织无公害农产品生产和管理的技术制度体系。

(1)应建立或收集从产地到贮运全过程的无公害农产品生产质量安全控制技术规程和产品质量标准。

(2)应收集并保存现行有效的农产品质量安全相关法律法规及有关标准文件。

(3)应建立关键环节质量控制措施、人员培训制度、基地农户管理制度、卫生防疫制度、植物病虫害监测制度、投入品管理制度以及产地环境保护措施等。

(4)应建立质量安全责任制，明确关键岗位人员职责要求。

(5)分户生产的，应建立农业投入品统一管理和产品统一销售制度。

(6)涉及农户的农民专业经济合作组织，应有与合作农户签署的含有产品质量安全管理措施的合作协议和农户名册(包括农户名单、地址、种植规模)。

4. 产地环境

产地周边环境及产区条件符合无公害农产品产地环境相关标准要求并经有资质的产地环境检测机构测评合格。

5. 生产记录档案

建立生产过程记录并归档管理。

(1)应建立农产品生产记录、销售记录和人员培训记录，记录内容应完整、真实，记录档案至少保存2年。

(2)应建立植物病虫害监测报告档案。

(3)应详细记录农业投入品使用情况。内容至少包括投入品名称、规格、防治对象，使用方式、时间、浓度、安全间隔期或休药期等。

(4)鼓励采用先进技术手段(如电子计算机信息系统)进行记录和文件管理。

6. 农业投入品管理

农业投入品选购、贮存符合国家相关规定。

(1)不应该购买、使用、贮存国家禁用的农业投入品。

(2)应购买具有合格证的农药、肥料等农业投入品，购买后应索取并保存购买凭证或发票。

(3)农业投入品应有专门的存放场所，并能确保存放安全的相应设施，按产品标签规定的储存条件在专门的场所分类存放，宜采用物理隔离（如隔板等）的方式防止交叉污染。有醒目标记，由专人管理。

（4）贮存场所应有良好照明条件，并保持干燥、通风、清洁、避免日光暴晒、雨淋。

（5）变质和过期的投入品应做好标识，隔离禁用，并安全处置。

（6）应建立农业投入品出入库记录，并保存2年。

7. 废弃物处置

废弃物和污染物按规定安全处置。

（1）应设立废弃物存放区，对不同类型的废弃物分类存放并及时处置。

（2）及时处理生产区域内的污水和垃圾等污染物，保持清洁。

8. 产品质量

产品质量符合食品安全国家标准和相关法律法规要求。

（1）收获产品应严格执行农药安全间隔期规定。

（2）销售产品应承诺合格，并有产品自检记录，或监督抽检报告，或产品检验报告。

9. 包装标识

产品依法进行包装和标识。

（1）包装材料应符合国家强制性技术规范要求，包装材料自身应安全无毒和无挥发性物质产生。

（2）应对处理和贮存农产品的设施和设备进行定期清洁和保养。

（3）包装农产品应防止机械损伤和二次污染。

（4）获证产品应按要求使用无公害农产品标志。

（5）依法需要实施检疫的产品，应附检疫合格的标识证明。

10. 产品贮运

有符合标准的产品贮藏与运输设备条件。

（1）应有专门的产品贮藏场所，保持通风、清洁卫生、无异味，并注意防鼠、防潮，不应与农业投入品混放。

（2）应建立和执行适当的仓储制度，发现异常应及时处理。

（3）贮藏、运输和装卸农产品的容器、工器具和设备应安全、无害、清洁，应根据农产品的特点和卫生需要选择适宜的贮藏和运输条件，必要时应配备保温、冷藏、保鲜等设施，不能与有毒、有害、有异味的物品混装。

(4)贮藏与运输使用的保鲜剂、防腐剂、添加剂等物质应符合国家强制技术规范要求,并进行记录。

(5)贮藏和运输过程中应避免日光直射、雨淋,并应避免过冷、过热等显著温度变化,装卸时应轻装、轻放、避免剧烈撞击等。

(四)无公害农产品申请认证

无公害农产品申请认证流程。

(1)申请主体必须要有至少一名经培训合格的无公害农产品内检员。

(2)申报主体准备纸质材料齐全合格,并准备以下材料:

①资质证明文件复印件;

②生产和管理的质量控制措施,包括组织管理制度、投入品管理制度和生产操作规程;

③最近一个生产周期投入品使用记录的复印件;

④保证执行无公害农产品标准和规范的声明(附在申请书内);

⑤《产地环境检测报告》(由检测机构出具);

⑥《产品检验报告》(附《产品抽样单》,由检测机构出具);

⑦《现场检查报告》(现场检查组提供)。

(3)县级农业农村行政主管部门应当自收到申请材料之日起十五个工作日内,完成申请材料的初审。符合要求的,出具初审意见,逐级上报到省级农业农村行政主管部门;不符合要求的,应当书面通知申请人。

(4)省级农业农村行政主管部门应当自收到申请材料之日起十五个工作日内,组织有资质的检查员对申请材料进行审查,材料审查符合要求的,在产品生产周期内组织两名以上人员完成现场检查(其中至少有一名为具有相关专业资质的无公害农产品检查员),同时通过全国无公害农产品管理系统填报申请人及产品有关信息。不符合要求的,书面通知申请人。

(5)现场检查合格的,省级农业农村行政主管部门应当书面通知申请人,由申请人委托符合相应资质的检测机构对其申请产品和产地环境进行检测;现场检查不合格的,省级农业农村行政主管部门应当退回申请材料并书面说明理由。

(6)检测机构接受申请人委托后,须严格按照抽样规范及时安排抽样,并自产地环境采样之日起三十个工作日内、产品抽样之日起二十个工作日内完成检测工作,出具产地环境监测报告和产品检验报告。

(7)省级农业农村行政主管部门应当自收到产地环境监测报告和产品检验报告之日起十个工作日完成申请材料审核,并在二十个工作日内组织专家评审。

(8)省级农业农村行政主管部门应当依据专家评审意见在五个工作日内做出是否颁证的决定。同意颁证的,由省级农业农村行政主管部门颁发证书,并公告;不同意颁证的,书面通知申请人,并说明理由。

(9)无公害农产品认定证书有效期为三年。期满需要继续使用的,应当在有效期届满三个月前提出复查换证书面申请。

二、绿色食品

(一)绿色食品概念

绿色食品是指产自优良环境,按照规定的技术规范生产,实行全程质量控制,产品安全、优质,并使用专用标志的食用农产品及加工品。

绿色食品概念包含三个意思:

(1)绿色食品不是指食品的颜色,而是指"产品安全、优质"。"产品安全、优质"则是其主要特征,这一特征是有标准和技术指标的,要经检测,而不是凭感觉。过去有些生产者和厂家将自己的产品的"天然食品""野生食品"说成就是绿色食品,这种说法不对,因为天然、野生食品所生长的环境如受到污染,这类食品也可能被污染,所以它们也仍须通过检测来确定。

(2)绿色食品是经专门机构——中国绿色食品发展中心认定。不是生产者觉得自己的产品是安全的,就可自称为绿色食品,必须经中国绿色食品发展中心根据一定标准和要求,审查认定产品是否符合绿色食品标准。

(3)使用绿色食品标志。经中国绿色食品发展中心认定后,许可在产品上使用绿色食品标志,才能使用绿色食品标志;生产者取得使用绿色食品标志使用权后必须在产品上使用,因为只有带有这个标志的食品才是绿色食品。有这个标志,就便于识别绿色食品,有利于市场规范和法制管理。

(二)绿色食品的主要特点

(1)强调产品出自优良生态环境。绿色食品基地必须符合《绿色食品·产地环境技术条件》的要求。

(2)对产品实行全程质量控制。绿色食品生产实施"从土地到餐桌"全程质量控制，而不是简单地对最终产品的有害成分含量和卫生指标进行测定。产前环节进行环境监测和原料检测，产中环节对具体生产、加工操作规程的落实，产后环节进行产品质量、卫生指标、包装、保鲜、运输、贮藏、销售控制，确保绿色食品的整体产品质量，并提高整个生产过程的技术含量。

（三）绿色食品标志与绿色食品分级

绿色食品实行标志管理。绿色食品标志是在经权威机构认证的在绿色食品上使用，以区分此类产品与普通食品的特定标志。该标志已作为我国第一例证明商标由中国绿色食品发展中心在国家商标局注册，受法律保护。绿色食品标志是有绿色食品标志图形、“绿色食品”中文字体、“Green food”英文字母以及这三者相互组合四种形式（图 2-2）。绿色食品标志图形由三部分构成，即上方的太阳，下方的叶片和中心的蓓蕾，象征自然生态；颜色为绿色，象征着生命、农业、环保；图形为正圆形，意为保护。

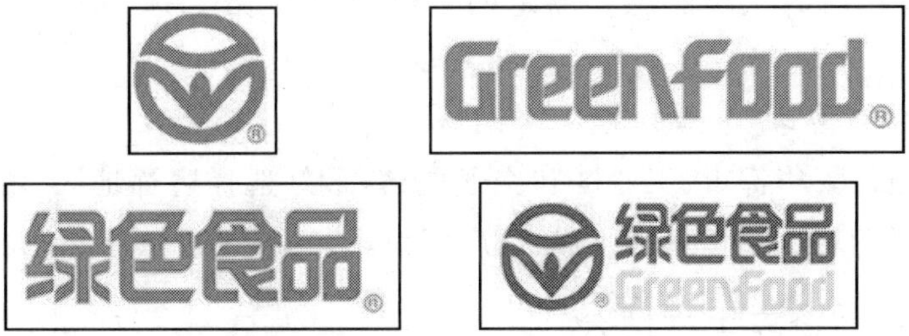

图 2-2　已在国家工商行政管理局注册的四种绿色食品标志

根据绿色食品质量标准，绿色食品可分为 AA 级绿色食品和 A 级绿色食品。AA 级绿色食品比 A 级绿色食品，在产地环境质量、生产技术规程等方面更严格。AA 级绿色食品标志与字体为绿色，底色为白色，产品编号末位为“AA”；A 级绿色食品标志与字体为白色，底色为绿色，产品编号末位为“A”。

（四）绿色食品的标准体系

绿色食品标准是绿色食品认证和管理的依据和基础，是应用科学技术原理，结合绿色食品生产实践，借鉴国内外相关标准所制订的，在绿色食品生产中必须遵循，在绿色食品质量认证时必须依据的技术性文件。

绿色食品标准体系由以下四个部分构成：绿色食品产地环境质量标准，绿色食品生产技术标准,绿色食品产品标准,绿色食品包装、贮藏、运输标准等。

(五)绿色食品的产地环境条件要求

1. 对大气环境的要求

产地及产地周围不得有大气污染源,特别是上风口没有污染源,大气质量要稳定。测定的主要项目有空气中总悬浮颗粒物(TSP)、二氧化硫(SO_2)、氮氧化物(NO_x)、氟化物的含量。

2. 对水的要求

选择在地表水、地下水水质清洁无污染的地区和水域,水域上游没有对该地区构成污染威胁的污染源。测定的主要项目有:pH、汞、镉、砷、铅、六价铬、氟化物、粪大肠菌群等含量。

3. 对土壤的要求

基地及基地周围没有金属或非金属矿山,未受到人为污染,土壤中农药残留量较低,并具有较高的土壤肥力。测定的主要项目有:pH、汞、镉、砷、铅、铬、铜等含量。

4. 其他条件要求

应尽量避开繁华都市、工业区和交通要道,最好选择边远地区、农村农业生态环境相对较好的地区,作为绿色食品生产基地。

(六)绿色食品生产技术

1. 品种、种子和种苗

绿色食品种植业对品种的基本是要求优质、高产、抗性好,AA 级绿色食品不允许使用基因工程获得的种子。

2. 肥料使用

合理使用肥料是保障绿色食品生产的重要环节,同时也是保护生态环境,提升农田肥力的重要措施。

(1)AA 级绿色食品。可使用秸秆肥、绿肥、厩肥、堆肥、沤肥、沼肥、饼肥等农家肥料,有机肥料、微生物肥料,不能使用化学合成的肥料。

(2)A 级绿色食品。可使用秸秆肥、绿肥、厩肥、堆肥、沤肥、沼肥、饼肥等农家肥料,有机肥料,微生物肥料,有机-无机复混肥料,无机肥料,土壤调理剂等肥料。限量地使用部分化学合成的肥料,但禁止使用硝态氮肥。而且化肥施用必须按一定比例与有机肥配合，有机氮与无机氮之比不能少于1∶1，无机氮素用量按当地同种作物习惯施肥用量减半使用。

AA级绿色食品和A级绿色食品，最后一次施肥必须在收获前30天以上完成。施用农家肥，肥料中重金属限量指标、粪大肠菌群数、蛔虫卵死亡率应符合有关标准要求。不得使用转基因品种（产品）及其副产品为原料生产的肥料。厩肥、堆肥、沤肥、沼肥、饼肥要完全腐熟。

3. 病虫害防治

绿色食品生产中病虫害防治的基本原则：推广农业综合防治，优先采用农业防治，尽量利用物理防治和生物防治，合理使用低风险农药，不使用高毒、高残留、高生物富集性农药，严格遵守农药使用安全间隔期。主要防治措施有以下四种：

（1）农业防治。在绿色食品生产中，优先采用农业措施，利用栽培、耕作、施肥、品种等农业手段对农田生态环境进行管理。例如，选用抗（耐）病虫的优质品种，非化学药剂种子处理（如利用太阳杀死病菌、防虫防霉），加强栽培管理、合理布局（轮作、间作、套作），清理田园，降低病虫源数量等，防治病虫草害的作用。

（2）生物防治。生物防治是指以有益生物控制有害生物数量的方法，也就是利用天敌来防治病虫的方法。

害虫的生物防治主要是以虫治虫（包括捕食性和寄生性昆虫），以微生物治虫（致病微生物包括病原细菌、病原真菌和病原病毒），以及少量脊椎动物治虫（如鸟、蛙等）。

当前生物防治技术大体有四类：

①人工繁殖补充害虫天敌，提高害虫的控制效果。例如，通过在田间释放赤眼蜂在害虫卵内产卵，幼虫孵化后取食卵液，杀死寄主害虫卵，从而减少害虫数量，达到防治菜青虫、小菜蛾、稻纵卷叶螟、三化螟、玉米螟等多种虫害的效果。又如捕食螨以柑橘、苹果、梨、桃、枣等果树上的害螨（红蜘蛛、黄蜘蛛、锈壁虱）为食物，是害螨的自然天敌，跟踪搜索能力强，专食性强，且特别喜欢取食卵。一旦在田间定殖，易建立种群并自然扩散，具有无公害、无农药残留、对人畜安全、使用方便、持效期长等特点。

②以菌治虫。利用昆虫病原微生物防治害虫，例如用杀螟杆菌防治稻纵卷叶螟和三化螟，在非蚕桑区用白僵菌防治越冬三化螟幼虫和黑尾叶蝉等。我国利用苏云金杆菌制剂，也就是我们平常所说的Bt制剂防治害虫，无论在工业化生产还是在实际应用等方面都居世界先进水平。

③以禽治虫。例如，在水稻秧苗移栽到大田返青后至抽穗前，放养体重0.1～

0.3 kg 的小鸭，每亩放养 20～25 只，不仅有较好的治虫效果，而且可以起到中耕肥田的作用，还可以节约养鸭饲料，有利于养殖业的发展。

④蛙类防虫。田间有益天敌青蛙，具有繁殖量大和快的特点，只要加以保护，就可成为害虫的克星。

(3)物理防治。物理防治具有节省开支和减少污染两大优势，主要方法有利用灯光、色彩(如黄板)诱杀害虫，利用防虫网减少虫源，机械捕捉害虫，机械和人工除草等措施，防治病虫草害。

(4)化学防治。在特殊情况下，必须使用农药时，应注意协调化学防治与生物防治之间的矛盾，要适当放宽防治标准，尽量减少用药次数。查明虫情，实行挑治，减少用药面积。推广使用高效、低毒、低残留环保型农药，采用有效超低容量、低容量喷雾技术，不宜采用喷粉等风险较大的施药方式，具体选用的农药种类应遵守生产绿色食品的农药使用准则。

生产 AA 级绿色食品允许使用植物和动物来源杀虫(如楝素、天然除虫菊素、苦参碱及氧化苦参碱等等)、杀菌剂(如大黄素甲醚、乙蒜素、天然酸等)，微生物来源的杀虫剂(如核型多角体病毒、乙基多杀菌素等)、杀菌剂(如春雷霉素、多抗霉素、井冈霉素等)，生物化学产物防病剂(如氨基寡糖素、低聚糖素、几丁聚糖等)，矿物来源杀虫杀菌剂(如石硫合剂、波尔多液、石灰水等)，其他杀虫杀菌剂(如乙醇、二氧化碳等)。允许使用释放寄生性捕食性天敌动物(如赤眼蜂、瓢虫、捕食螨、各类天敌蜘蛛及昆虫病原线虫等)。在害虫捕捉器中使用昆虫信息素(如性信息素)及作物源引诱剂。使用矿物油和作物制剂。禁止使用有机合成的化学杀虫剂、杀螨剂、杀菌剂、杀线虫剂、除草剂和作物生长调节剂；禁止使用生物源、矿物源农药中混配有机合成农药的各种制剂；严禁使用基因工程产品及制剂。

生产 A 级绿色食品的农药允许使用 AA 级和绿色食品农药使用准则中规定允许使用的农药。

严禁使用剧毒、高毒、高残留或具有三致毒性(致癌、致畸、致突变)的农药，如甲胺磷、氧化乐果、杀虫脒等。每种有机合成农药(含 A 级绿色食品生产资料农药类的有机合成产品)在一种作物的生长期内只允许使用一次。

(七)绿色食品贮藏、加工和运输

1. 绿色食品贮藏的原则

绿色食品贮藏应根据绿色食品的贮藏特性，来确定贮藏技术。对绿色食品的贮藏一般要求在贮藏过程中最大限度地保存绿色食品的原有品质，防止在贮藏过程中的二次污染。

如果使用化学保藏方法，所选用的化学制剂必须符合《绿色食品添加剂使用准则》的规定。

2. 绿色食品加工

绿色食品加工要注意选址、原料来源（加工 AA 级绿色食品应至少使用 95% 的 AA 级绿色食品原料；加工 A 级绿色食品的主要原料应当是 A 级绿色食品原料）；加工工艺（如禁用化学防腐杀菌）、水质的要求，添加到食品中的水质必须达到《生活饮用水卫生标准》。

3. 绿色食品加工对包装的要求

要注意安全性、可降解性、可重复利用性。较理想的包装容器有纸容器、玻璃容器、陶瓷容器、带有防腐性能的金属罐、可降解塑料包装等。

4. 绿色食品的运输

绿色食品的运输除了要符合国家对食品运输的有关规定外，还要防止污染、混运。

（八）绿色食品申请人应具备的资质

(1)能够独立承担民事责任。如企业法人、农民专业合作社、个人独资企业、合伙企业、家庭农场等，国有农场、国有林场和兵团团场等生产单位；

(2)具有稳定的生产基地；

(3)具有绿色食品生产的环境条件和生产技术；

(4)具有完善的质量管理体系，并至少稳定运行一年；

(5)具有与生产规模相适应的生产技术人员和质量控制人员；

(6)申请前三年内无质量安全事故和不良诚信记录；

(7)与绿色食品工作机构或检测机构不存在利益关系。

（九）绿色食品申请认证

绿色食品标志使用证书有效期三年。证书有效期满，需要继续使用绿色食品标志的，标志使用人应当在有效期满三个月前向省级工作机构书面提出续展申请。省级工作机构应当在四十个工作日内组织完成相关检查、检测及材料审核。初审合格的，由中国绿色食品发展中心在十个工作日内做出是否准予续展的决定。准予续展的，与标志使用人续签绿色食品标志使用合同，颁发新的绿色食品标志使用证书并公告；不予续展的，书面通知标志使用人并告知理由。绿色食品申请认证程序，见图 2-3 所示。

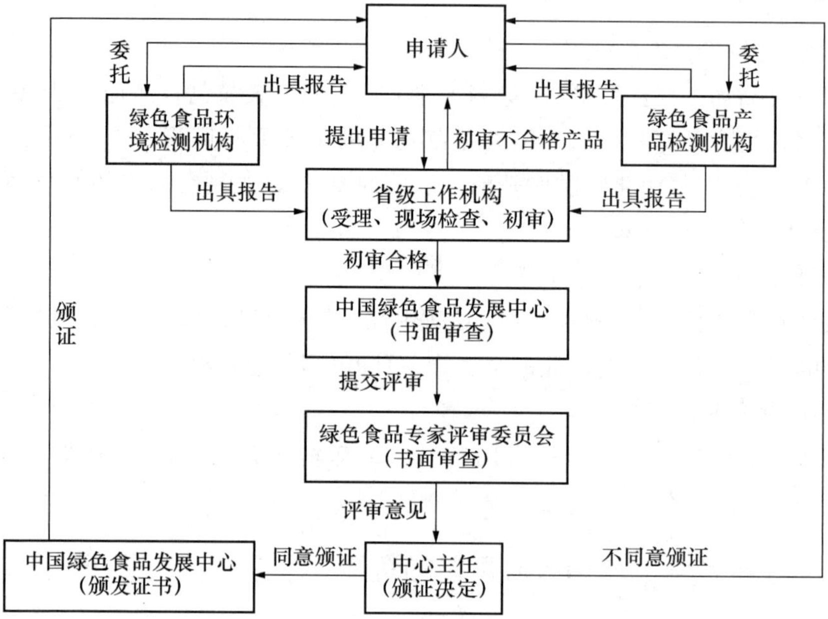

图 2-3　绿色食品申请认证程序图

三、有机食品

（一）有机食品概念

有机食品是根据有机农业和有机食品生产、加工标准而生产、加工出来的，经过授权的有机食品颁证部门发给证书，供人们食用的一切食品。

（二）有机食品与其他食品生产的区别

(1)环境条件。有机生产基地应远离城区、工矿区、交通主干线、工业污染源、生活垃圾场等。

①土壤环境质量符合 GB 15618 中的二级标准；

②农田灌溉用水水质符合 GB 5084 的规定；

③环境空气质量符合 GB 3095 中二级标准和 GB 9137 的规定。

(2)有机食品在生产加工过程中绝对禁止使用农药、化肥、激素等人工合成物质,并且不允许使用基因工程技术。

(3)有机食品在土地生产转型方面有严格规定。一年生植物的转换期至少为播种前的 24 个月,草场和多年生饲料作物的转换期至少为有机饲料收获前的 24 个月,饲料作物以外的其他多年生植物的转换期至少为收获前的 36 个月。转换期内应按照本标准的要求进行管理。

新开垦的、撂荒 36 个月以上的或有充分证据证明 36 个月以上未使用本标准禁用物质的地块,也应经过至少 12 个月的转换期。

(4)在存在风险的情况下,则应在有机和常规生产区域之间设置有效的缓冲带或物理屏障,以防止有机生产地块受到污染。缓冲带上种植的植物不能认证为有机产品。

(5)应选择有机种子或植物繁殖材料。当从市场上无法获得有机种子或植物繁殖材料时,可选用未经禁止使用物质处理过的常规种子或植物繁殖材料,并制订和实施获得有机种子和植物繁殖材料的计划。

(6)病虫草害防治的基本原则应从农业生态系统出发,综合运用各种防治措施,创造不利于病虫草害滋生和有利于各类天敌繁衍的环境条件,保持农业生态系统的平衡和生物多样化,减少各类病虫草害所造成的损失。应优先采用农业措施,通过选用抗病抗虫品种、非化学药剂种子处理、培育壮苗、加强栽培管理、中耕除草、耕翻晒垡、清洁田园、轮作倒茬、间作套种等一系列措施起到防治病虫草害的作用。还应尽量利用灯光、色彩诱杀害虫,机械捕捉害虫,机械或人工除草等措施,防治病虫草害。

(7)生产基地在最近三年内未使用过农药、化肥等违禁物质。

总之,生产有机食品比生产其他食品难度要大,需要建立全新的生产体系和监控体系,采用相应的病虫害防治、地力保持、种子培育、产品加工和储存等替代技术。

(三)有机食品标志

有机食品标志采用人手和叶片为创意元素。我们可以感觉到两种景象:其一是一只手向上持着一片绿叶,寓意人类对自然和生命的渴望;其二是两只手一上一下握在一起,将绿叶拟人化为自然的手,寓意人类的生存离不开大自然的呵护,人与自然需要和谐美好的生存关系。有机食品概念的提出正是这种理念的实际应用。人类的食物从自然中获取，人类的活动应尊重自然的规律，这样才能创造一个良好的可持续的发展空间(图 2-4)。

图 2-4　有机食品标志

(四)有机食品申请认证程序

1. 申请

申请者书面提出申请认证时，根据《有机产品认证实施规则》的规定，应向有机认证机构提交下列材料：

(1)申请者的合法经营资质文件，如营业执照、土地使用证、租赁合同等；

(2)申请者及有机生产、加工的基本情况，如申请者名称、地址和联系方式，生产、加工规模，包括品种、面积、产量、加工量等描述；

(3)产地(基地)区域范围，包括地理位置图、地块分布图、地块图；

(4)申请认证的有机产品生产、加工、销售计划；

(5)产地(基地)、加工场所有关环境质量的证明材料；

(6)有关专业技术和管理人员的资质证明材料；

(7)保证执行有机产品标准的声明；

(8)有机生产、加工的质量管理体系文件；

(9)其他相关材料。

2. 认证中心核定费用预算并制定初步的检查计划

认证中心根据申请者提供的项目情况，估算检查时间，一般需要 2 次检查：生产过程一次、加工一次，并据此估算认证费用和制订初步检查计划。

3. 签订认证检查合同

(1)申请者与认证中心签订认证检查合同，一式三份；

(2)交纳估算认证费用的 50%；

(3)填写有关情况调查表并准备相关材料；

(4)指定内部检查员(生产、加工各至少 1 人)；

(5)所有材料均使用文件、电子文档各一份，寄或 E-mail 给分中心。

4. 初审

(1)分中心对申请者材料进行初审；

(2)对申请者进行综合审查；

(3)分中心将初审意见反馈认证中心;

(4)分中心将申请者提交的电子文档 E-mail 至认证中心。

5. 实地检查评估

(1)认证中心确认申请者交纳颁证所需的各项费用;

(2)派出经认证中心认可的检查员;

(3)检查员从分中心取得申请者相关资料,依据《有机食品认证技术准则》,对申请者的质量管理体系、生产过程控制体系、追踪体系以及产地、生产、加工、仓储、运输、贸易等进行实地检查评估,必要时需对土壤、产品取样检测。

6. 编写检查报告

(1)检查员完成检查后,按认证中心要求编写检查报告;

(2)该报告在检查完成 2 周内将文档、电子文本交认证中心;

(3)分中心将申请者文本资料交认证中心。

7. 综合审查评估意见

认证中心根据申请者提供的调查表、相关材料和检查员的检查报告进行综合审查评估,编制颁证评估表,提出评估意见提交颁证委员会审议。

8. 颁证委员会决议

颁证委员会定期召开颁证委员会工作会议,对申请者的基本情况调查表、检查员的检查报告和认证中心的评估意见等材料进行全面审查,做出是否颁发有机证书的决定。

9. 颁发证书

根据颁证委员会决议,向符合条件的申请者颁发证书。申请者交纳认证费剩余部分,认证中心向获证申请者颁发证书;获有条件颁证申请者要按认证中心提出的意见进行改进做出书面承诺。

10. 有机食品标志的使用

根据证书和《有机食(产)品标志使用章程》的要求,签订"有机食(产)品标志使用许可合同",并办理有机/有机转换标志的使用手续。

实验实训　作物产量构成因素分析

一、目的要求

通过实际操作，了解作物产量构成因素之间的相互关系以及对产量的影响，理解作物产量构成因素协调生长对提高作物产量的重要性，提出合理的调控措施。

二、材料用具

5 种以上不同种植密度的水稻教学田、电子天平、电子自动数粒仪、直尺等。

三、方法步骤

(1)对各不同种植密度水稻试验区计算 1 m^2 的穗数。

(2)随机取样各不同种植密度水稻试验区成熟植株 20 株。

(3)计算各不同种植密度水稻试验区取样 20 株的穗数。

(4)分别对各不同种植密度水稻试验区样株脱粒，计算出平均每穗实粒数、秕谷数。

(5)从各不同种植密度水稻试验区的实粒谷中用数粒仪数出 1 000 粒，用电子秤称出千粒重。

(6)分别计算不同种植密度水稻试验区的理论产量。

(7)将结果填入表 1。

表 1　水稻不同种植密度产量构成因素结果表

试验密度/(株/亩)	有效穗数/(穗/亩)	每穗总粒数	每穗实粒数	每穗秕谷数	千粒重/g	理论产量/(kg/亩)

四、考核

根据学生调查过程表现，对学生总结产量构成因素相互关系的规律，并提出合理的调控措施的能力进行考核。

思考与讨论

1. 改善作物品质的主要途径有哪些？
2. 提高作物光能利用率的主要措施有哪些？
3. 绿色食品生产中病虫害防治的基本原则是什么？
4. 无公害产品、绿色食品、有机食品有什么异同？

参考文献

[1]王学芳，张耀文，等．油菜高光效育种研究进展．中国农学通报，2015，31(27)：114-120.

[2]易小林，陈会鲜，等．桂东南地区杂交水稻理想株型初探．南方农业学报，2016，47(2)：196-200.

第三章 种植制度

第一节 种植制度的概念

一、种植制度的概念

种植制度是指一个地区或生产单位的作物组成、配置、熟制与种植方式的综合。包括确定种什么作物,各作物种多少,种在哪里,即作物布局。作物在耕地上一年种一茬还是种几茬,还是哪一个生长季节或哪一年不种,即复种或休闲问题。种植作物时,采用什么样的种植方式,即采取单作、间作、混作、套作、直播或移栽。不同生长季节或不同年份作物的种植顺序如何安排,即轮作或连作问题。

二、种植制度的功能

种植制度作为全面种植业生产的制度,在农业生产中起着极其重要的作用。其功能主要有两个方面:

(1)技术功能。种植年度具有较强的应用技术特征,它与研究某一作物的具体栽培技术不同,种植制度侧重于全面持续增产、稳产高效的技术体系与环节。它涉及作物与气候、作物与土壤、作物与作物、作物生产与资源投入等方面的组合技术。种植制度往往带有较强的综合性、地区性、多目标性,所以它在生产上所起的作用更大,难度也较大。

(2)宏观布局功能。即对一个地区或单位土地资源利用与种植业生产进行全面安排,具有战略性功能。根据当地自然和社会经济条件,做出土地利用布局、作物结构与配置、熟制布局、养地措施和种植制度分布布局的优化方案。要求统筹兼顾、主次分明，既从当前的实际需要出发，又要考虑长远目标的需要。

三、建立合理种植制度的意义

一个合理的种植制度应与当地的自然资源和社会资源相适应，并能促进农业生产的全面持续发展，因而它在农业生产上具有重要意义。一是以作物的生态适应性为基础，能充分发挥当地的自然资源优势；二是以社会经济资源为条件，合理利用社会资源，促进畜牧业及林、副、渔业的全面发展；三是以多元多熟种植为途径，协调好种植业内部粮、经、饲、特等作物的关系；四是以提高土地利用率和光能利用率为目的，促进作物全面高产、稳产、优质，并提高经济效益；五是以保护并改善资源与环境为前提，促进农业可持续发展。

四、建立合理种植制度的基本原则

1. 多种经营、综合平衡

农作物生产是包括农、林、牧、副、渔在内的整个农业生产的有机组成部分。因而，农作物的生产发展离不开整个农业生态系统各组成部分以及它本身内部各部门之间的协调。因此，在规划合理的耕作制度时，必须把“五业”并举与农业内部全面发展作为重要指导方针，建立一个农、林、牧、副、渔多种经营和综合发展的农业生产结构，只有这样才能综合利用自然条件和资源，才能充分发挥农业生产系统的综合功能，提高土地利用率与生产率。但农作物的高产、稳产是建立在整个农业生态系统的各链节之间物质和能量实现供求平衡的基础上的，因此还必须从生产实际出发，综合平衡，使农、林、牧、副、渔多种经营按比例协调发展，建立起一个适合农业生态系统最优的生产结构，使农业生态系统，各部分的能量和物质的输入和输出达到较高水平的平衡。这样既保证农作物的全面持续增产，又能充分发挥整个农业生产系统的生产潜力。

2. 充分利用资源，提高光能利用率

提高农作物产量的实质是提高光能利用率，因此必须考虑如何才能最大限度地提高作物的光能利用率作为出发点，安排合理的种植制度和采取相适应的栽培技术措施，充分利用全年的有效光能，提高单位面积的光能利用率以增加作物产量。

3. 用地与养地相结合

用地就是利用土地种植农作物，生产农产品的过程。养地就是培养地力，保持土壤肥力，使土壤能够持续不断地供给作物生长的水、肥、气、热条件。用地养地相结合就是在用地过程中积极地培养和提高地力，使用地与养地水平相协调、不断提高用养水平，使之处于动态平衡状态。

4. 协调社会需要，提高经济效益

种植制度是全面组织作物生产的宏观战略措施。种植制度合理与否，不仅影响到作物生产自身的效益，而且对整个农业生产甚至区域经济产生决定性影响。因此，在制定种植制度时，应综合分析社会各方面对农产品的需求状况，确立与资源相适应的种植业生产方案，尽可能实现作物生产的全面、持续增产增效，同时为养殖业发展奠定基础。要因地制宜，本着“宜农则农，宜林则林、宜牧则牧”的原则，以发挥当地的资源优势，满足各方面的需要。合理配置作物，实行合理轮作、间作、套作以及复种等，避免农作物单一种植，减少作物生产风险，提高经济效益。

第二节　种植制度的基本内容

一、作物布局

（一）作物布局的概念

作物布局是指一个地区或一个生产单位（或农户）种植作物结构及其配置的总称。种植结构包括作物种类、面积、品种及占有比例等。配置是指作物在农田上的分布。作物布局所要解决的问题是种什么作物、各作物种多少和种在哪里的问题。

各种作物都有其生态适应性和技术加工特性，对自然生态条件和技术经济条件有不同要求，作物布局必须综合考虑自然因素、社会经济因素及技术进步因素对作物布局的影响。做到讲求经济实效，增产增收，并注意合理轮作，坚持用地与养地相结合，趋利避害，最终有利于农业生产的全面发展。合理的作物布局可充分发挥各地区自然资源和经济条件的优势，提高农作物的产量和质量，取得较好的经济效益、生态效益和社会效益。

（二）作物布局的原则

1. 作物生态适应性是基础

作物生态适应性是指一定地区作物的生物学特性及其对生态条件的要求与当

地实际环境条件相适应的程度。适应性好，说明能种植某作物或可能获得理想的产量、质量和效益；相反，适应性较差的作物，种植的可能性小或勉强种植而产量低、效果差。不同作物的生态适应性存在差异，生态适应性较广的作物分布较广，种植面积的可能较大，生态适应性较差的作物分布范围较窄，另外，生态条件好的地区适宜种植作物种类多，作物布局的调整余地大，生态条件差的地区种植的作物种类少，作物布局的调整余地小。

2. 社会需求是导向

作物生产的目的是为了生产社会需求的产品，作物布局也要服从于这一根本目的。作物布局必须要坚持以市场发展为导向，以效益为中心，把握住市场经济脉搏，分析市场供求关系，选择有市场前景、有销路、有效益的农作物产品去发展，才能满足社会需求，获得预想的经济效益。

3. 社会经济和科学技术是重要条件

社会经济和科学技术可以改善作物生产条件，例如水利、肥料、土地状况、劳动力、机械化、智能化、农田基本设施等，为作物生长发育创造良好的环境，解决能不能种植某一作物的问题。同时，也为作物的全面高产、优质高效、持续发展提供保障，解决能否种好的问题。因此，在进行作物布局时，必须考虑当地的社会经济和科学技术状况。

作物生态适应性、社会需求、社会经济与科学技术对作物布局的影响各具特色，同时彼此间又相互联系、相互影响。在自然状态下不能种植某作物的地区和季节，通过社会经济和科学技术的投入，可使种植该种作物成为可能。社会对某种产品需求迫切的增加，也会促进社会经济向该方面增加人力、物力、财力和科技的投入，从而促进该作物面积扩大、增加数量和改善质量。

（三）作物布局的方法与步骤

作物布局的方法与步骤分为明确社会对产品的需要；调查环境条件；作物生态适应性的确定；从光、热、水、土等自然生态角度区分作物的生态最适宜区、适宜区、次适宜区与不适宜区；生产基地和商品生产基地的确定；作物组成的确定；综合划分作物种植区或配置；进行可行性鉴定等。

二、复种

（一）复种的概念

指一年内同一田地上收获二季或二季以上作物的种植方式。耕地复种程度的高低通常用复种指数或称种植指数来表示。

$$复种指数=\frac{全年收获总面积}{耕地总面积}\times 100\%$$

（二）复种的作用

1. 充分利用土地和生产季节

中国是个“人多地少”的大国，人均耕地不足 0.1 hm^2，用占世界 9％的耕地养活全球近 19％的人口。但自然条件较好，特别是华南地区一年四季均可生长作物，一年内播收两季或多季作物，充分利用土地和生产季节，土地利用率和光能利用率均成倍增加，从而达到扩大播种面积和提高单位面积年产量。

2. 可以解决或缓和不同作物争地的矛盾

合理安排复种，有利于粮、经、饲作物全面发展，达到增产增收的目的。

3. 有利于用地和养地相结合

合理安排复种，必须安排用地作物与养地作物结合，通过种植养地作物提高土壤肥力，才能保证持续增产增收。

（三）复种技术

1. 选择适宜的作物组合和品种

选择适宜的作物组合，有利于解决复种与所需热量与水、肥条件的矛盾。全年无霜期长，积温高的地方可选择生育期长些的品种进行组合，反之就要选择生育期短的品种组合。

2. 套作和育苗移栽

采用套作可以在一定程度上解决作物生育过长的矛盾，改直播为育苗移栽，缩短本田生育期。

3. 适时早播

适时早播，减少农闲期，促苗早生快发，防止后期作物季节紧张。

三、间作、混作、套作

（一）间作、混作、套作概念

1. 间作

在同一块田地上，同时或同一季节内有规则地相间种植两种或多种作物的种植方式。

2. 混作

在同一块田地上，同时无规则地混合种植生育期相近的两种或多种作物的种植方式。例如，德国气候不稳定的地区，燕麦和大麦混作很普遍，一般旱年大麦生长良好，多雨年份对燕麦有利，两者混作，无论是旱年或多雨年份产量都比较稳定，在华南地区比较少见。

3. 套作

在同一块田地上，在前作物中后期，于其行间或株间播种（或移栽）后作物的种植方式。

（二）间混作增产效益的计算方法

间、混作计算方法是采用土地当量值（简写 LER 值）表示。即在间、混作中，各种作物产量分别与单作产量之比的总和。例如，单作玉米（A_1）、单作大豆（B_1），每亩分别为 360 kg 和 105 kg，间作玉米（A_2）、间作大豆（B_2），每亩分别为 270 kg 和 70 kg。则

$$\text{LER}=\frac{A_2}{A_1}+\frac{B_2}{B_1}=\frac{270}{360}+\frac{70}{105}=1.416$$

也就是说，在这个例子中，为了生产间作下的相同产量，单作所需要相对于间作土地面积的 1.416 倍。土地当量比值越大表示间、混作增产效果越明显。将间、混作的土地当量减去 1，转换成为百分率，即为增产率。本例题的增产率为 41.6%。

至于套作的增产作用与间、混作稍有不同。套作增产主要使后作提前播种或移栽以充分利用生长季节作用。

（三）间套作优点

1. 增加复种指数，提高土地利用率

间套作利用农作物生长的“空间差”和“时间差”，进行多层次、多作物立体开发的技术。例如，甘蔗由下种到封行要经过 4 个月，合理地间种其他作物，可争取空间，充分利用土地和光能等自然条件，以提高复种指数，并能提高甘蔗产量及增收其他作物。

2. 提高土壤肥力，改良土壤理化性状

合理的间套作，利用收获后的间套作作物青叶、茎秆回田，可增加土壤有机质和氮、磷、钾等营养含量，促进土壤中微生物生长活动，改善土壤团粒结构，达到用地养地的目的。

3. 改善小气候，减轻病虫、杂草危害和其他自然灾害，稳产保收

如蔗行间作绿肥、豆类、蔬菜等，可提早覆盖蔗行，起到防旱保水，减少土壤水分蒸发的作用。八角林下间作金钱草、千斤拔、鸡骨草、天冬等中草药材，既除去八角林里的其他杂草和树木，可以很好地改善八角树的生长环境，另外八角林土地肥沃，水分充足，八角林还能为中草药蔽荫，很适合中草药的生长。玉米间作南瓜，南瓜花蜜能引诱玉米螟的寄生性天敌——黑卵蜂，可有效地减轻玉米螟的为害等。

4. 增加综合效益

广西各地进行甘蔗间作西瓜、大豆等，充分利用甘蔗苗期生长比较慢，行距空间宽，间种作物与甘蔗相互之间没有有害竞争，相反还有利于减少杂草为害，增加了间种作物的收入。

（四）间套作技术要点

1. 要选择适宜作物种类和品种搭配

间套作作物种类搭配要考虑田间通风透光，要注意选择“一高一矮、一肥一瘦、一园一尖”作物进行搭配，如甘蔗间种大豆、花生、辣椒、西瓜等。为了充分利用土壤肥力和光能，减少间套作物之间的相互影响，还要注意选择“一深一浅、一长一短、一三一四、一固一耗”作物进行搭配，即：深根作物与浅根作物搭配；生育期稍长与生育期稍短作物搭配，尽可能减少或缩短共生期；C_3 作物与 C_4 作物搭配，光照强度较高；其他作物与豆科作物搭配。

间套作也要因地制宜选用品种，如木薯地间作西瓜则选用直立型木薯良种，减

少对间种作物的影响，西瓜则选用小果型耐旱的西瓜良种，以适应早春下雨较少的条件。

2. 采用相适应的栽培技术

例如，玉米套种指天椒，指天椒在离玉米收获期30～40天移栽为宜，不能套作太早，避免指天椒在玉米遮阴下生长期过长，防止植株徒长。

四、轮作

（一）轮作的概念

轮作是指同一块田地上，在一定年限内依照一定的顺序轮换种植几种不同种类作物的种植方式。例如，花生—晚稻—蔬菜—春玉米—晚稻—绿肥。

与之相反的是连作，连作就是在同一块田地上连年种植相同作物或相同的复种方式。

（二）轮作的作用

1. 能较合理地利用土壤中的养分

作物对土壤中养分的吸收是有选择的，因而轮作较合理地利用了土壤中的养分，例如，烟草与水稻轮作，烟草对土壤中的钾吸收的比较多，水稻对土壤中的氮和磷吸收的比较多，如果长期只种烟草或水稻，可能会使得土壤中的某些养分缺失，从而不利于作物的生长，采用烟稻轮作种植，可以实现烟草和水稻均衡的吸收养分，避免土壤养分的失衡，能较合理地利用土壤中的养分。

2. 能改善土壤结构，保持、恢复和提高土壤肥力

不同种类的作物对土壤有机质和养分的积累与消耗能力不同，对土壤理化性质的影响也不相同。例如，水稻、玉米等消耗土壤中大量的氮素，而豆科作物因有根瘤细菌固氮作用，丰富土壤中的氮素，绿肥压青还可大大增加土壤中有机质的含量和养分的含量及改良土壤结构。因此，将水稻、玉米与豆科作物或绿肥作物轮作，就可保持、恢复和提高土壤肥力，从而有利于作物高产、稳产、优质。又如水田经常淹水处于嫌气条件，往往造成土层板结黏重，结构不良，如与花生、玉米等旱作物进行轮作，通过在旱作期间的各项耕作措施，可调节土壤的通气状况，促进有机质分解，从而改善土壤的理化性状，促进好气性微生物活动，有利于提高土壤肥力。

3. 可消除土壤中的有害物质

水田在经常淹水条件下，容易积累有毒物质，如亚铁、硫化氢、有机酸等，使稻株根系中毒而导致禾苗生长不良，如与旱作作物实行水旱轮作，则有利于在种植旱作物过程中把这些有毒物质排除。有些作物在生长期间，其根系能分泌一些有毒物质，如长期连续种植该作物，有毒物质在土中积累多了，就会使该作物生长发育不良而减产或质量下降，如实行轮作，则有利于排除这些有毒物质。

4. 可减少病虫害和田间杂草

有些作物连作时，由于病虫害严重而导致产量降低和品质下降，如花生连作时青枯病严重，如果能与水稻进行水旱轮作，则极显著地减少或消除病虫害而有利于高产和提高品质。有些作物常有伴生或寄生性杂草，如水稻田的稗草，在连作田块相对比较多，如实行轮作，特别是水旱轮作，更换了伴生作物和改变了环境条件，就有利于把伴生和寄主性杂草消除或减少。

（三）轮作的原则

1. 前作有利于后作

安排轮作的顺序，应考虑前作对后作的影响，使每种作物都能安排在合适的前作之后而又为后作物创造良好的条件，以发挥每一作物提产增质的潜力。

2. 用地与养地相结合

复种指数、产量水平不断提高的情况下，养地就显得更加重要。因此，轮作要考虑用地作物的配置，又要安排适当比例的养地作物，以保持较高的土壤肥力。

3. 主要作物安排最好的条件

主要粮食作物或经济作物安排最适宜的环境条件和最好的土壤条件，以使主要作物获得优质、高产的产品，取得最大的经济效益。

4. 适当采用耕地轮作休耕

休耕是指耕地在可种作物的季节只耕不种或不耕不种的方式。适当采用耕地轮作休耕使耕地得到休养生息，以减少水分、养分的消耗，并积蓄雨水，消灭杂草，促进土壤潜在养分转化，为以后作物生长创造良好的土壤环境和条件。

思考与讨论

1. 建立合理种植制度的基本原则有哪些？

2. 作物布局的原则有哪些？

3. 间套作技术要点有哪些？

参考文献

[1]王璞．农作物概论．北京：中国农业大学出版社，2004.

[2]尹利，马文良，等．建立合理耕作制度，促进农业全面发展．吉林农业，2012，273(11)：7.

第四章

水　稻

第一节　概　述

一、水稻生产的意义

水稻是世界上栽培面积和总产量仅次于小麦的粮食作物，全世界大约有30亿人口依靠稻米生存，目前有122个国家和地区种植水稻，其中发展中国家所产的稻谷占全世界稻谷总产量的95%。根据国际水稻所(IRRI)估计，到2020年，全世界对稻谷的需求将增至7.8亿t。可以说“稻米就是生命”，因此稳定了水稻的生产，在很大程度上就稳定了世界的粮食供给，发展了水稻产业，就极大地发展了世界粮食产业。

水稻是我国播种面积和总产量最大的粮食作物，近年来，我国稻米年总消费量2亿t左右，其中口粮消费约1.65亿t，占国内总消费量的82.5%左右(2015年数据)。有60%以上的人口以大米为主食，另外40%的人口为辅食，同时稻米也是食品工业的主要原料，又是中国南方农村传统禽畜的饲喂饲料，稻谷还是国家储备粮食的主要品种，稻米的地位和作用，决定了其在确保我国粮食安全上起着举足轻重的作用。

二、水稻生产概况

我国是世界上最大的水稻生产国和消费国，也是世界杂交水稻技术的主要研发国和输出国。世界上有约1.5亿 hm^2 的水稻栽培面积，总产达7亿t以上。我国水稻常年播种面积在3 000万 hm^2 左右，占世界水稻总面积的20%，居世界第二

(仅次于印度),占国内粮食种植面积的27%左右,超过10个省份种植面积在100万 hm^2 以上,占全国水稻总面积的85%左右,目前种植面积最大的是黑龙江省和湖南省,年种植面积超过333.3万 hm^2 以上。我国水稻总产在2亿t左右,平均单产6 862.5 kg/hm^2(2016年国家统计数据),比世界平均单产高40%左右,稻谷产量居世界第一,约占世界稻谷总产量的28%,占国内粮食总产量的1/3左右。我国的水稻生产为世界和我国粮食生产做出了极大贡献。

我国水稻从大的种植区域可划分为南方稻区和北方稻区,南方稻区占我国水稻播种面积的85%~90%(长江流域占全国65%左右),北方稻区种植面积占全国的10%~15%。我国水稻分为籼稻、粳稻,还有少量糯稻,其中籼稻产量占2/3左右,粳稻约占1/3。北方稻区是我国最大的粳稻种植区,该区域包括东北稻区、西北稻区以及华北的天津和内蒙古等地;南方稻区是我国的主要籼稻种植区,包括长江流域的湖南、湖北、安徽、江苏、浙江、上海、四川和重庆等地区以及华南稻区的广东、广西、福建、贵州、云南等地区,另外南方稻区中的江淮之间是主要籼粳并存种植区域,如湖北、安徽、江苏等省。近年来,我国水稻生产逐步向优势区域集中,尤其是向长江中下游和黑龙江水稻产区集中。在南方稻区,初步形成长江流域和东南沿海二大优势产区。

三、近代我国水稻栽培技术的重大改进

我国是世界上栽培水稻最古老的国家。水稻栽培经过几千年的实践,其技术不断进步。从栽培方式而言,经历了由直播到育苗移栽的转变。

(一)当前我国水稻栽培的主要方式

目前,水稻栽插方式主要有抛秧、直播和机插秧三种。

1. 抛秧

抛秧栽培是指采用塑料秧盘或旱育苗床,育出根部带有营养土块的秧苗,移栽时利用带土秧苗自身重力,采用人工或机械均匀地将秧苗抛洒到大田的一种栽培方式。2001—2004年全国每年推广面积在733.3万 hm^2 以上,占水稻总面积的25%。

抛秧具有减轻劳动强度、节约劳力、钵秧不伤根、不缓苗、根部入土浅、分蘖节位低、分蘖多及增产增收等优点。但目前水稻抛秧还没有形成完备的、系统的科学技术体系。不同地区、不同品种、不同钵体塑盘、不同耕种模式的抛秧稻栽培技术

的许多指标还没有量化，而已量化的都是简单的指标，且是特定品种在特定地区种植的一些指标。另外，秧盘、抛秧机等配套产品及技术的开发研究水平较低。

2. 直播

世界水稻直播栽培也比较普遍，美国、澳大利亚、苏联全部采用直播，亚洲的马来西亚、菲律宾、韩国、日本等国家的直播面积也呈上升趋势。

水稻直播是一项省工节本、产量高、综合效益好的水稻栽培方式，对缓解农村劳动力紧张、减轻劳动强度，减少在外务工人员临时返乡有重要意义。第一，直播稻省工、省力。根据江苏、安徽、浙江等地的调研，与传统的移栽稻相比，直播稻每公顷节省劳动力 16.5～24 个工。第二，直播稻产量潜力高。由于直播稻更利于低节位分蘖，穗茎优化合理配置，主蘖穗基本上整齐一致，成穗率高，总穗数多，具备高产潜力，管理到位直播水稻也能增产。第三，直播稻的生育期缩短。直播稻无拔秧植伤和栽后返青过程，因而生育进程加快，生育期一般比同期移栽的水稻缩短 5～7 天。第四，有利于发展集约化生产。大面积水稻直播可节省大量劳动力，缓解劳动力季节性紧张的矛盾，对实现水稻生产的机械化、轻型化、现代化有重要意义。但是直播水稻存在着难全苗、草害、倒伏三大难题。

3. 机插秧

水稻机械化育插秧技术是采用规范化育秧、机械化插秧的水稻移栽技术，主要内容包括适合机械栽插要求的秧苗培育、插秧机的操作使用、大田管理、农艺配套措施等。

世界上，日本和韩国水稻种植方式以机械化插秧为主。日本机插秧面积达到水稻种植面积的 98%。韩国水稻机插秧面积也已达到水稻种植面积的 90%。我国目前机插秧发展迅速，机插秧水平突破 20%，但占我国水稻种植面积 43%的双季稻区机插秧的发展仍然迟缓。

机插秧是农业工业化和农业现代化发展的产物，能切实地改变水稻生产“面朝黄土背朝天”这一耗时、耗力、耗工和艰苦的劳作方式，同时又能保证我国南方地区双季稻复种耕作的顺利进行。首先，机插秧后发优势强，稳产高产。从技术层面上看，机插秧具有定行、定穴和定苗栽插的优势，实现了插深、株距和插秧量的量化调节。作业质量显著提高，既具浅栽快发的优势，又解决了人工栽插高位分蘖的问题，同时能实现秧苗的有序分布，能充分利用温光资源，便于实施水稻精确定量管理，具有大面积平衡增产优势，高产稳产性好。其次，节工省本。从工作效率上看，机插秧的效率是人工作业的 10～30 倍；同时可以节省人力、用种量和秧田。最后，有利于规模化种植。从规模效益上看,机插秧更便于规模化和产业化生产,有利于减少农村由于劳动力不足引发的社会问题,对保障国家粮食安全、促进农民增收有重要意义。水稻机插不仅省工、节本、减轻劳动强度,而且可加快水稻生产规模化、产业化经营进程,这使得水稻机插秧技术发展迅速。全国水稻机插秧面积逐年扩增,水稻机插很可能成为今后水稻栽培的主要发展方向。

但是机插秧育秧需专用秧盘,育秧用的泥土要过筛,比较麻烦。遇到较稀烂的田块,机器陷得太深,插后秧苗东倒西歪,有缺苗露苗现象。行距过宽或过窄,都不利于形成合适的群体,同当地的插秧习惯有差距,需要相应的示范,才能让群众接受。机插秧需严格控制秧苗生长期,难以避开不良天气影响。秧盘育秧较密,天气较热时管理稍有不慎,容易造成秧苗烧伤。

(二)近代我国水稻栽培技术的重大改进

1. 改密播为超稀播种,少苗稀植

杂交水稻的发展,栽培技术进行了重大改革由过去的密播、多本插改为超稀播种、少苗稀植。从追求群体数量向提高群体素质和数量并重发展,通过稀播培育分蘖壮秧,减少本田栽插苗数,保证一定群体基数,增强个体素质,协调库源关系,提高群体光合效率。

2. 半旱式栽培

改变以往水稻一生离不开水的说法,进行半旱式栽培,对改造冷浸田、烂泥田、潜育性低产田起到重要作用,同时还可与稻田养鱼结合起来。

3. 规范化和模式栽培

进入 20 世纪 80 年代后,许多科技人员运用系统分析,回归设计的原理对栽培研究试验进行定性、定量分析,把从种到收的栽培技术总装成一个有机整体,进行规范化的科学管理,达到高产、优质、高效的目的。但由于目前生产方式还是千家万户自由种植,同时存在着种田水平和社会经济条件的差别,此栽培法还难以大力推广。

4. 施肥技术的改进

随着杂交水稻推广和化肥用量增加,原有攻头、控中、保尾施肥法存在着群体发展大、田间荫蔽重,造成后期易早衰、病旱加剧等现象愈来愈突出,限制了水稻产量的提高。80 年代起,许多科研单位开始进行了水稻稳产高产施肥技术的探讨,通过试验研究提出“稳头攻中”“平稳保进”“结构型”等施肥法。其共同特点是减少前期施肥量，增大中后期施肥量，使水稻群体在一定的库容能力基础上，保证后期能生产更多的产量内容物质。改攻头控中向平衡促进发展，有利于形成早发稳长的高产群体，成穗率提高，后期物质积累增强，谷粒蛋白质含量增加，而获得高产优质的效果，而且能提高氮素利用率，有利提高经济效益。

四、我国栽培稻的类型

栽培稻在不同地区的环境条件下，经过不断的适应和变异，具有适于不同纬度、海拔、季节及不同耕作制度的品种特性和生态类型。丁颖等根据我国栽培稻的起源、演变及其与环境条件的关系，把我国栽培稻种系统地分为籼亚种和粳亚种，早、中季稻和晚稻群，水稻和陆稻型，粘稻和糯稻变种以及栽培品种五级。其系统关系如图 4-1 所示。

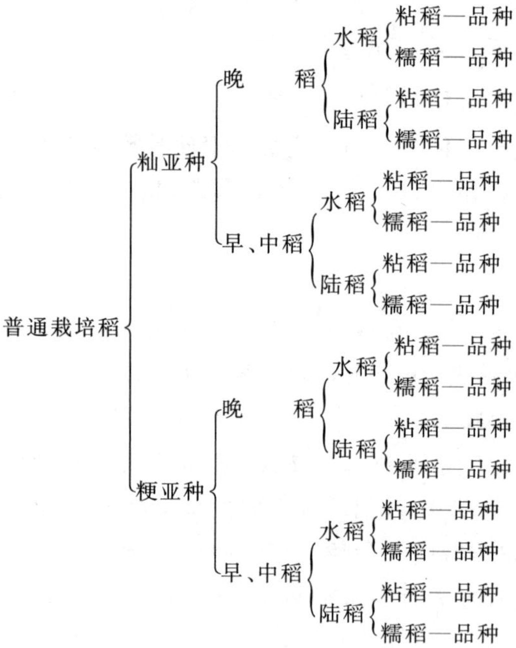

图 4-1　栽培稻的系统关系

（一）我国栽培稻类型

1．籼稻和粳稻

籼稻和粳稻是栽培稻中的两个亚种，是栽培在不同纬度和不同海拔高度的两个气候生态型。籼稻和粳稻在形态和生理上存在着明显的差别(表 4-1)。例如,籼稻谷粒细长且扁平,颖毛短而散生颖面,发芽速度较快,抗寒性较弱。而粳稻则谷粒短圆,且较宽厚,颖毛密而长,发芽速度慢,耐寒性较强。

表 4-1 籼稻、粳稻的主要特征特性比较

项目		籼稻	粳稻
形态特性	叶形、叶色	叶片宽、叶色淡绿	叶片窄、叶色深绿
	株型	株型较散	株型较紧
	茎秆	较粗,茎壁较薄	较细,茎壁较厚
	谷粒形态	细长而较扁平	宽厚而短,横切面近圆形
	芒的有无	多数无芒,少数有短芒	多数有长芒或短芒
	颖毛状况	颖毛短而稀、散生颖面	颖毛长而密、集生颖棱上
生理特征	吸水发芽	较快	较慢
	抗性	抗寒性弱、抗稻瘟病强	抗寒性较强、抗稻瘟较弱
	分蘖繁茂性	分蘖力较强、易繁茂	分蘖力较弱、不易繁茂
	耐肥抗倒性	耐肥抗倒性一般	耐肥抗倒性较强
	脱粒性	脱粒较易	脱粒较难
	米质	黏性小、出米率低、碎米多、胀性大	黏性大、出米率高、碎米少、胀性小

籼稻、粳稻存在上述差别,是由于它们所分布的区域的地理气候环境不同引起的。籼稻适于高温、强光和多湿的热带及亚热带生长,故在我国主要分布于南方各省的平原低地。粳稻则比较适于气候温和、光照较弱、雨量较少的环境中生长,故在我国主要分布于秦岭、淮河以北纬度较高的地区和南方海拔较高的山区,为了减轻秋寒对抽穗开花的不利影响,常用粳稻作双季晚稻的主栽品种。生产上的所谓"早籼晚粳"搭配模式就是基于这一原因逐步形成的。

2. 早稻、中稻和晚稻

籼稻和粳稻都有早稻、中稻、晚稻。从形态特征和亲缘关系看,早稻、中稻、晚稻之间很少有差异,它们的主要区别在于栽培季节的不同及由此形成的对日照长短反应特性的不同。晚稻抽穗开花对短日条件要求严格,中稻次之,早稻又次之。水稻光温生态研究协作组(1978)根据对全国 157 个水稻品种在我国多点分期播种的试验结果,提出以下划分早稻、中稻、晚稻品种的方法:即在南京 4 月 18～22 日播种,6 月下旬至 7 月中旬抽穗者为早稻品种;7 月中旬至 8 月中旬抽穗的为中稻品种;8 月下旬至 10 月下旬抽穗或不抽穗者均为晚稻品种。在此基础上,再细分出不同熟期品种类型(表 4-2)。

表 4-2 早稻、中稻、晚稻及其不同熟期类型品种的划分

季节类型	早稻			中稻			晚稻		
熟期类型	早熟	中熟	迟熟	早熟	中熟	迟熟	早熟	中熟	迟熟
抽穗时间（月～日）	6.21～6.29	7.3～7.14	7.15～7.19	7.20～7.31	8.1～8.10	8.11～8.22	8.23～9.23	9.26～10.21	10.22或不抽穗

3. 水稻和陆稻

水稻和陆稻是栽培稻种植在不同土壤水分条件下演变而来的两种土壤生态型。水稻和陆稻的差别主要表现在它们对水分反应的不同。陆稻植株通气组织不发达，根系强大，抗旱、抗盐能力强。例如，海南岛的“山兰稻”可在坡度为 30°～45°的坡地开穴种植，完全不灌溉，依靠雨水生长。水稻通气组织发达，地下部乙醇酸呼吸代谢旺盛，可以在水层下生长，但抗旱能力比陆稻差。在国外，根据稻作栽培过程稻田灌水深度的差异，有人又把水稻分为浅水稻（常灌水层深度 0～25 cm）、雨育稻（水层 26～50 cm）、深水稻（水层 51～100 cm）、浮水稻（水层 101～600 cm）。

4. 粘稻和糯稻

无论籼、粳稻品种和早稻、中稻、晚稻以及水稻、陆稻中都有粘稻和糯稻。它们在形态特征和生理特性上都没有明显的差异，两者的主要区别是米粒淀粉性质的不同。粘稻除含有 70%～80%的支链淀粉外，还含有 20%～30%的直链淀粉。而糯稻几乎全部为支链淀粉，不含或很少含直链淀粉。由于直链淀粉和支链淀粉二者结构不同，当与碘化钾呈着色反应时，粘米呈蓝紫色，糯米呈红褐色。粘米因含较多的直链淀粉煮出的饭干而胀性大，糯米不含或很少含直链淀粉，饭湿并黏结成团。此外粘米糊化温度较高，糊化所需的时间较长；糯米糊化温度较低，糊化所需时间较短。粘米和糯米的颜色也有不同，糯米呈蜡白色，不透明，粘米则半透明（表 4-3）。

表 4-3 粘稻和糯稻的区别

项目	粘稻	糯稻
米粒色泽	米粒略透明、有光泽，一般腹白明显	米粒干燥后乳白色，不透明，无腹白
淀粉组成	直链淀粉 20%～30%，支链淀粉 70%～80%	支链淀粉 98%以上，几乎不含直链淀粉
碘液反应	淀粉吸碘性大，遇碘反应蓝紫色	吸碘性小，遇碘反应红褐色

（二）栽培品种的分类与利用

栽培品种是在一定地区和栽培条件下，经长期人工培育和选择而形成的遗传特性稳定，在同一品种内的个体间具有较一致的植物学特征和经济形状，对当地的自然条件和耕作制度有较强适应能力的作物群体。据不完全统计，我国栽培稻现有 4 万多个品种。从栽培品种演进和利用出发，品种分类如下：

1. 按熟期分类

一般分为早稻早、中、迟熟，中稻早、中、迟熟，晚稻早、中、迟熟品种共九个类型。熟期分类是因地因时相对而言。我国水稻品种按全国性熟期划分，是以各品种在南京的抽穗期为标准的。以地区性熟期划分，则按地区品种在当地的生育期长短而定。品种演进是从迟熟、中熟到早熟。不同熟期类型品种具有不同的生育日数、不同的生育型，并在不同的生态条件下生长。因此，必须按其特点进行搭配和采取相应的栽培技术措施。

2. 按穗粒形状分类

可分为大穗型和多穗型。大穗型秆粗叶大分蘖少，每株的穗数少而穗大粒多。多穗型秆细叶小而分蘖多，每株的穗数多而穗少粒小。栽培技术上，大穗型采取低群体，重视中期肥和后期养根保叶措施。多穗型品种注意适宜密植，中期调控氮素，后期防倒伏措施。

3. 按株型分类

按茎秆长度可分为高、中、矮品种。粳稻偏矮，籼稻偏高。籼稻现以短于 100 cm 的为矮秆品种，高于 120 cm 的为高秆品种，100～120 cm 的为中秆品种。

4. 按杂交稻种和常规稻种分类

现在我国水稻生产是杂交稻与常规稻并存。当前杂交稻正进行两系配套制种的研究和应用，而常规育种在多穗的基础上进一步向大穗发展，以育成株型优越、多穗数与高穗重相结合的新的高产生态型。

5. 按高产种和优质种分类

我国人多地少，水稻生产把高产放在第一位，米质放在第二位，但随着人民生活水平的改善，扩大出口的需要，对优质稻米的要求不断提高。据统计，全国劣质米稻种的种植比重约占 1/3，但产量较高。因此，目前应采取积极稳妥的办法以中代劣，以优代中的分步实施方针。第一步以现有中质良种代替低质种，第二步以优质高产新品种代替中质种。今后，育种目标要解决高产优质不能两全的矛盾。近年从各地筛选和推广的优质品种中,已有一些既高产又优质的品种。

第二节 水稻生物学特性

一、水稻的一生

水稻的一生在栽培学上是指从种子萌发开始到新种子成熟。在水稻生育过程中,包括两个彼此紧密联系而又性质互异的生长发育阶段,即营养生长阶段和生殖生长阶段。一般以稻穗开始分化作为生殖生长阶段开始的标志。

(一)水稻的生育阶段

1. 营养生长阶段

在生产上如何应用水稻营养生长阶段是指从种子发芽开始到幼穗分化前,在这一时期内主要是摄取养分长植物体,为过渡到下一发育阶段积累必要的营养物质。营养生长阶段包括幼苗期和分蘖期。幼苗期是指秧田期内稻种发芽,出苗到插秧前,水稻发生的分蘖并非都能成穗,只有有效分蘖茎数才是每公顷穗数的基础。如果分蘖期光照充足、温度高、环境条件好,栽培上施足基肥,加强肥水管理,供给稻株充足的营养物质,促使早生快发,就能达到早分蘖,低节位蘖数多,有效分蘖数多,无效分蘖少,成穗率高,保证在一定面积内达到最高的有效茎数。因此,分蘖期是决定穗数多少的关键时期。

2. 生殖生长阶段

水稻生殖生长阶段是指从幼穗分化开始到新的种子形成。在这个时期要吸取大量营养物质,除建造植物体外,还要转化形成生殖器官,开花结实。生殖生长期包括长穗期和结实期。长穗期从穗原始体开始分化到抽穗为止,一般需要 30 天左右,实际上在稻穗分化的同时,营养器官的节间伸长、新叶抽出、根系扩大仍在旺盛进行。因而,严格地说,从稻穗分化到抽穗是营养生长和生殖生长并进时期,因此生产上也常称这个时期为拔节长穗期。这个时期是决定每穗粒数多少的重要时期,也是关系到产量高低的重要时期。此期如外界环境条件良好,营养充足,每穗粒数就多,则获得高产可能性就大,反之,外界环境条件不能满足稻穗生长发育,营养条件很差,穗头小,籽粒少,产量不高。

结实期是从抽穗开花到籽粒成熟为止。结实期是结实率的高低和粒重的决定时期，此期营养条件好，则结实率高，籽粒饱满；相反，养分不足，影响千粒重。

幼穗分化与拔节因早、中、晚稻而异，有先有后，凡先幼穗分化而后拔节的，称为重叠生育型，一般为地上部伸长3～4个节间的早稻品种；拔节和幼穗分化一般同时进行的称衔接生育型，通常为地上部伸长5个节间的中稻品种；拔节后隔一段时间再幼穗分化的，称分离生育型，多数为地上部伸长6个或6个以上节间的晚稻品种。

结实期从抽穗开花到谷粒成熟，又可分为开花期、乳熟期、蜡熟期、完熟期和枯熟期。

（二）水稻品种的发育特性

1. 水稻的基本营养生长性

水稻的生殖生长是在营养生长的基础上进行的，其发育转变必须有一定的营养生长作为物质基础。因此，即使是稻株处于发育转变的短日，高温条件下，必须有最低限度的营养生长，才能完成发育转变的过程，开始幼穗分化。水稻进入生殖生长之前，不受高温、短日影响而缩短的营养生长期，称为水稻的基本营养生长期或短日高温生育期。不同水稻品种的基本营养生长期长短各异，这种基本营养生长期的长短的差异特性，称之为品种的基本营养生长性。

2. 水稻品种的感温性

在适于生长的温度范围内，高温可使生育期缩短，低温可使生育期延长，这种因温度的高低而使生育期发生变化的特性，称为水稻品种的感温性。

3. 水稻品种的感光性

短日照可使生育期缩短，长日照可使生育期延长，这种因日照长短使生育期发生变化的特性，称为水稻的感光性。

早稻品种是感温性强、感光性弱，其生育期长短主要是受温度高低决定；晚稻品种感光性强，其生育期长短主要受日照长短决定；中稻品种处于早、晚稻之间，早熟中稻品种的"三性"偏近于早稻一类；迟熟中稻品种的"三性"特点近于晚稻。

（三）水稻产量构成因素

水稻产量由单位面积上的穗数、每穗总粒数、结实率和粒重四个因素所构成。对产量关系最为密切是有效穗数、其次是穗粒数与结实率、而粒重一般是一个较为稳定的性状。

单位面积产量计算公式是：

$$稻谷产量(kg/hm^2)=\frac{每公顷穗数\times每穗总粒数\times结实率\times千粒重(g)}{1\ 000\times1\ 000}$$

水稻产量的形成过程，既是各器官形成的过程，又是光合物质生产和积累的过程。产量的高低取决于各器官协调而合理的发展，取决于物质的最大积累和合理分配。

1. 产量构成因素的形成

①穗数的形成。在产量构成的诸因素中，穗数是最先形成的，是形成其他三因素的基础。从播种至幼穗分化前的整个营养生长期对穗数都有影响。但决定的时期是分蘖始期至有效分蘖终止期，这一时期创造良好环境条件对增穗有显著效果。一般过了有效分蘖终止期后，各种增穗措施不但效果不明显，反而对高产群体形成带来不利的影响。

单位面积内的穗数由主穗和分蘖穗两部分组成。主穗由栽插的基本苗（主苗）发育而成，分蘖穗由有效分蘖发育而成。因此，适当插足基本苗和提高单株分蘖成穗率均有助于增加单位面积内的穗数。但主穗和分蘖穗的比例，应依具体情况而定，就分蘖力强，穗型较大的杂交稻来说，应以分蘖穗为主。分蘖的比例可占穗数70%左右，常规稻如分蘖力较强或生育期较长，或培育的秧苗素质好、带蘖多，或土壤肥力高，分蘖穗的比例也可占总穗数 50%～70%来安排；反之，如品种的分蘖力弱或生育期短，或者在迟播迟插、肥力较低的条件下，则应以主穗为主，栽插的基本苗应占总穗数 70%以上。

②每穗颖花数的形成。每穗最终成长的颖花数是由分化颖花数与退化颖花数之差决定的。因此，积极促进颖花分化，或尽量减少颖花退化，均可使每穗颖花数增加。但这两条增花途径在生产上具体应用时应根据所采取的品种等具体情况而定。如采用的是生育期较长，穗型较大，剑叶不披的品种，则可以采取促、保结合的办法，即一方面积极促进颖花分化，另一方面又尽力减少颖花退化；相反，如采用的品种生育期较短，穗型不很大，或穗型虽大，但剑叶易披垂，或栽插的基本苗多，在这些情况下，增花的重点均应放在尽量减少颖花退化上，不宜在促进颖花分化上下过多功夫。

③结实率的决定。水稻进入减数分裂后，单位面积的有效穗和每穗颖花数即产量的“库容能力”已基本确定，以后的任务就是使这个贮藏物质的“库”有效地充

实，提高结率和粒重。结实率和粒重反映产量库的充实程度和内容物质多少，决定最终产量的高低，其中结实率对产量高低往往又起支配作用。

结实率是指最后形成的饱满谷粒占稻穗颖花数的百分率。决定结实率的时期是从穗轴开始分化至灌浆期，而影响较大的时期主要是花粉发育初期、开花期和灌浆盛期。在前两个时期如遇不良环境条件，则易导致雄性不育或开花受精不良而形成空粒；在后一个时期如遇不良环境条件，则易导致灌浆不良而形成秕粒。

④粒重的形成。粒重是由谷壳体积和胚乳充实程度决定的。谷壳体积从颖花形成内外颖时即受到影响，但以减数分裂期影响最大，为粒重第一决定期。抽穗后谷壳大小已定，粒重决定于胚乳的充实程度，为第二次粒重决定期。一切有利于减少秕粒产生的措施和条件，都有利于提高粒重。

2. 产量构成因素之间的相互关系与增产途径

水稻产量四个构成因素在形成过程中是相互联系、相互制约和相互补偿的。据分析，四个产量构成因素之间，除结实率和粒重呈正相关外，其他各因素之间均呈负相关，其中尤以单位面积穗数和每穗颖花数以及结实率之间的负相关最明显，即当单位面积穗数或每穗颖花数超过一定范围后，每穗颖花数或结实率即呈下降趋势，若下降严重时，就会造成减产。因此，协调好穗数和粒数以及粒数和结实率之间的关系，使三者的乘积即最终总实粒数达到最大值，是获取高产的基本保证。当前大多数水稻品种千粒重为 25～28 g，每公顷产稻谷 7 500 kg，一般要有实粒数 27 000 万～30 000 万粒。

要获取高产所需的实粒数，关键在于根据所采用的品种特点及栽培条件，采取相应的穗粒结构与增产途径。当前水稻生产上采取的穗粒结构形式较多，但归纳起来是三类：

①多穗型。即增粒的途径主要靠多插争多穗，每公顷穗数一般在 525 万～600 万，每穗颖花数 60 粒左右，结实率接近 90%，当前南方地区双季常规早稻的高产田块多属如此。

②大穗型。即增粒的途径是在保证一定穗数的基础上，主要靠发挥和利用大穗优势。当前推广的杂交中稻和某些大穗型常规品种常采用这一类型。每公顷穗数 300 万左右，每穗颖花数 100 粒以上，结实率 80%左右。

③穗、粒并重型。即增粒既靠足穗，又靠大穗。每公顷穗数因品种变动在 375 万～450 万，每穗颖花数 80～100 粒，结实率 85%左右。这种类型在当前推广的早、中、晚稻矮秆优良品种中较为常见。

二、水稻的生长发育

（一）种子的萌发过程

1. 种子的萌发过程

水稻种子成熟以后，在一定的水分、温度和氧气条件下，就可萌动发芽。种子萌发过程可分为种子吸水膨胀、种子萌动、发芽三个阶段。胚部顶破谷壳露出白点，通常称为“露白”。

①种子吸水膨胀阶段。由于干燥种子内的细胞原生质呈凝胶状态，且属于亲水胶体，因此当种子放入水中后，就能很快吸胀，直到细胞内部水分达到饱和状态，种子才停止吸水。随着种子吸水量增加，种子内新陈代谢活动逐渐活跃起来，加强了在贮藏期间微弱进行的物质转化过程和呼吸作用。

②种子萌动阶段。由于种子内酶活性提高，呼吸作用不断加强，种子内贮藏物质不断地转化为糖类和氨基酸等一类可溶性物质，并转运到胚细胞中去。胚细胞利用这些物质，使细胞迅速分裂和伸长。当胚的体积增大到一定程度时，就顶破种皮而出。在一般情况下，胚根首先突破种皮，因为它的尖端对着种孔，吸水早，生长也最早，其次长出胚芽。

③发芽阶段。种子萌动后，胚继续生长，当胚根长度与谷粒长度相等，胚芽长度达到谷粒长度一半时，就称为发芽。水稻种子发芽时，初出的幼根是种根。幼芽最先出现的部分是芽鞘。幼芽（芽鞘）不含叶绿素，待从芽鞘伸出不完全叶时，叶色才转绿，这叫作出苗。种子胚乳中养分的消耗，通常从胚的附近部分开始，以后逐渐扩大。到了三叶期，胚乳中的养分已被消耗完，只剩下一个空壳，此时称为离乳期。这是秧苗由胚乳营养进入独立生活，也就是从异养转入自养的转折时期。因此适时追施断乳肥对培育壮秧有重要作用。

2. 种子萌发的条件

种子质量好是萌发成苗的内在因素。要使种子正常萌发生长，适宜的水分、适当的温度和足够的氧气是必须满足的。

①水分。风干种子含水量为11%～14%，是以束缚水形式存在，原生质呈凝胶状态，酶处于钝化状态，只进行微弱的物质转化和呼吸作用，因而谷种发芽一定要吸收足够的水分。催芽之前要进行浸种，让种子均匀地吸收水分，促使细胞原生质由凝胶状态向溶胶状态转变，自由水增加，为酶和可溶性物质提供了溶剂，物质

转化效率提高。同时由于谷种吸水，种皮变软，透性增大，使氧气容易透入，呼吸作用增强，胚乳中的贮藏物质就较快地被分解和转运到胚部，促使胚细胞不断分裂和伸长，并吸水膨胀突破种皮，逐渐生长出幼芽和幼根来。水稻种子，一般吸收相当本身重量23%～31%的水分开始萌发，这种情况可能是造成含硫氢基物质形成的条件。这类物质增强了贮藏蛋白质的水解，最终形成游离氨基酸和释放生理活性物质（如植物激素等），当生理活性物质进入吸胀了的胚，便引起胚的生长。谷种浸种的吸水过程大致可以分为两个阶段：第一阶段（浸种后6～12 h）是物理学的吸胀阶段，亦即急剧吸水阶段。在这个阶段里，几乎吸收了露白所需吸水量的一半以上。第二阶段是生物化学的种胚萌动阶段，亦即缓慢吸水阶段，在这阶段里，吸水慢，而种子内生物化学过程开始活跃，呼吸作用加强。因此，浸种后期，提高浸种水温，加速种子内部的生物化学过程，就能促进种胚的萌动。相反，降低水温，就会延缓种子内部的生化过程，推迟种子萌动。如果浸种时间过长、又不换水，引起物质过分消耗，特别是无氧呼吸所产生的酒精积累会引起中毒，谷种发芽率显著下降。因此，掌握好水稻种子吸水的规律性，对做好浸种，加速种子萌发是十分重要的。

②温度。种子萌发过程就是在一系列的酶促反应下进行的生理生化的变化，而酶的活性与温度又有密切关系，因而温度高低与发芽的快慢及发芽率的高低有密切联系。一般水稻种子在12～13℃以上才能发芽，最适温度为28℃左右，最高温度为40℃。这与呼吸作用的“三基点”具有一致性，但又有差别，这是因为种子萌发具有比呼吸作用更为复杂的生理过程，必须有各个代谢环节的协调配合才能实现。因此谷种发芽温度范围比呼吸作用小。超过了一定的范围，呼吸作用虽未停止，但其他生理过程已受到影响，种子发芽生长也就不能进行。因此早稻要适期早播（主要是露地育秧），不是越早越好。不然，芽播下了田气温低不能继续生长，而呼吸作用还要进行，这就会消耗掉一些营养物质，不利于壮秧的培育。在催芽过程中，要特别注意谷堆温度不能长时间的保持在40℃以上，否则会发芽受阻，并会引起烧芽，使谷种丧失活力造成损失。

③氧气。种子发芽阶段，具有活跃的代谢活动，需要进行旺盛的呼吸作用，来提供它所需要的能量和中间产物，这就需要有足够的氧气供应。种子发芽时，其物质转化效率，随空气中含氧量的提高而增强。在缺氧条件下，萌发谷芽的转化效率，不及在正常空气中萌发的转化效率的一半。因此在水稻催芽和育秧中，保证氧气供应是重要的。水稻具有忍受缺氧的能力，其萌发所需氧气比棉花少几百倍，且在嫌气条件下，具有强烈的发酵作用，因而谷种在水层下仍能靠进行无氧呼吸而萌

发。但是,水稻种子在无氧呼吸条件下,只有胚芽鞘迅速伸长,根和叶则不能生长或生长很弱。胚芽鞘由于在种胚中原已形成,是以细胞引长的方式进行生长,这种生长在有氧和无氧条件下均能进行。在缺氧条件下的胚芽鞘比在有氧条件下伸长近一倍。而胚根是依靠细胞分裂开始生长的,因而在缺氧条件下,细胞分裂不能进行,胚根就不能生长,这就产生了"湿长芽"的现象。反之,在水分少,氧气供应充足的情况下,则根长得快,芽长得慢,就产生"干长根"的现象。在催芽过程中,谷种破胸后,要及时浇水降温,达到以水调温,以水调气,抑根促芽的目的。否则,在温度高、水分少、氧气足的情况下,就会出现根长芽短,弱而不壮的现象。尽管水稻种子对缺氧具有特殊的适应本领,但也有一定的限度。

由于根系在水层下发育不良或完全不发育,幼芽、幼苗往往会因头重脚轻在钻出水面之前就倒在地上或漂在水面,从而引起烂芽、烂苗。

(二)幼苗生长

1. 根系

水稻根系由种子根和不定根组成。种子根仅 1 条,种子萌发时由胚根向下延伸形成,垂直向下生长。不定根是其节上发生的根,也称节根或冠根,包括胚轴上的芽鞘节、不完全叶节和完全叶节上发生的根(图 4-2)。种子根是稻种发芽出苗时主要的水分与养分吸收器官。随着节根的发生,种子根的生长与作用越来越弱,而节根是全生育期中根系的主要部分,因而水稻根系属须根系。稻根有多级分枝,直接由茎节上伸出的根称一级根,自一级根伸出的根称二级根,依次可以生出六级根,但只有一二级根上根毛较多。各时期的根有白、黄、棕、黑、灰等颜色,这是根诊断以确定土壤氧化还原状态、掌握排灌技术的重要根据。

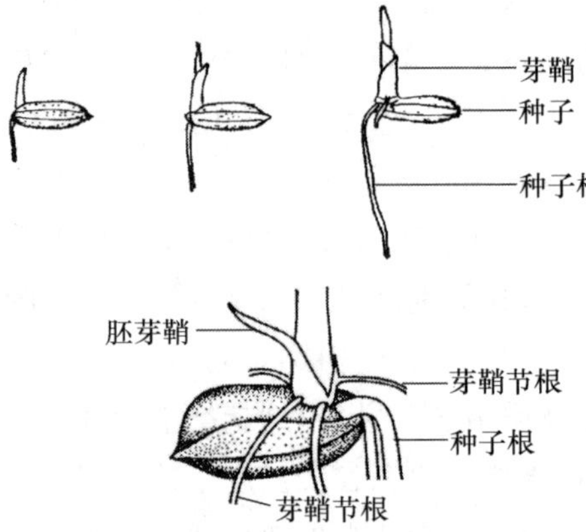

图 4-2 水稻根系构造

水稻播种后,其种子根向下生长,当第一片完全叶长出后,开始生长不定根,也称节根,最先从芽鞘节上长出的 5 条不定根称芽鞘节根,即所谓的"鸡爪根"。随后在地表下部各分蘖节即根节,由下向上长出不定根(节根)。整个根系的生长按照发根节位可分为上位节根和下位节根，它们的发生均遵循叶龄 N-3 的规律。下位节根是水稻分蘖期功能根系，其根数和根长随分蘖数的增加而增加，并开始向纵深生长。上位节根发生在拔节期前后，是后 3 叶决定产量的主要功能根系。整个根系的生长到抽穗期达到高峰。

2. 茎

水稻的茎由节和节间组成，着生叶的部位是节，上下两节之间为节间。节数主要取决于品种特性，一般主茎有 12～19 个节。由于根、茎、叶、分蘖和穗均着生于茎上，一般以节为中心划分结构茎的单位，即 n 节上有 n 叶、n 芽、n 根，n 芽处于 n 叶腋内，n 根分上位根和下位根，n 节间在 n 节上面。节间分未伸长节间和伸长节间。前者位于水稻茎的基部，各节间约集缩为 2 cm，是分蘖发生的部位。伸长节间位于地上部，约占全部节间的 1/3，早熟种 3～4 个，中熟种 5～6 个，晚熟种 6～7 个。伸长节间从基部向上逐渐变长，最上部节间(穗颈节间)最长。生产中基部第一节和第二节间的长度及充实度与倒伏密切相关，短而粗有利于抗倒伏。

茎的初期生长则由于顶端分生组织的活动形成新的茎节和叶子。从穗分化开始到结束，茎顶端分生组织退化，则后期的生长靠居间分生组织，当茎的各个节间进行居间生长，开始伸长达 1～2 cm 时，称为拔节。50%的茎蘖基部节间伸长 1～2 cm 时称为拔节期，所以水稻茎的生长是由顶端生长开始经居间生长结束的。

3. 叶片

水稻的叶分为鞘叶、不完全叶和完全叶三种。鞘叶即芽鞘，在发芽时最先出现白色。有保护幼苗出土的作用，特别是在旱播情况下，作用更明显。不完全叶是从芽鞘中抽出的第一片绿叶，一般只有叶鞘而没有叶片，在计算主茎叶片数时通常不计入。完全叶由叶鞘和叶片组成。叶鞘和叶片连接处为叶枕，在叶枕处长有叶舌和叶耳。叶鞘抱茎，有保护分蘖芽、幼叶、嫩茎、幼穗和增强茎秆强度、支持植株的作用。同时，叶鞘又是重要的贮藏器官之一，叶鞘内同化物质的蓄积情况与灌浆结实和抗倒伏能力有很大的关系。叶片为长披针形，是进行光合作用和蒸腾作用的主要器官。在栽培中，叶片的长短、大小和数量对产量的形成有重要的作用。

栽培稻的主茎总叶数(指完全叶数)与品种生育期有直接关系，主茎叶片数越多，生育期越长，叶片数越少，生育期越短。通常生育期为 95～120 天的早稻有 10～13 片叶；生育期为 120～150 天的中稻有 14～16 片叶；生育期 150 天以上的晚稻总叶数在 16 片以上。叶龄可根据秧苗谷种方向判断：一般情况下秧苗奇数叶片长在和种谷相同的方向，偶数叶片长在和种谷相反的方向。稻株各叶位叶的长度，有一相对稳定的变化规律。从第1叶开始向上,叶长由短而长,至倒数第3叶又由长到短。

水稻幼苗生长所需要的养分主要是由胚乳供给。1叶1针期时,种子的含氮化合物(蛋白质)已消耗完,此时为氮断奶期。第3片完全叶出时,种子的含碳水化合物(淀粉)也消耗完,此时称为碳断奶期。此时是秧苗由异养转为自养阶段,对不良环境抵抗较弱,如果秧田管理不当,容易烂秧。

(三)水稻分蘖

分蘖就是茎基部节上的腋芽在条件适宜时发育而成的分枝。从主茎上发生的分蘖为一级分蘖,从一级分蘖上发生的分蘖为二级分蘖,依此类推。主茎第 n 叶出现时,正是 $(n-3)$ 叶位的分蘖出现期,这种现象称为叶蘖同伸现象。分蘖分有效分蘖和无效分蘖2种。有效分蘖是指能够抽穗结实且每穗结实5粒以上的分蘖;无效分蘖是指不能抽穗结实或结实不到5粒的分蘖。有效分蘖临界期为品种主茎总叶片数减去地上总伸长节间数的叶龄期,即 $N-n$,N 为主茎主叶片数,n 为伸长节间数,如杂交稻17片叶,伸长节间数为5个,$17-5=12$,即主茎第12片叶出生前后为有效分蘖期。

(四)稻穗分化

稻穗为复总状花序,也叫圆锥花序,由穗轴、一次枝梗、二次枝梗(或有三次枝梗)、小穗梗和小穗组成(图4-3)。穗轴上一般有8～15个穗节,穗颈节为最下1个穗节。每个穗节上着生1个枝梗。每个枝梗上着生若干个小穗梗,小穗梗末端着生1个小穗即颖花。水稻的小穗由2朵退化颖花和1朵正常颖花构成(图4-4)。水稻小穗包括:护颖(退化颖花外稃)2片,正常颖花外稃内稃(内外颖片)各1个,浆片2枚,雄蕊6枚和雌蕊1枚(柱头二裂并呈羽毛状),子房1室。

1. 稻穗的发育时期(表4-4)

丁颖将稻穗的发育划分为八个时期,其中前四期为幼穗形成期(生殖器官形成期),后四期为孕穗期(生殖细胞发育期)。

①第一苞分化期。幼穗开始分化时,首先在生长锥基部,剑叶原基的对面分化出环状突起,即为第一苞原基。第一苞分化穗颈节,其上部就是穗轴,所以第一苞分化期又称穗颈节分化期,是生殖生长的起点。第一苞分化有两个明显特征:叶原基分化是在前一叶叶原基遮住了生长点之后才开始发生,而第一苞原基是在剑叶原基还没有遮住生长点时就分化形成;苞原基在生长期初期与生长锥中轴的夹角

为一钝角；而叶原基小，一般为锐角(图 4-5)。

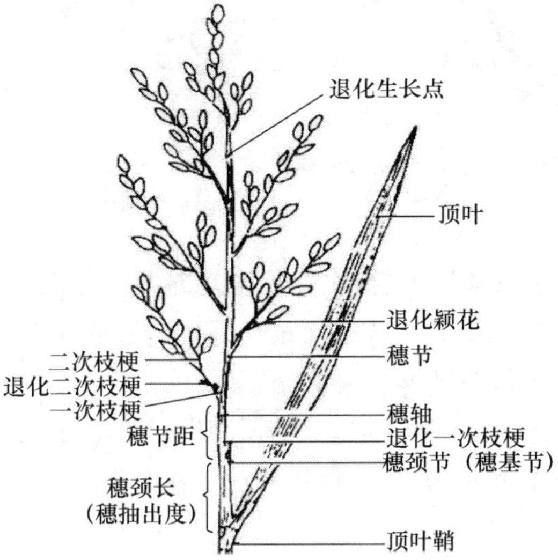

图 4-3　稻穗的形态

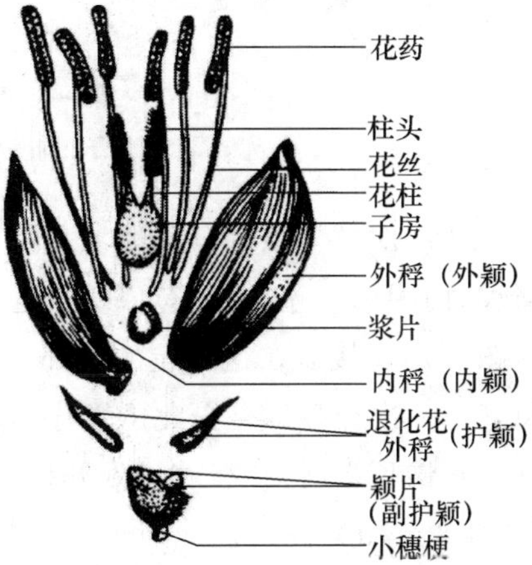

图 4-4　颖花结构

表 4-4　稻穗分化发育时期的主要特征

	稻穗发育期	各期主要特征
幼穗形成期	第一苞分化期	出现第一苞原基
	一次枝梗原基分化期	一次枝梗原基在生长锥基部出现并由下而上依次产生
	二次枝梗原基和小花分化期	二次枝梗原基在顶端一次枝梗基部开始由下而上产生，肉眼可见大量苞毛；顶小穗出现颖片和稃原基，幼穗长约 1 mm
	雌雄蕊形成期	顶小穗出现外稃和内稃原基后出现雄蕊原基和雌蕊原基；雄蕊分化花药和花丝；内外稃逐渐闭合；幼穗长 0.5～1 cm
孕穗期	花粉母细胞形成期	花粉母细胞形成；内外稃长度约为退化花外稃长度的 1 倍。小穗长 1～3 mm，幼穗长 1.5～4 cm
	花粉母细胞减数分裂期	花粉母细胞减数分裂前期二至四分体形成，小穗长 3～5 mm，幼穗长 5～10 cm
	花粉内容物充实期	花粉单核，外壁形成，萌发孔出现，花药未转黄，进一步形成二核花粉粒；小穗达全长的 85%左右，稃壳叶绿素增加，幼穗接近全长
	花粉完熟期	花粉三核，内含物充实至完全成熟；花药变黄，小穗定形，叶绿素大量增加

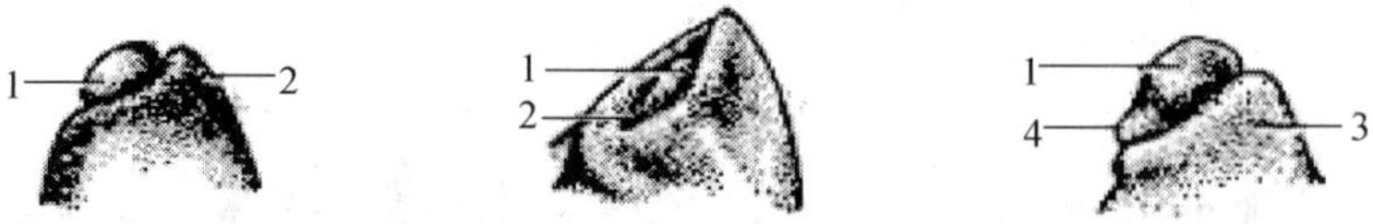

图 4-5　第一苞原基分化与剑叶原基分化模式图

1. 生长锥　2. 叶原基　3. 剑叶原基　4. 第一苞原基

②一次枝梗原基分化期。当第一苞原基增大后，在生长锥基部继续分化新的横纹，即为第二苞、第三苞原基。这些苞的出现，标志一次枝梗原基分化开始(图 4-6，图 4-7)。接着在这些苞的腋部生出新的圆锥形突起，这些突起就是第一次枝梗原基。一次枝梗原基分化的顺序是由下而上，逐渐向生长锥顶端进行的，当分化达到生长锥顶端时，在苞着生处开始长出白色的苞毛，至此第一次枝梗原基分化结束(图 4-8 至图 4-10)。

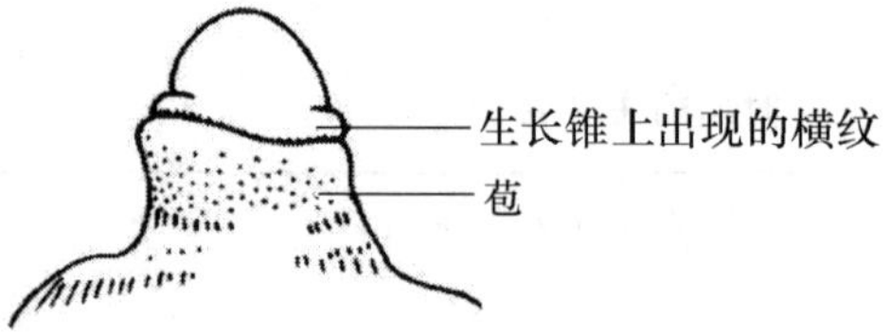

图 4-6　一次枝梗分化初期幼穗外形

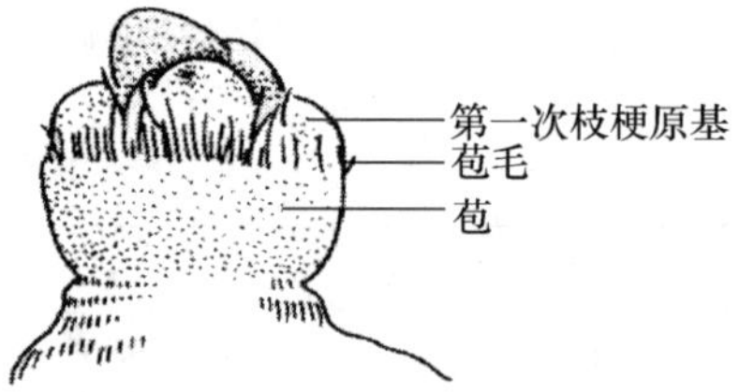

图 4-7　一次枝梗分化后期幼穗外形

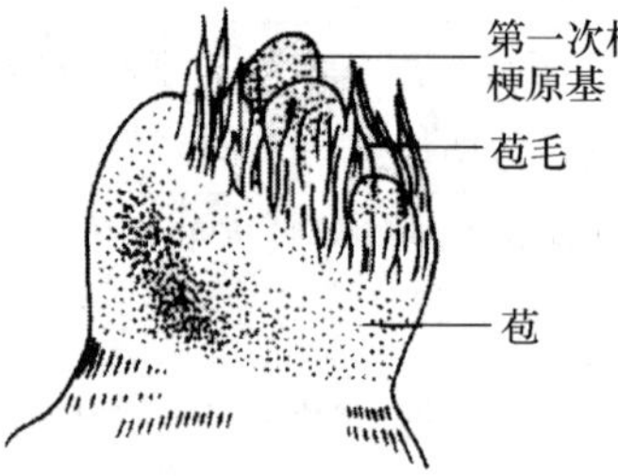

图 4-8　分化初期幼穗外形

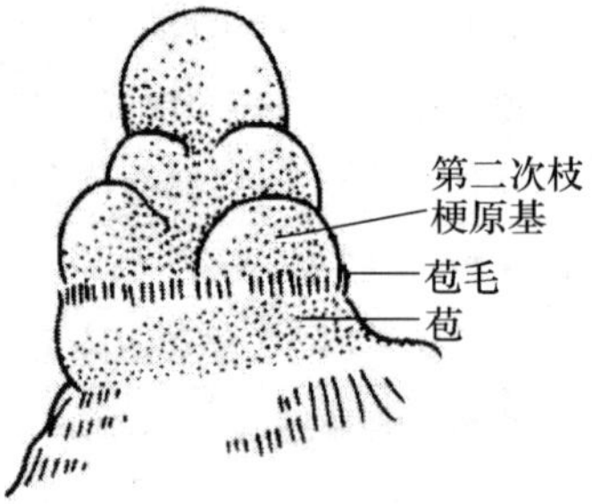

图 4-9　从左幼穗中剥下的一个一次枝梗

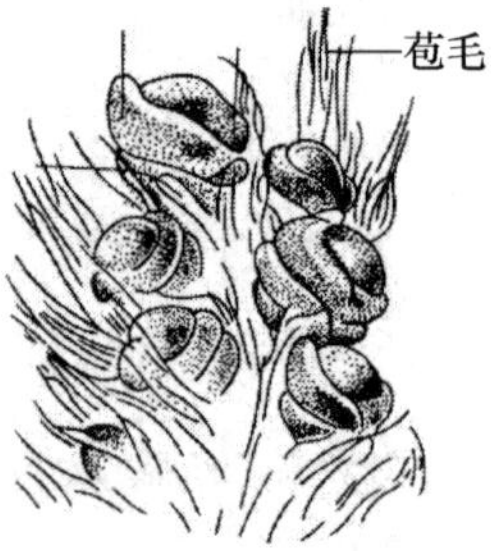

图 4-10　颖花原基分化模式图

③二次枝梗及颖花原基分化期。一次枝梗原基分化结束时，位于生长锥顶端最迟分化的一次枝梗原基生长最快，并在它的基部又分化出苞，在苞的腋部分化出

小突起，即为二次枝梗原基。接着，下一个一次枝梗原基也逐渐由下而上在苞腋中分化出二次枝梗原基，依此类推。这时幼穗长 0.5～1.0 mm，全部被苞毛覆盖。

④雌雄蕊形成期。穗上部发育最快的颖花原基，在其内颖和外颖内又出现一些小突起，即雌雄蕊原基，它们挤在一起，为内颖和外颖所包围，显微镜观察似一窝鸡蛋(图 4-11)。这种分化由穗上部的颖花向穗下部的颖花推进。当穗最下部的二次枝梗上的颖花陆续分化完毕时，全穗最高颖花数已定。随后，穗轴、枝梗开始迅速伸长，内外颖也伸长而相互合拢，雄蕊分化出花药和花丝，雌蕊分化出柱头、花柱和子房。至此，穗部各器官全部分化完毕，幼穗雏形已经形成，全穗长 5～10 mm。此后，幼穗发育由分化形成期转入生殖细胞形成期，即孕穗期。

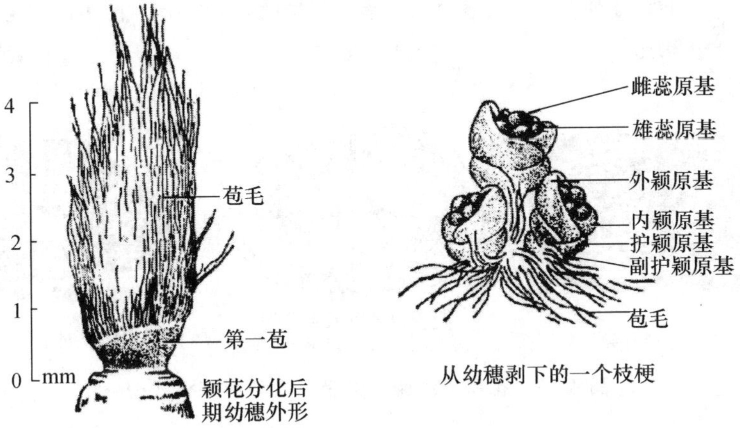

图 4-11　雌雄蕊形成模式图

⑤花粉母细胞形成期。内外颖合拢后不久，雄蕊的花药分化为 4 室，此时将花药取出加以镜检，便可见到体积较大而不规则的花粉母细胞，同时雌蕊原基顶端出现柱头突起。此时剑叶正处在抽出过程中，颖花长度接近 2 mm，约为最终长度的 1/4，幼穗长 1.5～4.0 cm(图 4-12 至图 4-14)。

⑥花粉母细胞减数分裂期。花粉母细胞经过连续 2 次的细胞分裂(第 1 次为减数分裂，后一次为有丝分裂)，形成 4 个具有 12 条染色体的子细胞，称为四分体。所有四分体子细胞的染色体数都比母细胞减少一半。此时幼穗伸长最为迅速，一般穗长由 3～4 cm 伸长到 10 cm 以上。颖花长达最终长度的一半，花药变为黄绿色。从外观形态上看，当剑叶叶枕在伸出过程中与其下一叶叶枕平齐时，为减数分裂盛期，此时对环境条件反应十分敏感，是决定颖花能否健全发育及谷粒容积大小

的关键时期(图 4-15)。

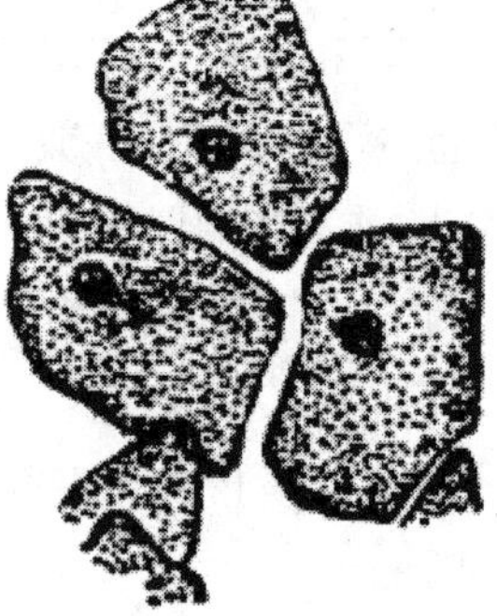

图 4-12　发育初期的花粉母细胞

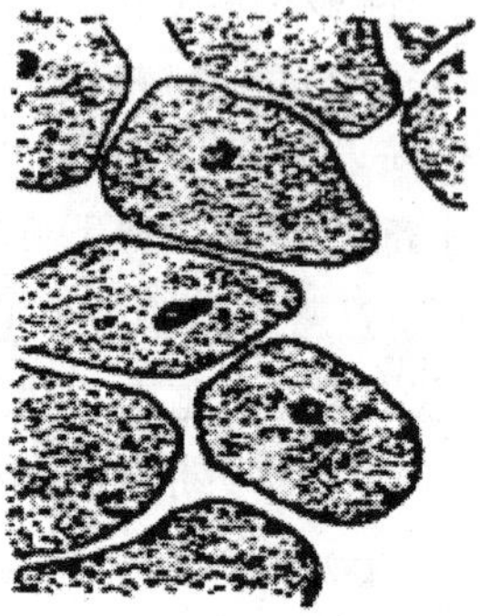

图 4-13　发育后期的花粉母细胞

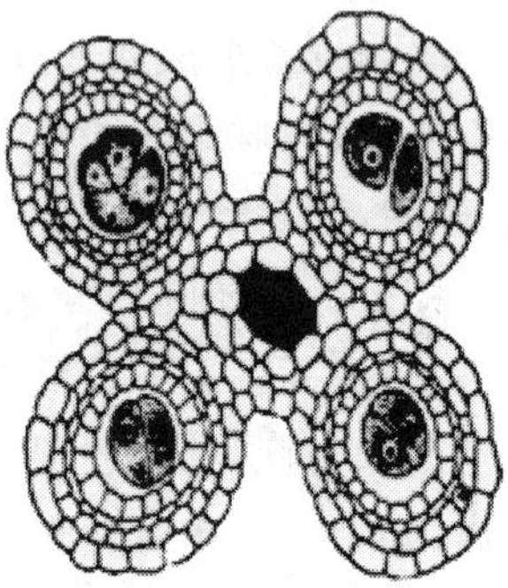

图 4-14　花药横切面模式图

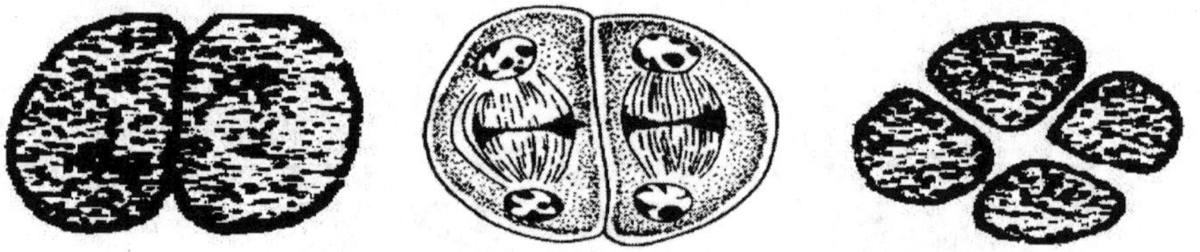

第二次分裂开始　　花粉母细胞减数分裂第二次分裂末期　　第二次分裂完毕形成四分体

图 4-15　花粉母细胞减数第二次分裂期模式图

⑦花粉内容物充实期。颖花长达最终长的 85%左右时,四分体分散成为单核花粉粒。不久,体积迅速增大,同时形成外壁和发芽孔,花粉内容物不断充实。随着花粉内容物的充实,单核经过分裂,形成一个生殖核和一个营养核,称二核花粉粒。此时颖壳叶绿素开始增加,柱头出现羽状突起(图 4-16)。

⑧花粉完成期。抽穗前 1～2 天,花粉内容物充满,花粉内的生殖核又分裂成 2 个精核,加上一个营养核,称为三核花粉粒,至此花粉的发育全部完成,即将抽穗开花。此时,内外颖叶绿素大量增加,花丝迅速伸长,花粉内淀粉含量增多,花药呈黄色(图 4-17)。

2. 稻穗发育进程鉴定方法

①根据穗长的特征与幼穗分化进程概括为:一期白圆锥,显微见;二期苞毛现,放大见;三期毛丛丛,似火焰;四期 1 cm,粒粒见;五期谷壳分,长一寸;六期叶枕平,穗半长;七期胀大胎,穗定型;八期穗转绿,穗将伸。

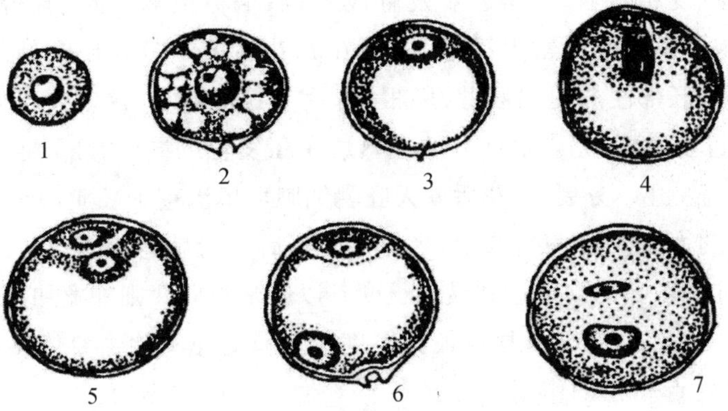

图 4-16　花粉内容物充实期模式图

1—3. 单核期　4. 花粉第一核分裂　5—7. 二核期

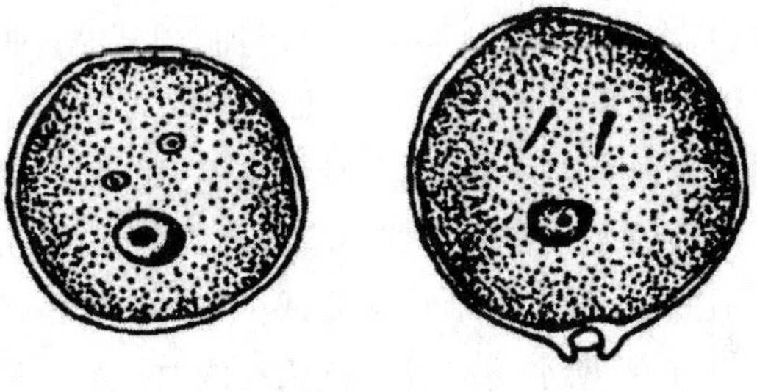

图 4-17　花粉完成期模式图

②叶龄余数判定法。叶龄余数是指未抽出的叶片数。据研究，不管品种的总叶数多少，穗分化开始(苞原基分化)的叶龄余数值都是在 3.5 左右，亦即在倒 4 叶出生后半期；枝梗分化期(包括 1、2 次枝梗分化)，叶龄余数为 2.1～3.0，即倒 3 叶出生过程；颖花分化期(包括颖花原基及雌雄蕊分化)，叶龄余数为 0.8～2.0，即倒 2 叶出生的过程；花粉母细胞形成及减数分裂期，叶龄余数为 0～0.8，即剑叶出生的中后期；花粉粒充实完成期为孕穗期。

(五)开花、受精和结实

水稻幼穗自剑叶叶鞘中伸出，叫水稻抽穗。水稻内外颖张开，露出花药称为水稻开花。水稻颖花开放前，浆片呈扁平状；临开花时，浆片迅速由穗部吸水膨胀，向外方挤压颖片，促成开花。以后，浆片又失水收缩，颖片随即闭合。浆片就这样在稻花的开闭上起着“开关”的作用。水稻开花时间：早稻上午 8 时至下午 2 时，其中以上午 10 时左右开花最盛；晚稻为上午 9 时至下午 3 时，其中以上午 11 时左右开花最盛。

水稻开花、受精以后，子房逐步发育成米粒（俗称糙米，与颖壳合称谷粒）。受精后的卵细胞的发育是非常迅速的，一般在开花后 8～10 h 便开始细胞分裂。开花后 8～10 天，胚部便分化出胚芽、胚根、盾片及其他器官，这时便已具备了发芽能力。此后，胚进步发育，完成生理上的成熟。在胚发育的同时，胚乳也迅速发育。开花后，胚乳细胞便开始分裂，开花后 5 天胚乳细胞可填满整个胚囊，9～10 天胚乳细胞分裂完毕。由于胚乳细胞发育较快，米粒在开花后 3 天就达颖壳全长的 1/2，开花后 5～7 天即可伸到颖壳的顶部达到最大长度。以后米粒向两则加宽加厚，开花后 12 天左右接近最大宽度，13～14 天接近最大厚度。米粒的充实除主要依靠淀粉外，脂肪、蛋白质的积累也起一定的作用。

根据稻谷成熟的生理过程和谷壳颜色变化等，可将水稻成熟过程分为乳熟期、蜡熟期、完熟期和枯熟期 4 个时期：水稻开花后 3～5 天即进入乳熟期。灌浆后籽粒内容物呈白色乳浆状，淀粉不断积累，干鲜重持续增加。在乳熟始期，鲜重迅速增加，在乳熟中期，干重迅速增加，到乳熟末期，鲜重达最大，米粒逐渐变硬变白，背部仍为绿色。该期用手压穗中部籽粒有硬物感觉，持续时间为 7～10 天；蜡熟期水稻籽粒内容物浓黏，无乳状物出现，用手压穗中部籽粒有坚硬感，鲜重开始下降，干重接近最大。米粒背部的绿色逐渐消失，谷壳稍微变黄，此期经历 7～9 天；完熟期水稻的谷壳变黄，米粒水分减少，干物重达定值，籽粒变硬，不易破碎，此期是收获适期；枯熟期水稻的谷壳黄色褪淡，枝梗干枯，顶端枝梗易折断，米粒偶尔有横断痕迹，影响米质。

第三节　水稻栽培技术

一、选用优良品种

良种是农业生产中最基本的生产资料，同时又是农业生产技术中最可靠、最经济、最有效的增产措施。用作生产的水稻品种应首先保证种子纯度、发芽率、净度、水分指标必须达到国家标准；农艺性状稳定，生产整齐一致；稻米品质优良，能符合市场需求；高产稳产，抗逆性较强；适应性广，能在较大区域范围内推广应用。

二、培育壮秧

（一）壮秧的标准

水稻因育秧方式、秧龄长短、品种类型不同，壮秧的标准也有所不同。一般来说，壮秧包括以下三类指标。

1. 形态指标

壮秧在形态上有四项要求：一是叶片宽大挺健、不软弱披垂，叶鞘较短，苗茎（假茎）粗扁，即所谓“扁蒲秧”；二是叶色青绿，不浓不淡，无虫伤、病斑，绿叶多、枯黄叶少；三是根系发达，短白根多；四是秧苗生长整齐、瘦苗弱苗极少，苗体有韧性、长势旺盛。

2. 生理指标

一是光合能力强，体内贮藏的营养物质丰富，充实度（干物重/苗高）高，百株干物质多，一般小苗在 5 g 以上，大苗在 7 g 以上；二是碳氮比（C/N）协调，植株体内的碳水化合物和氮化合物都高，既不因含碳高而老化，也不因含氮过多而嫩弱，C/N 比一般以大苗 14 左右、中苗 10 左右为宜；三是秧苗的束缚水含量较高，自由水含量较低，有利于栽后的水分平衡，从而增强秧苗的抗逆性。一般要求叶片的束缚水含量在 30%以上。

3. 栽后生长特性指标

一是栽后发根力强，壮秧的茎基（假茎）粗扁、根原基数量多、体内碳水化合物绝对含量高、细胞增殖速度快、发根力强；二是植伤率低，壮秧短白根多，根系吸收机能恢复快，苗体内营养物质贮藏丰富，束缚水含量高，栽后对烈日高温或阴雨低温等不良环境条件的抵抗能力强，栽后返青快、分蘖早。

（二）种子播前处理

1. 晒种

稻种在贮藏期间，生命活动非常微弱。播前晒种的一个好处是可以促进种子内部的新陈代谢，增强种子活力，提高种子的发芽势和发芽率；晒种的另一个好处是可以起到消毒杀菌的作用。晒种要在选种前结束，趁阳光充足的晴好天气晒 3 天左右即可。晒种时种子摊铺要薄，定时翻动，做到均匀一致。翻动时防止弄破谷壳，防止几个品种同时翻晒时造成混杂。

2. 选种

水稻在播前要进行选种，主要的作用是剔除混在种子中的草籽、杂质、虫瘿、病粒和不饱满谷粒，提高种子的质量。通常采用风选筛选、溶液选等几种方法进行选种。风选是通过人工或动力抛掷种子，借助自然风力选种，有条件的地方可用鼓风机或吸风机，借助人工风力进行选种。泥水选的一般做法是用 50 kg 的水，对入 20 kg 左右的黏黄泥，充分搅拌后，使黄泥中的胶粒悬浮在水中。当泥水的密度达到 1.08～1.13 g/cm^3 时，用箩筐装干种置于泥水中搅拌，捞出浮在泥水上面的瘪粒、草籽及其他漂浮物。盐水和硫铵水用每 50 kg 水加入 10～12 kg 食盐或硫铵，配制成密度 1.08～1.13 g/cm^3 的溶液，其操作方法与泥水选种相同。盐水选好的种子要先用清水洗净附在谷粒表面的盐分再进行浸种。

3. 浸种

浸种是水稻种子吸水的第一阶段。种子吸水不足或不均匀，不仅发芽不整齐，往往还会有很多种子播种后不能出苗而造成损失。吸足水分的谷壳半透明，腹白分明可见，胚部膨大突起，胚乳变软，否则说明吸水不足。值得注意的是，正确掌握浸种时间和浸种水的用量。浸种的水必须没过种子，使种子吸足水分。浸种时间应充分，但也并非浸种时间越长就越好。浸种时间过长会使种子内部的可溶物外渗，使种子的养分流失，甚至种子在水中萌芽时，因水中氧气不足而引发无氧呼吸，使种子消耗养分过多过快，并产生大量乙醇，使种芽中毒而不利于培育壮苗。浸种时前两天换水一次，以后每天换水一次，保持浸种水的清新，有充足的氧气溶入。

水稻浸种时间长短与浸种水温的高低有关。水温高浸种时间短，水温低浸种时间长。如水温 30℃，浸种需 2～3 天；水温 20℃，浸种需 3 天；若水温 15℃，浸种需 5～6 天；水温 10℃时，浸种需 7～8 天。种子吸足水分的特征是：谷壳颜色变深，呈半透明状，胚部膨大突起，胚乳变软，手碾成粉，折断米粒无响声。

4. 消毒

水稻的有些病害是由种子带菌传播的，为了杀死附在种子表面和颖壳与种皮之间的病原菌，如水稻恶苗病菌、水稻立枯病菌、稻曲病菌、水稻白叶枯病菌、稻瘟病菌和水稻干尖线虫等，浸种时加药剂进行消毒是防治病虫害经济有效的措施，简单易行、经济实惠，有事半功倍的防治效果。消毒方法很多，常用的水稻种子消毒方法有下面几种：

石灰水浸种：即用 1%生石灰水澄清液浸种 2 天，注意石灰水面要高出谷种 13～16 cm，浸种期间不能搅动，保持水面的石灰膜不被破坏，同时要避免阳光直射。此法可防治恶苗病、胡麻叶斑病、稻瘟病和白叶枯病等病菌。

强氯精浸种：即先将谷种用清水预浸 24 h，然后将种子沥起来，用强氯精药液再浸。防治稻瘟病、恶苗病，药液浓度 400～500 倍，浸种 12～16 h；防治白叶枯病、细菌性条斑病，药液浓度 300～400 倍，浸种 16～24 h。

稻瘟净浸种：即用 50%的稻瘟净乳油 0.1 kg 加水 50 kg，浸种 24 h，可杀死稻瘟病菌。

三环唑浸种：用 50 g 三环唑加水 30～40 kg，浸谷种 15～20 kg，浸种 24 h，以防治稻瘟病。

此外，消毒方法还有温汤浸种或富士 1 号、多菌灵等药剂处理种子。凡用药剂消毒的稻种，如果吸足了水分，都要用清水冲洗干净后再催芽，以免影响发芽。

5. 催芽

稻谷催芽就是根据种子发芽过程中对温度、水分和氧气的要求，利用人为措施，创造良好发芽条件，使发芽达到“快、齐、匀、壮”的目的。“快”指两天之内催好芽；“齐”就是发芽整齐，发芽率达 90%以上；“匀”指芽长整齐一致；“壮”要求幼芽粗壮，根芽比适当（芽长半粒谷，根长一粒谷），新鲜、没怪味。催芽的方法很多，如保温盆催芽、箩筐催芽、青草催芽、拌桶催芽、地窖催芽、温室催芽等。这些催芽方法虽各有特色，但依据的原理却是相同的。各种方法在催芽技术上都应掌握“高温露白、适温催根、保温促芽、摊凉锻炼”的催芽原则。“高温露白”是指种谷开始催芽至破胸露白阶段，这期间呼吸作用弱，温度偏低是主要矛盾，可先将种谷在 50～55℃的温水中预热 5～10 min，再起水沥干，上堆密封保温，保持谷堆温度 35～38℃，一般 15～18 h 即可露白。露白前不用多淋水，以防水分过多，湿度过大，种谷进行无氧呼吸，养分外溢，造成谷壳发涎（滑壳、现糖），影响露白。“适温催芽”是指种谷破胸后，呼吸作用大增，产生大量热量，使谷堆温度迅速上升，如超过 40℃，就会出现烧种、烧芽现象。所以露白后要经常翻堆散热，并淋温水，保持谷堆温度 25～35℃，促进齐根。“保温促芽”是指齐根后要控根促芽，使根齐芽壮。根据“干长根，湿长芽”的原理和“温度高露白快，水分足芽头齐”的经验，适当淋浇 25℃左右的温水，保持谷堆湿润，促进幼芽生长，同时仍要注意翻堆散热保持适温。“摊凉锻炼”是指芽长度达到预期要求，即催芽结束后，为增强芽谷播后对自然气温的适应性，播种前把芽谷在室内摊薄炼芽 1 天左右。如遇低温寒潮不能播种时，可进一步将芽谷摊薄，结合洒水，防止芽、根失水干枯，待天气转好时，抓住冷尾暖头，抢晴播种。

（三）苗床准备

1. 湿润育秧苗床准备

秧田应选择背风向阳，排灌方便，肥力较高，田面平整的稻田作秧田，秧田与本田的比例为1∶(8～10)。在播种前10天左右干耕干整，耙平耙烂，开沟做厢，厢宽1.5～1.6 m，沟宽0.2 m、厢沟深0.1 m左右。厢面达到“上糊下松，沟深面平，肥足草净，软硬适中”的要求。在播种前10～15天，将苗床土进行耕翻，按每平方米苗床施入充分腐熟的优质农家肥10～15 kg，通过犁耕充分混合均匀，保持土壤湿润进行培肥。播种前5～7天选晴天将经过培肥的床土全面耕翻一次，结合耕翻，施放苗床基肥，按每平方米床土施尿素15 g、过磷酸钙80 g、氯化钾20 g，或者施复合肥100～130 g，使肥料施入表土至15 cm深的土层中，与土壤充分混合均匀。在播种前床土要淋透水，要求秧厢边有水流出，0～10 cm土层处于水分饱和状态，但不能灌水进秧厢。为使床土能充分吸足水，苗床喷浇水要分两次进行，两次间隔15～20 min，每次要喷到快要溢出水来为止。

2. 水育秧苗床准备

秧田应选择避风向阳、土壤肥沃、结构良好、熟化程度高、排灌方便、运输方便的稻田。翻耕前施腐熟的有机肥22 500～30 000 kg/hm^2，在播种前几天干耕水整、耕平耙烂，做成湿润通气秧田。播种前2天上水，按1.2 m宽平整成厢。播种当日取厢沟中带水泥浆平整厢面。

（四）播种

根据秧龄确定播种量。盘育机插的3.0～3.5叶秧苗每盘80～100 g，盘育手插的3.5～4.0叶秧苗每盘60～80 g；早稻3.1～3.5叶移栽的杂交水稻每平方米苗床播干谷60～90 g，保证播谷芽80～120 g，常规稻播干谷90～120 g，保证播谷芽120～160 g；培育中苗和大苗秧时，要适当稀播，播种量降低20%～40%。一般30天秧龄的晚稻，每平方米秧苗床播杂交水稻干谷20～25 g，25天秧龄播30～35 g，20天秧龄播40～45 g。

先按畦称量，分2～3次撒完，确保播种均匀；播种后用笤帚将种子拍入土中，也可用滚筒压入土中，使种子与床土紧密地接触；旱育秧压种后应立即盖土，用预先准备好的直径5 mm筛的细土，用手撒上，盖种厚度以盖后喷水时不暴露种子为宜，一般为0.5～1.0 cm，特别注意不能用混有壮秧剂的细泥、草木灰等碱性肥料和未经腐熟的粪肥盖种;盖种后用喷雾器喷清水,使土壤充分湿透,以防盖种土吸干种子周围的水分而影响出苗,注意不能瓢泼,也不能使种子露出。

(五)盖膜

南方早稻育秧期间气温低,盖膜的主要目的是增温保温。一般以小拱棚覆盖方式为好。即膜宽 2 m,播种床净宽 1.4 m,支撑架条 2.2 m,拱架高 40～45 cm,插架条时要离开床两侧各 10 cm、间隔 50 cm 一根。盖塑料膜时要把两边压实,以免被大风刮起。晚稻育秧,气温已完全满足秧苗生长的需要,但旱育秧仍要采取薄膜覆盖措施,其主要目的是保湿出齐苗,兼作苗床防雨。遇到日平均气温大于 20℃时,应膜上铺草帘、秸草或用其他方法遮阳降温。出齐苗后,将薄膜拢到拱架的顶部,雨时将膜向两侧拉下,底留 10～15 cm,呈伞罩挡住雨水,不让其直淋苗床。也可不覆盖薄膜,而用无病虫的稻草、玉米秆、甘蔗叶等物覆盖,但现青齐苗后应及时除去覆盖物。

(六)秧苗管理

1. 温度的管理

播种后到出苗前密封保温但不超过 35℃;出苗后到 1 叶 1 心期,棚内温度不超过 30℃,并选择晴天开始通风炼苗,先小通风;1.5～2.5 叶棚内温度控制在 20～25℃,上午 9 时到下午 3 时逐步加大通风口,延长通风时间,换气到塑料薄膜内表面没有水滴为止;2.5～3.0 叶期,温度控制在 20℃,逐步做到昼揭夜盖,插秧前几天,要撤掉棚膜,逐步适应外界条件。对晚稻旱育秧来说,此时不是保温,而是想办法降温,有些地方用盖遮光膜的办法。

2. 水分的管理

出苗前水分要宁大勿小,1～3.5 叶期以湿润管理为主,一旦发生卷叶随即补水;3.5 叶期后以旱管为主,中午发生卷叶,第 2 天早晨尚未完全展开,叶尖较少吐水即补水。秧田期间如遇连续阴雨,须及时排水降渍,做到雨止田干,沟中不积水;秧盘育秧最后一次浇水在抛秧前 2～3 天,切忌抛秧前浇水。晚稻为了减少浇水作业的次数,若利用水田作塑盘旱育苗床的,秧苗需浇水时,可采用秧沟灌水,让水慢慢渗透进秧盘,切不可让水淹秧厢面,渗透后立即将水排除。

3. 施肥

1 叶 1 心时,每公顷秧田施用尿素 45 kg 作为"断奶肥",拔秧前 4～5 天每公顷秧田施尿素 52.5～75.0 kg 作为“送嫁肥”。

4. 病虫草害防治

早稻注意防治立枯病、稻瘟病，一季晚稻注意防治稻蓟马、稻纵卷叶螟及苗稻瘟等。在移栽前 4～5 天，用春雷霉素、印楝素两者混合，喷一次“送嫁药”防治病虫害。或者安装诱捕器诱杀害虫，也可以人工摘除害虫。杂草的防治做法一般是压种后喷施秧田除草剂封杀杂草，秧苗期间应注意及时拔除杂草。

三、大田整地与施基肥

（一）大田整地

1. 整地质量要求

稻田土壤条件以利于稻株正常生长发育，整地的质量要求是：深、软、净、平、不漏耕。深是要求适当进行深耕以加厚耕作层，有利于稻根伸展和保水保肥，一般 20 cm 左右。软是要求经犁耕沤田，把土坯耙松碎，田面起浆。净是通过犁耙，掩埋杂草和秸秆。平是要求田面平整，达到“寸水不见泥”“灌水处处到，排水处处干”。不漏耕是要求田边田角均犁耙到。

2. 耕整方法

①茬口地耕整。前茬秸秆粉碎耕整：前茬作物收获时必须进行秸秆切碎或粉碎，并均匀抛撒。采用旱地旋耕整方式，因耕深浅，尤需秸秆切碎、均铺。

旱耕整：总体上有两种形式：旋耕和犁耕。利用旋耕机、正反旋埋茬耕整机等旋耕作业，土壤含水率需在 30%以下，作业时要稳定耕作深度，以达到旋切能达到的 10～15 cm 上限深度为宜。采用反旋埋茬方法残茬、秸秆覆盖率最好。犁耕在农场和成片大田采用较多，其对秸秆埋覆较深，达 15～20 cm，对前茬秸秆切碎和铺放要求不及旋耕高。地块高低不平，可采用交叉作业和激光平地技术作业，对高低落差大的田块，要划格作业，大田隔小，以保证相对范围内的平整地质量标准。犁耕作业不要每季都进行，宜 3～5 年犁耕一次，与旋耕作业相交替。

旱耕的田块，在旱耕结束后，晾晒 1～3 天，再水浸泡 1～2 天，完成后续平整作业，这样不易形成僵土。平整机械以水田耙为主。由于水整前旋耕灭茬等作业的尝试浅于原耕作层，加之起浆平地，作业条件复杂，要防止泥脚深度不一和埋茬再被带出地表。

水耕整：直接放水浸泡，1～2 天内让秸秆和根茬浸湿，旋耕作业时，需浅水层 3～

5 cm。水田耕整通常使用的机械是旋耕机、水田埋茬耕整机、水田耕整轮等设备，作业时采用交叉方式，两遍即可。带水耕整主要控制好灌水量和浸泡时间，既要防止带烂作业，又要防止缺水僵板作业，且水层过高，秸秆易漂浮，不利于埋覆。

旱、水耕整后的大田地表应平整，无杂草、残茬、杂物等，埋茬深度应在 4 cm 以上，泥浆深度达到 5～8 cm，田块高低差不超过 3 cm。

沉实：水整后的机插大田必须适度沉实，沙质土沉实 1 天，沙壤土沉实 2～3 天，黏质土沉实 4 天后机插，田表水层以呈现所谓“花花水”为宜。要严防深水烂泥，造成机插时壅水壅泥等现象。对杂草发生密度较高的田块，可结合泥浆沉淀，在耙后选用适宜除草剂拌湿润细土均匀撒施，并保持 6～10 cm 水层 3～4 天进行封杀灭草。

②冬水田耕整。南方一些低洼地区长期无法排水，一些地区水资源贫乏靠本田蓄水种稻，还有一些地区也因缺水前茬晚稻收割后田间一直保水至早稻栽插，这些田块地处山区，多为梯田，单块面积相对较小，常称为冬水田。冬水田经过长时间冷水浸泡，土壤透气性差，泥脚深，还原性差，土壤温度较低，理化性状远不及其他地区。对于这类田块的耕作不得不带水作业，如沿用传统的多耕多耙习惯，会加深泥脚深度，进一步恶化土壤的理化性状，后续机械作业易打滑，增加机械化作业难度。因此，需要简化耕整工艺，减少机具下田作业次数。同时，在机械作业前，要利用晴天提前在田间开沟抬田，施肥后浅旋耕，抢晴好天气日晒增温，并于栽前 3 天左右漫平沉实。

③绿肥地耕整。翻耕期要根据绿肥生长情况和早稻插(抛)秧秧苗而定，既要力争绿肥高产，又有利于秧苗正常生长。从绿肥看，一般以绿肥盛花期时为宜。从插(抛)秧秧苗看，绿肥必须在插(抛)秧前 15 天左右翻耕。翻耕前应撒施石灰，石灰的数量相当于全田绿肥鲜产量的 3%，犁翻一般要进行二犁三耙，即头耕较深，把绿肥掩埋，采取干耕晒垡，加速绿肥萎蔫，使之易于腐烂，耕后 2～3 天再灌水泡田、耕田，将绿肥紧密掩埋泥中促其腐烂。7 天后进行二耕，使土肥拌匀，并翻上表土，耕时不宜排水，防止肥料流失。二耕后再经 1～2 次耙平，即可插(抛)秧。

④晒冬田耕整。晚稻收割后经犁翻晒冬的稻田，开春后宜尽早耙沤田，其目的是消灭在禾头越冬的稻螟虫，减少虫源，并促进秸秆等有机物腐烂。晒冬田最迟也要在插(抛)秧前 10 天灌水耙田沤田。

⑤冬种作物田耕整。冬种油菜、马铃薯和蔬菜等作物的稻田，冬作物收获后即抢犁田、耙田、沤田。

（二）施足基肥

塑盘育秧大田施肥，要特别注意施足基肥，强调增施有机肥，辅之以化学肥料，采用全层施肥法。每亩施农家肥 500～1 000 kg，碳铵 30～40 kg 或尿素 10 kg，过磷酸钙 25～30 kg，氯化钾 6～10 kg，基肥占总施肥量的 70%左右。施肥方法：施有机肥—灌水—犁翻—水落干—施化肥—犁翻—灌水—犁耙—平整田面。

四、合理密植，适时插（抛）秧

（一）合理密植

合理密植的基本原理，在于有效地利用光能，有效地利用地力，保证个体正常发育和群体得到最大发展，使单位面积上穗数、粒数和粒重协调增长而获得高产。大田插（抛）基本苗过多过少均不利于高产栽培，若插（抛）基本苗过多，够苗期提前，无效分蘖增多，无效生长增加，造成植株营养浪费，中期群体大，过早荫蔽，病虫害加重，后期净光合面积减少，物质积累少，导致成穗率和结实率偏低，穗粒结构不合理，不易获高产，若插（抛）基本苗过少，会导致够苗期推迟，且要利用部分高位分蘖，造成穗层和穗型不整齐，出现“公孙”禾穗多，穗数不足，也不利于大穗形成，往往因穗少而产量不高。因此，必须插（抛）适宜的基本苗。

适宜的插（抛）基本苗应根据品种、秧苗素质、土壤肥力、施肥水平来确定：品种分蘖力强、秧苗叶龄小且素质好、土壤肥力水平高、施肥量大可稀一些；反之，则应密一些。综合这几年广西试验结果，一般情况下，高肥力稻田塑盘育秧大田抛栽密度为，早稻抛栽 1.8 万～2.2 万蔸（即每平方米 27～33 穴），晚稻抛栽 2.0 万～2.4 万蔸（每平方米 30～36 穴）；中、低肥力稻田，早稻抛栽 2.0 万～2.4 万蔸（每平方米 30～36 穴），晚稻抛栽 2.2 万～2.5 万蔸（每平方米抛秧 33～37 穴）。

（二）适时插（抛）秧

1. 适时插（抛）秧

要保证本田有足够的营养生长期，利用分蘖取得高产，关键就在于适期移栽，移栽适龄秧。我国稻区辽阔，栽培季节差别很大，移栽期差别也很大。南方稻区一般以日平均气温稳定通过 15℃以上时可以插秧。深脚、冷浸、烂泥田，由于泥温较低，适时早栽的时间应相应推迟。广西桂南地区要求在 3 月下旬至 4 月上旬，桂中、桂北地区在 4 月下旬插(抛)秧结束;晚稻桂南地区在 7 月下旬至 8 月上旬,桂中、桂北地区于 7 月下旬插(抛)秧结束。

2. 提高插秧或抛秧质量

①拔秧和运秧。起秧盘时用手先掀起一只角,用另一只手托起秧盘底部一齐用力,然后两手抓住秧盘两角向上提即可。注意用力要匀,动作要轻,不能性急过猛,以免扯破秧盘。为了保险起见,可先用锹插入土下松动秧盘,再把秧盘拿起,这样不会损坏秧盘。运秧有两种方法:一是把拔出的秧苗装入筐内或篮子里运往大田,二是把秧盘掀起后,刮去底部泥土,内折卷起装筐或用平板运往大田抛秧。

②抛秧方法。抛栽前,先用绳子按每隔 6 m 或 9 m 拉出一条宽度 30 cm 左右的工作行,分成若干小块,按每小块计划好的秧盘数,进行人工向后退,秧往前方抛栽,抛时抓起一把秧苗轻轻抖动一下,使它们的根部相互分开,然后采取向下点抛的方法,尽量使秧苗在田间分布均匀和直立,点抛栽用力标准为使秧苗根部入土 1.5～2 cm 为宜。

五、田间管理

水稻田间管理,可按生育阶段划分为返青分蘖期、拔节长穗期和抽穗结实期三个管理时期。不同时期有不同的生育特点,田间管理的任务,就是要根据不同时期的不同特点,采取相应的促控措施,使苗、株、穗、粒四者能得到充分而又协调地发展,达到穗多、穗大、粒饱的目的,夺得丰产丰收。

1. 返青分蘖期的田间管理

①生育特点。返青分蘖期是指移栽到幼穗分化以前的时期。此期以营养器官的生长为中心,是决定穗数的关键时期,同时也是为大穗多穗和最后丰产奠定基础的时期。栽培上应运用合理的技术措施缩短返青期,促进分蘖早发,发足争多穗、控制无效分蘖,培育壮蘖、大穗。

②返青分蘖期的田间管理措施。科学管水要求做到"浅水栽秧,寸水返青,薄水分蘖,适时晒田"。栽秧时,以 3 cm 以下的浅水为宜,才能做到浅栽,以减少浮秧,保证栽秧质量。栽秧后到返青期间,田间应保持 3.3 cm 左右水层,大苗秧保持 5 cm 左右水层护苗,这样才有利于秧苗返青。对于气温降低或气温特高的情况下,则应灌 5 cm 以上的深水,以便保温和防止高温灼伤叶片而死亡,小苗秧移栽苗龄小,移栽稳根后田中有'花花水'即可,以后随苗龄增长逐渐增加灌水量。有效分蘖期应保持浅水勤灌。一般保持 3 cm 以下为宜,这样既能供水、调肥,又能通气、

保温、保湿，有利于根和低位分蘖的发生。如果灌以 6 cm 以上的深水或干旱缺水，都不利于分蘖的顺利进行。

水稻进入分蘖末期或全田茎蘖总数接近达到预定要求时，有条件的地方即可开始排水晒田。晒田的作用：一是改变土壤的理化性质，更新土壤环境。晒田后土壤的氧化还原电位升高，还原性物质被氧化而减少，有机质的分解加速。同时耕层土壤内的有效氮、磷含量暂时下降，复水后其含量又会迅速增加。这种先抑后促的作用对于控制群体过分发展，促使生长中心从蘖向穗的顺利转移，对培育大穗都是十分有利的。二是调整植株长相，促进了根系发育。晒田对地上部营养器官生长表现抑制，叶色变淡，水稻株型变挺直，一部分无效分蘖死亡，改善了田间通透条件，叶和节间变短，秆壁变厚，增强植株抗倒抗病力。晒田的程度应达到“田中不陷脚，四周麻丝裂；黄根深扎下，新根多露白；叶片挺直立，褪淡转黄色；茎秆有弹性，停止发分蘖”。晒田的时间 1 周左右，到拔节时基本结束。当然晒田的早迟程度，要根据苗情、田情而定。凡分蘖早、叶色浓、长势旺、泥脚深、田冷浸、底肥足的，应早晒，重晒，且晒的时间可稍长；反之，则宜迟晒、轻晒，晒的时间要短。对长势弱，或田瘦的，则晾一晾就行。

早施分蘖肥：从移栽至幼穗开始分化以前的追肥，都称为分蘖肥。早施分蘖肥是促进早发多发低位分蘖的重要措施。分蘖肥以速效氮肥为主，一般中苗秧在栽后 5～7 天和 15 天左右各施 1 次，每次施尿素 4～5 kg/亩；大苗秧栽后 5～7 天施尿素 5 kg/亩左右；小苗秧稳根后，每公顷用清粪水 500 kg 加尿素 1～2 kg 泼苗，始蘖后施尿素 4 kg/亩，隔 5～7 天后再施尿素 5 kg/亩。分蘖肥应注意抢晴施，浅水施。

及时防治病虫害：杂交稻返青分蘖期常有蓟马、螟虫、稻苞虫、叶稻瘟病、白叶枯病和纹枯病等病虫为害，各地应根据植保部门提供的测报资料，注意观察，用药剂及时扑灭，防止蔓延。

2. 拔节长穗期的田间管理

①生育特点。从幼穗开始分化，到抽穗前，为拔节长穗期。此期一方面以茎秆伸长为中心，完成最后几片叶和根系等营养器官的生长；另一方面进行以幼穗分化为中心的生殖生长。此时既是保蘖、增穗的重要时期，又是增花增粒、保花增粒的关键时期，也是为灌浆结实奠定基础的时期。由于各器官生长加剧，在短短 1 个月内植株干物质的积累占一生干物质积累的 50%左右。因此，这段时期是水稻需水、需肥较多的时期，也是对外界环境条件敏感的时期。高产栽培在这时期的目标是要在保蘖增穗的基础上，促进壮秆、大穗，防止徒长和倒伏。

②拔节长穗期的田间管理。巧施穗肥从幼穗开始分化到抽穗以前的追肥，都称穗肥。穗肥施用时间不同，其作用有所不同。在穗开始分化时施用穗肥，可使每穗分化枝梗数和颖花数增多，具有促花增粒的作用，故叫促花肥；在开始孕穗时施用穗肥，可以减少退化颖花数，具有保花增粒的作用，故叫保花肥。

巧施穗肥就是要根据苗情、土壤、气候等情况来确定施肥时间、种类和数量。凡是前期追肥适当，群体苗数适宜，个体长势平稳的，只宜施用保花肥，可于开始孕穗时，每亩施尿素 3 kg 左右；凡是前期追肥不足，群体苗数偏少，个体长势偏差的，可促保均施，可于晒田复水后每亩施尿素 3 kg 左右，减数分裂期前后每亩施尿素 2 kg 左右；凡是前期施肥较多，群体苗数偏多，个体长势偏旺的，则可不施穗肥。

合理灌水：拔节长穗期以采取浅水勤灌，保证“养胎水”的灌溉方法为宜，即在前期晒田后复水，每次灌水 3 cm 左右，待其自然落干后再灌。在减数分裂期保持 5 cm 左右深的水层，农民称之为“养胎水”，此时绝不能干旱缺水，以防止颖花退化，保证粒数。

防治病虫：杂交中稻在拔节长穗期，有螟虫、稻瘟病、纹病、白叶枯病等多种病虫危害。因此应根据测报及早防治。

3. 抽穗结实期的管理

①生育特点。水稻从开始抽穗到成熟收割为抽穗结实期，杂交中稻一般需要 35 天左右的时间。抽穗结实期营养生长已基本停止，生殖生长已处于主导地位，故此期又称为生殖生长期，是以碳素代谢为主的阶段。这一时期根系吸收的水分、养分，光合产物，以及茎秆、叶鞘内贮藏的养分，均向籽粒运输，供灌浆结实。植株早衰或贪青都会影响这一过程的进行，造成空秕粒增加和粒重下降。因此，这一时期是决定实粒数和粒重的关键时期，田间管理的主攻目标是养根、保叶、增粒、增重。

②抽穗结实期的田间管理。合理用水，做到“足水抽穗，湿润灌浆，干湿壮籽，适时断水”。在抽穗开花期，田间应保持 3～4 cm 水层，防止高温干旱对抽穗开花的不利影响。灌浆期间，一次灌浅水 2～3 cm，2～3 天自然落干，湿润 1～2 天，再灌新水，这样干湿交替的灌水，达到既保证灌浆所需的水分，又能改善土壤通气状况，达到增气保根、以根养叶、以叶壮籽的目的。杂交稻具有穗大粒多、灌浆期长和“两段灌浆”的特性，要切忌后期断水过早，影响穗的下部正常灌浆结实，造成对产量和米质的不利影响。一般掌握在收割前 5～7 天断水为宜。

补施粒肥：抽穗稍前和以后的追肥，叫粒肥或壮籽肥、壮尾肥。对前期施肥不足，表现脱肥发黄的田，一般每亩用尿素 1 kg，稀释 100 倍，于午后闭花时或扬花后进行喷施，对延长叶片寿命，防止根系早衰，以及提高籽粒蛋白质含量都有重要意义。对有贪青徒长田，每亩用过磷酸钙1%～2%的溶液或0.3%～0.5%的磷酸二氢钾溶液作根外追肥，可促进养分运转，提早成熟，增加粒重。

防治病虫：抽穗以后还要注意纹枯病、稻瘟病、稻纵卷叶螟黏虫等病虫害的防治。

六、收获和留种

1. 适时收割

适时收获才能实现高产、优质、高效的栽培目标。收获过早，部分谷粒尚未充实，既影响产量、碾米时碎米多，品质和出米率都会明显下降；收获过迟，又易脱粒而造成损失。一般在90%的谷粒变黄，穗枝梗已变黄时，即为收获适期。

2. 留种

杂交水稻不留种，因它生产出的种子是杂种第二代，如作种用则表现出明显的分离现象而降低产量，故不能留作种子使用。常规水稻要进行留种，确定留种的田块应在收获前1～2天进行除杂株去劣株工作以保证品种的纯度，在收获、脱粒、晒种、风净等过程中，还要做好防杂保纯工作，保证下季有优质的种子投入生产。

3. 及时干燥

稻谷收获后要及时干燥。稻谷水分常规鉴定。①触觉鉴定。将手插入谷堆，感觉松散阻力小，夏天觉得有凉气，抓时谷粒易从指缝间流落则水分较低。手插入时感觉湿润且阻力大，说明水分高。②用牙齿咬，感觉籽粒坚硬，声音脆爽，是断面光滑则水分低，感觉籽粒松软，用力小，断面不光滑则水分高。稻谷不宜高温急速干燥，否则影响稻米品质。禁止在公路、沥青路面及粉尘污染严重的地方脱粒、晒谷。

4. 安全贮藏

稻谷含水率应在14%以下，在避光、常温、干燥和有防潮设施的地方贮藏。贮藏设施应清洁、干燥、通风、无虫害和鼠害。严禁与有毒、有害、有腐蚀性、易发霉、发潮、有异味的物品混存。贮藏时仓库内的湿度要适宜，过湿易导致稻谷发霉；过干易降低稻米食味品质。

5. 副产品处理

水稻生产的副产品(包括秸秆、垄糠、米皮糠等)应综合开发、合理利用，米皮糠可以用作优质的有机饲料。秸秆是很好的有机肥源，提倡秸秆还田、稻糠稻作。严禁焚烧、乱堆乱放、丢弃和污染环境。

第四节　水稻高效栽培技术

一、水稻优质栽培技术

（一）自然生态条件的选择

1. 气候条件

无公害稻米生产要求阳光充足、雨量充沛、后期温度较低、昼夜温差较大的气候条件，尤其是水稻抽穗扬花期与灌浆结实期的温湿度条件。水稻灌浆结实期是稻米品质形成的敏感时期。最新研究还表明水稻齐穗后 15 天或 20 天以内的气象条件对稻米品质影响最大。水稻抽穗扬花最适温度 26～28℃，灌浆结实适宜温度 20～28℃，相对湿度 75％左右。参照张嵩午等的研究及其他相关研究，取平均气温 22～24℃作为优质米形成所要求的抽穗灌浆结实的最佳界限温度，以 20.0～27.4℃作为其适宜界限温度，≥35℃的高温以及≤20℃低温为不适宜温度。灌浆结实期高温、高光强会使糙米率、精米率、整精米率降低，垩白率提高。成熟期遇高温，会使蒸煮品质变差，胶稠度变硬，食味品质变劣。因而合理安排水稻播时控制抽穗期，避免水稻在高温高光强下抽穗扬花灌浆（如 7 月下旬至 8 月上中旬），这对培育优质稻米十分重要。

2. 大气条件

大气监测的项目有总悬浮物、二氧化硫、氮氧化物、氟化物等（表 4-5）。选择废气、废水无污染或污染较轻的地区，基地周围必须远离砖瓦厂、磷肥厂等有污染源的工矿企业。

表 4-5　绿色食品大气标准　　mg/L

污染物		总悬浮物（TSP）	二氧化硫（SO_2）	氮氧化物（NO_x）	氟化物（F）
允许浓度	任何一次	0.30	0.15	0.10	0.020
	日平均	0.15	0.05	0.05	0.007

3. 水质条件

水质监测的项目有 pH、汞、镉、砷、铅、铬、氟化物、氢化物、大肠菌群等项目(表 4-6)。

表 4-6 绿色食品水质标准 mg/L

项目	绿色食品生产农田灌溉水质量标准
pH	5.5～8.5
总汞	≤0.001
总镉	≤0.005
总砷	≤0.05(水田、蔬菜);≤0.1(旱作)
总铅	≤0.1
铬(六价)	≤0.1
氯化物	≤250
氟化物	≤2.0(高氟区);≤3.0(一般地区)
氢化物	≤0.5

灌溉用水以自然积水如山涧水、天然水库等水源为主,从而防止废气、废水污染。

4. 土壤条件

土壤监测的项目有 pH、镉、铅、汞、砷、铬等重金属项目(表 4-7)。一般土壤有机质含量在 1.5%以上,氮、磷、钾含量中等以上,其他营养元素丰富、平衡。

表 4-7 土壤环境质量监测项目和标准 mg/kg

污染物	Hg	Cd	Pb	As	Cr^{6+}	六六六	DDT
允许浓度	0.118 8	0.175 8	40.52	20.10	89.10	≤0.1	≤0.1

(二)栽培技术

1. 品种选择

高产优质抗病是生产绿色食品的首选品种,生产出的绿色食品价值高,同时具有碾米外观好看,加工精度高,米粒较大,富有光泽,充实饱满,整齐一致;饭粒完整,洁白有光泽,清泌米香,软而有弹性,冷后不硬不回生,好吃;营养好,蛋白质含量在 7%以上;产量高,抗逆性强,适应性广等优良特性。筛选出优质及对农药、重金属钝性的品种(组合)。

2. 提倡宽行窄株栽培，并适当稀植

据有关资料和试验显示，密度过大会造成稻米直链淀粉含量提高，蛋白质含量下降，加工品质变劣；反之，密度过低又会造成产量明显下降。为此，无公害稻米生产既要注意米质提高又要兼顾产量不减。针对两优培九植株较高、生育期较长的特点，我们提倡宽行窄株栽培，并适当稀植。

3. 合理施肥

生产 AA 级绿色食品使用的肥料：一类是农家肥料。指含大量动植物残体、排泄物、生物废物等物质，并经处理达到无害化卫生标准。二类是商品肥料。①有机肥料。动作物残体排泄物，不含添加剂、防腐剂的工业有机副产品，加工制成的肥料。②半有机肥料。有机物加适量微量元素制成的肥料。③无机肥料。用物理和化学工业方式制成的肥料，如磷矿粉、石灰石等。④微生物肥料。用特定微生物菌种培养生产有活性的肥料，如根瘤菌。⑤叶面肥料。不含有化学合成的微量元素生长调节剂，天然有机物提取液或接种有益菌类的发酵液。⑥腐殖酸类肥料。如褐煤，泥炭，风化煤等。

生产 A 级绿色食品使用的肥料：①允许使用部分化学合成肥料，但禁止使用硝态氮肥。②化肥必须与有机肥配合使用，有机氮与无机氮之比为 1∶1，大约相当于厩肥 1 000 kg，加尿素 20 kg。③化肥、有机肥、微生物肥配合施用，厩肥 1 000 kg 加尿素 10 kg，或磷酸二铵 20 kg，微生物肥料 60 kg。

优质栽培要求控氮增磷补钾，配施硅、锌、铁、微肥，增施有机肥，实行平衡高效经济施肥，提高肥料利用率，减少肥料的流失和对水体的污染。优质栽培的氮肥总施用量略少于高产栽培（调减 5%～10%；），适当控制或减少后期用肥量，增施高浓度三元复合肥。

灌浆期氮素施用过多会增加垩白和提高蛋白质含量而使食味变坏，叶面喷施磷、钾和微肥，有利于提高整精米率，降低垩白率，从而改善稻米品质，因而后期应适当增施磷、钾和微肥，其中在孕穗期重施钾肥效果最好。稳定前期用肥量，适当控减后期用肥量；穗肥以促花肥为主，促保并举，保花肥要准施，不可迟施，防贪青迟施为施肥原则，积极开展培肥改土，水旱轮作，秸秆还田技术，以增加土壤有机质，创造优质稻米栽培的良好环境。

4. 科学灌水

抽穗期至乳熟期的需水量有所下降，但根系在后期的吸水能力仍比较强，如果这期间缺水，将使灌浆受阻，半实粒增多、千粒重降低、垩白增多、整精米率下降、外观品质变差，因而后期不宜断水过早，收获前一周断水为好。其中晒田不宜过早，否则稻米食味变差。

5. 适时收获

稻谷成熟期对米质有很大影响，当含水量在20%～23%时收获，可获得较高的整精米率、较长的米粒伸长率、较少的米粒碎裂或弯曲度。在成熟的早期和晚期收获，整精米率均有下降。这一含水量(20%～23%)，一般品种在抽穗后33～36天可达到。另外，有些品种有二次灌浆现象，特别是杂交稻。因此，在许可的范围内适当延迟收获，对提高其结实率和粒重有明显的作用，对改善稻米品质也有积极的意义。一般认为，当全株受精粒的成熟率达90%以上时，可作适时收获的指标。

6. 控制用药，综合防治

生产AA级绿色食品的病虫害防治：①农业防治。选用抗病品种，轮作倒茬，深耕改土，合理施肥，加强田间管理等。②物理防治。利用光、热、机械设备捕杀、诱杀。③生物防治。以虫治虫、以菌治虫、以菌治病，另外还有作物源杀虫剂、杀菌剂、拒避剂和增效剂。生产A级绿色食品的病虫害防治，限制使用的常用农药有：马拉硫磷、敌百虫、速灭威、杀虫双、百菌清、托布津、多菌灵、富士一号、三环唑、丁草胺、农得时等。

（三）研究无污染加工、包装、贮藏技术

加工过程不使用增白剂、化学抛光剂等对人体有害的化学添加剂。包装过程据有关报道，包装袋用聚已烯复合袋较好。贮藏过程，有条件地区采用^{60}Co-γ射线进行辐射，经研究，这种方法能彻底杀灭虫卵，在常温下可存取一年以上不会发生虫害损失，这样既可避免采用常规的化学药品的熏蒸难以彻底杀死产品内的幼虫和虫卵，还防止大米再次产生化学药品残留，成本低，损失少。

环境因素对稻米品质影响很大，有些已基本清楚，有些还需研究，如光照对品质的影响等。

二、超级稻高产栽培技术

超级稻前期生长旺，分蘖力强，中后期稳健生长，叶片深绿直立，秆硬耐肥抗倒伏，抗病能力强，米质优，具有较高的增产潜力，一般每公顷产9 000 kg左右，高产的可达11 250～12 000 kg，比常规稻每公顷增产1 800 kg以上。

1. 选好田块，选用良种

超级稻属穗大粒多型超高产品种，增产主要依靠“库大、源足”，高产栽培对土壤要求较高。田块应选择耕层深厚、耕性良好、肥力较高、田面平整、排灌方便的高产田块种植超级稻。各地选用超级稻良种时要根据品种的特征特性和当地土壤肥力、栽培管理水平选用3～5个合适本地种植的超级稻品种重点示范推广。

2. 适时精量播种，培育壮秧

根据组合生育特性安排适宜播种期和移栽期，秧龄控制在25天左右。秧田播种量一般为120 kg/hm^2 左右，大田用种量在10.5～12.0 kg/hm^2，确保移栽秧苗带蘖率和带蘖数高。

3. 宽行稀植，定量控苗

选择土壤肥沃、施肥水平高、管理水平好的稻田进行种植，采用宽窄行的栽插方式，宽行50 cm，窄行25 cm，株距25 cm，每公顷移栽密度为15万～16.5万蔸。

4. 好气灌溉，发根促蘖

稻田开好排水沟，面积大的田块进行分厢种植开厢沟，实行好气灌溉。在整个生长期间，除水分敏感期和用药、施肥时采用间歇浅水灌溉外，一般以无水层保持湿润灌溉为主，使土壤处于富氧状态，促进根系生长、发达，同时有利于减少病虫害发生。

水分要求：采取浅水层保活株促返青。返青后间歇灌溉（跑马水）薄露水层发根促分蘖，结合施肥喷药灌浅水。拔节开始幼穗分化至抽穗扬花期，灌浅水促大穗多粒。灌浆成熟期采取干干湿湿交替灌溉，养根保叶促灌浆提高结实率，增加粒重，最终形成高产。

5. 精确施肥，提高肥料利用率

按目标产量每公顷10 500 kg计算，一般每公顷需施纯N 180～195 kg，K_2O 180～210 kg，P_2O_5 75～90 kg。在此总量的基础上，考虑到水稻生育期氮、磷、钾的吸收量，采取分期施用。

（1）基肥以有机肥为主，速效化肥配合施用。每公顷施纯氮97.5 kg，占总氮肥量的50%，同时每公顷施750 kg饼肥或225～300担土杂肥，过磷酸钙450 kg，氯化钾150 kg。

（2）分蘖肥栽后5～7天，每公顷施纯氮67.5 kg，占总氮肥量的35%左右；即每公顷施300 kg复合肥加45～60 kg尿素、氯化钾150 kg，根据品种生育期的长短和土壤的保肥能力分蘖肥可一次施，也可二次施。

(3)穗肥可在倒2叶出生过程中施用,如水稻长相较健壮,叶片挺直,长短适宜,阳光充足,可适当多施。如水稻生长较旺,叶片过长,阴雨天气,可少施或不施。一般每公顷施纯氮22.5 kg左右,即每公顷施复合肥150 kg。

6. 综合防治,降低病虫草发生

(1)坚持"预防为主,综合防治"的方针。

(2)做好种子消毒,秧田除虫灭病,防止病虫带入本田。

(3)加强病虫预测预报,抓住病虫防治适期,对症下药,确保防治效果。重点是做好"三虫"(螟虫、稻飞虱、稻纵卷叶螟)和"三病"(稻瘟病、纹枯病、南方水稻黑条矮缩病)的防治,严格掌握防治指标,确定防治田块和防治适期。

(4)大力推广高效低毒低残留农药,在水稻生产后期尽量少施农药。

三、水稻机械化生产技术

(一)品种选择

根据当地生态条件、种植制度、种植季节、生产模式等选择生育期适宜、优质、高产、稳产、发芽率和分蘖力较强的适于机插的水稻品种,要根据前后作物茬口选择确保能安全抽穗的水稻品种。

(二)育秧

1. 育秧模式

各稻区根据生产状况选择适宜的机插育秧模式和规模,尽可能集中育秧。豫南稻区有条件的地区应采用工厂化育秧或大棚旱育秧,也可以采用稻田旱育秧或田间泥浆育秧。春稻需要保温育秧。

2. 苗床准备

选择排灌、运秧方便,便于管理的田块做秧田或大棚苗床。按照秧田与大田1∶(80～120)的比例备足秧田。选用适宜本地区及栽插季节的水稻育秧基质或床土育秧,育秧基质和旱育秧床土要求调酸、培肥和清毒,育秧床土的可适当提高至pH 5.5～7。有条件的地区提倡育秧基质育秧。

3. 机械化精量播种

水稻种子发芽率要求达90%以上,播种前做好晒种、脱芒、选种、药剂浸种和催芽等处理工作。根据水稻机插时间确定适期播种,提倡用浸种催芽机集中浸种催芽，根据机械设备和种子发芽要求设置好温度等各项指标，催芽做到“快、齐、匀、壮”。

采用机械化精量播种可选用育秧播种流水线或轨道式精量播种机械；泥浆育秧采用田间精密播种器播种。有条件地区提倡流水线播种，直接完成装土、洒水（包括消毒、施肥）、精密播种、覆盖表土。根据插秧机栽插行距选择相应规格秧盘。提倡使用钵形毯状秧盘，实现钵苗机插。秧盘播种洒水须达到秧盘的底土湿润，且表面无积水，盘底无滴水，播种覆土后能湿透床土。播前做好机械调试，确定适宜种子播种量、底土量和覆土量，秧盘底土厚度一般 2.2～2.5 cm，覆土厚度 0.3～0.6 cm，要求覆土均匀、不露籽。

4. 秧苗管理

根据育秧方式做好苗期管理。春稻播种后即覆膜保温育秧，并保持秧板湿润。根据气温变化掌握揭膜通风时间和揭膜程度，适时（一般 2 叶 1 心开始）揭膜炼壮苗膜内温度保持在 15～35℃，防止烂秧和烧苗。加强苗期病虫害防治，尤其是立枯病和恶苗病的防治。单季稻或连作晚稻播种后，搭建拱棚覆盖遮阳网或无纺布遮阳、防暴雨和鸟害。出苗后及时揭遮阳网或无纺布，秧苗见绿后根据机插秧龄和品种喷施生长调节剂控制生长，每公顷一般用 300 $\mu L \cdot L^{-1}$ 多效唑溶液兑水 450 kg 均匀喷施。移栽前 3～4 天，天晴灌半沟水蹲苗，或放水炼苗。移栽前对秧苗喷施一次对口农药，做到带药栽插，以便有效控制大田活棵返青期的病虫害。提倡秧盘苗期施用颗粒杀虫剂，实现带药下田。

（三）水田机械化整地

水田旋耕可一次性完成水田机翻、机耙，降低机械作业成本，减少作业环节，省工、省时、省油，而且节省泡田用水，可节水 30%～50%。其旋耕作业碎土能力强，地表平整。稻茬覆盖严密，工效高，油耗低，一次旋耕能达到一般犁耕和耙地作业几次的碎土效果，耕层透气、透水性好，有利于根系发育。其技术要求：一是水田旋耕，一般在当地插秧前 20 天左右进行，待水灌田后，加以平整即可插秧；二是耕作时，尾轮内管伸出处管的长度不能超过 100 mm，同时操作时应站着手扶扶手架，使犁刀离地过田埂或过沟，以免内管弯曲；三是操作时，勿使杂草在旋耕刀上缠绕过多，否则将消耗拖拉机的功率和增加零件的磨损；四是清除杂草时需关小油门，将高合、制动手柄放在“病”的位置上，将变速手柄和旋耕刀操作手柄放在空档的位置，然后清除杂草。

（四）机械化插秧

1. 秧苗准备

根据机插时间和进度安排起秧时间，要求随运随栽。秧盘起秧时，先拉断穿过盘底渗水孔的少量根系，连盘带秧一并提起，再平放，然后小心卷苗脱盘，提倡采用秧苗托盘及运秧架运秧。秧苗运至田头时应随即卸下平放，使秧苗自然舒展。做到随起随运随插，尽量减少秧块搬动次数，避免运送过程中挤、压伤秧苗、秧块变形及折断秧苗。运到田间的待插秧苗，严防烈日晒伤苗，应采取遮阳措施防止秧苗失水枯萎。

2. 机械准备

插秧前应先检查调试插秧机，调整插秧机的栽插株距、取秧量、深度，转动部件要加注润滑油，并进行 5～10 min 的空运转，要求插秧机各运行部件转动灵活，无碰撞卡滞现象，以确保插秧机能够正常工作。装秧苗前须将秧箱移动到导轨的一端，再装秧苗，避免漏插。秧块要紧贴秧箱，不拱起，两秧块接头处要对齐，不留间隙，必要时秧块与秧箱间要洒水使秧箱面板润滑，便于秧块下滑顺畅。

3. 机插要求

根据水稻品种、栽插季节、秧盘选择类型适宜的插秧机，有条件的地区提倡采用高速插秧机作业，提高工效和栽插质量。机插要求插苗均匀，深浅一致，一般漏插率≤5%，伤秧率≤4%，漂秧率≤3%，插秧深度在 1～2 cm，以浅栽为宜，以提高低节位分蘖。

根据水稻品种、栽插季节、插秧机选择适宜种植密度。常规稻株距 12～16 cm，每穴 3～5 株，种植密度 25.5 万～33 万穴/hm^2。杂交稻株距 14～17 cm，每穴 2～3 株，种植密度 24 万～30 万穴/hm^2。超级稻机插每穴 1～2 株。

（五）田间管理

1. 合理施肥

根据水稻目标产量及稻田土壤肥力，结合配方施肥要求，合理制定施肥量，培育高产群体。提倡增施有机肥，配合氮、磷、钾肥。各稻区施肥量根据本地区土壤肥力状况、目标产量和品种类型确定。一般有机肥和磷肥用作基肥，在整地前可采用机械撒肥机等施肥机具施入，经耕（旋）耙施入土中。钾肥按基肥和穗肥各 50% 施用；氮肥按基肥 50%、分蘖肥 30%、穗肥 20%的比例分期施用。

2. 水分管理

灌溉采用浅、湿、干模式。机插后活棵返青期一般保持 1～3 cm 浅水，秸秆还田田块在栽后两个叶龄期内应有 2～3 次露田，以利于还田秸秆在腐解过程中产生的有害气体的释放，之后结合施分蘖肥建立 2～3 cm 浅水层。全田茎蘖数达到预期穗数 80％左右时，采用稻田开沟机开沟，及时排水搁田。通过多次轻搁，使土壤沉实不陷脚，叶片挺起，叶色显黄。拔节后浅水层间歇灌溉，促进根系生长，控制基部节间长度和株高，使株型挺拔、抗倒，改善受光姿态。开花结实期采用浅湿灌溉，保持植株较多的活根数及绿叶数，植株活熟到老，提高结实率与粒重。

3. 草害防治

在机插前 7 天内结合整地，施除草剂一次性封闭灭草，施药后保水 3～4 天。机插后 7 天内根据杂草种类结合施肥施除草剂，施药时水层 3～5 cm，保水 3～4 天。有条件的地区在机插后 14 天采用机械中耕除草，除草时要求保持水层 3～5 cm。

4. 病虫害防治

根据病虫测报，对症下药，控制病害，辅以大型喷杆式植保机械。

（六）机械化收获

水稻联合收获标准化技术是使用联合收获机一次完成水稻的收割、脱粒、茎秆分离、谷粒清选、谷粒装袋或随车卸粮等工序的技术。其技术标准：水稻谷粒 90％变成金黄色、穗枝也变为黄色时，就进入收获时期，应在约 10 天内完成机械收获。有水或雨后作物潮湿时，不宜立即收割，收割前先空载运转收割机各工作机件，然后小油门平稳起步，当割刀将要接触作物时要加大油门，收割机应按播插方向尽量走直，满幅工作，不能满幅工作时，要使作物紧靠输出口一边，不要左右摇摆，也不要取中而漏两边。收获时要求收割干净、脱粒干净、不漏割。全喂入式水稻联合收获机损失率＞3.5％，破碎率＞2.0％，半喂入式水稻联合收获机损失率＞2.5％，破碎率＞0.5％。割茬高度要符合当地农艺要求，一般要求在 5～20 cm 范围内选择。当收割倒伏角度＞45°的水稻时，要采取单向顺倒伏或垂直倒伏方向的水稻收割方法。作业过程中要按时检查、按时保养、注意安全并及时清理缠草和泥土等。联合收割茎秆应收集成堆或切成一定长度均匀撒在田中，颈壳应均匀吹落田中。收获作业完毕后，要将机组清洗干净，特别是滚筒、清选、输出部分的杂草、谷壳、谷粒、尘土等要清理干净，并卸下所有皮带，涂上防锈油或油漆，停放在干燥通风处保管。

稻谷收获后应及时用谷物烘干机烘干或晾晒至标准含水量，籼稻 13.5%，粳稻 14.5%，谷物烘干机根据生产规模配置。

实验实训一　水稻旱育抛秧的培育

一、目的要求

水稻旱育抛秧是目前生产上使用面积较大的一种育秧形式。本实验通过培育旱育抛秧，使学生达到基本掌握旱育抛秧培育方法的目的。

(1)了解旱育抛秧与普通水育秧在移栽前后所处环境和生长状况的不同。

(2)了解旱育抛秧的优点和缺点。

(3)掌握旱育抛秧培育技术的基本环节和操作要领。

二、材料用具

稻种、秧盘、复合肥、旱育保姆、苗床、营养土、喷水器、农膜及拱片、农具等。

三、方法步骤

育秧程序分三个阶段，即准备阶段、装盘覆膜阶段和后期管理阶段。本课程主要实施第二阶段，第一和第三阶段主要由实验员协助完成。

1. 准备阶段

苗床：选择地势平坦，排水良好，有水源保障、离大田较近的地方做苗床，苗床土宜松软并事先整平。开好排水沟、规划好厢宽，原则是保证 2 m 的农膜起拱后仍能较好覆盖厢面，厢面宽 1.2 m，秧田面积与大田面积比为 1∶40。

塑料软盘：在市面上选购合适软盘，依移栽迟早选择秧盘，大孔秧龄可稍长，小孔较短。软盘的数量要先计算，434 孔秧盘用量为 750～900 盘/hm^2，561 孔秧盘用量为 750 盘/hm^2。

营养土和覆盖土：选择菜园土或肥沃的壤土，经干燥、筛选后贮备待用。

种子及其他生产用料。选用好当地当家品种，备好“壮秧剂”或“旱育保姆”等。

2. 装盘和覆膜阶段

浇足底水，铺好秧盘：播种前 1 天向苗床面浇足底水，浇到厢面厢沟有明水渗出，播种时再适度补足水分。将秧盘摆放平直，与土表贴紧，种子用旱育保姆做包衣处理。

配土：播种前 1 天应配好营养土，一般每 50 kg 底土拌 0.15 kg 壮秧剂或每 100 kg 土配施 0.5 kg 粉碎的复合肥。

精播匀播，盖膜：将催芽后的种子用旱育保姆拌种。向软盘的空隙中填充营养土至其容积的 2/3，用硬性扫帚清扫软盘面使秧盘所有空隙中填土使高度大体一致。播种，常规稻每空播 3～4 粒，杂交稻每空播 1～3 粒。盖膜时注意将膜完全覆盖严实，严防大风揭膜。

覆土：覆土要高度均匀，注意在两盘之间和盘的边缘应充分覆土，防止盘中播种孔中的水分散失。

3. 后期管理阶段

出苗前一般不揭膜：出苗后 1 叶 1 心时喷施 600 倍敌克松药液。

成苗期注意通风，遇连续干旱应适当补水，可采取沟灌方式。遇连续晴天气温达 30℃时，从上午 9 时起注意通风、揭膜，以防烧苗。

四、作业

每班 4 人 1 组，培育旱育抛秧 4 盘，完成育秧全过程。播种时调查播种数，抛秧前调查出苗数，并计算成苗率，填写旱育抛秧成苗率调查(表 1)。

表 1　旱育抛秧成苗率调查表

秧盘号	插种数	出苗数	成苗率/%
1			
2			
3			
4			

实验实训二　水稻秧苗生长观察及秧苗素质考察

一、目的要求

了解秧苗生长特性及学习观察秧苗生长的方法；了解秧苗生长与胚乳消耗的

关系；学习秧苗质量考查的方法，掌握壮秧的标准。

二、材料用具

各种处理的秧苗（包括不同品种，不同播期，不同育秧方式等）；红油漆、小网筛、镊子、剪刀、刀片、米尺、烘箱、干燥箱、粗天平、扭力天平、牛皮纸袋等。

三、方法步骤

(1)秧苗生长的定株观察。

(2)取2、3、4叶龄的秧苗谷粒。去谷壳观察胚乳的消耗情况（估算各叶龄胚乳消耗为整个米粒体积的分数或重量的比例）。

(3)成秧率调查。调查某一品种（或处理）的成秧率，宜在插秧前1～2天进行。调查前先检查各秧厢（畦）秧苗生长是否一致，若比较一致即可用三点或五点取样方法取样，若秧厢（畦）间生长差异大，则可按生长情况，将秧厢（畦）分上、中、下三等，算出各占秧田面积的成数，再在各等秧厢（畦）中取样2～3点，每个取样点的面积为15 cm×6 cm或15 cm×15 cm。取样时将各样点的秧苗及表层土壤一齐取出，装在网筛内，用水洗去泥土，分别统计大苗（即为成秧数）、小苗（不到大苗高度1/2的小苗）以及未出苗的种谷数（注意清洗中要轻巧，以免谷壳秧苗分离，不要把秧苗上脱落的种谷壳算成未发芽出苗的种谷），然后计算成秧率，记入成秧率调查表（表2）。

表2　成秧率调查表

处理	1	2	3	4	5	6	7	8	9	10	平均
大苗数											
小苗数											
未出苗数											
种谷数											
成秧率											

(4)秧苗质量考查。从成秧率的调查样品中每个处理任选成秧秧苗50株（或在秧田中随机取50株），对下列各项进行考查，并填入水稻秧苗素质考察表（表3）。

表 3 水稻秧苗素质考察表

处理	1	2	3	4	5	6	7	8	9	10	平均
株高											
叶龄											
绿叶数											
茎基宽											
总根数											
白根数											
叶长											
鲜重											
干重											

四、作业

(1)整理秧苗定株观察资料,分析秧苗生长一般规律,并根据当时气象资料,分析秧苗生长与气温的关系。

(2)绘制不同秧龄的秧苗胚乳消耗示意图,说明了解胚乳消耗情况对秧田管理有什么意义?

(3)根据成秧率调查结果,分析影响成秧率高低的原因,并根据成秧率及本田插植规格,计算该处理(或品种)秧苗数量的余缺。

(4)整理秧苗质量调查资料,并分析影响秧苗质量的原因。

实验实训三 水稻高产栽培的看苗诊断

一、目的要求

初步掌握水稻栽培中看苗诊断的技术。学会在不同情况下,判断苗情好坏的标准,及时采取相应的栽培技术,调控水稻的叶色和长势长相,使之群体处于最佳状态,最后获得高产。

二、材料用具

水稻田各时期秧苗、禾苗。

三、方法与步骤

选择各类代表田或在教学实习田中，人为地创造不同生长类型的稻田，根据水稻几个主要的生育时期苗的特征进行诊断。

1. 苗期的长势长相

①健壮苗。插秧前苗高适中，苗基宽扁，秧苗叶片挺直有劲，不披而具弹性。叶鞘短粗，叶枕距较小。秧苗叶色绿，带有分蘖。白根多。秧苗单位长度干物重大。

②徒长苗。苗细高，叶片过长，有露水时或下雨后出现披叶，苗基细圆，没有弹性，叶枕距大，叶色过浓，根系发育差。

③瘦弱苗。苗短瘦，叶色黄，茎硬细，生长慢，根系差。

2. 分蘖期的长势长相

①健壮苗。返青后，叶色由淡转浓，长势蓬勃，出叶和分蘖迅速，稻苗清秀健壮。早晨有露水时看苗弯而不披，中午看苗挺拔有劲。分蘖末期群体量适中，全田封行不封顶(封行是顺行向可见水面在 1.5～2.0 m)，苗晒田后，叶色转淡落黄。

②徒长苗。叶色黑过头，呈墨绿色。出叶，分蘖末期叶“一路青”，封行过早，封行又封顶。

③瘦弱苗。叶色黄绿，叶片和株型直立，呈“一柱香”，出叶慢，分蘖少，分蘖末期群体量过小，叶色显黄，植株矮瘦，不封行。

3. 幼穗分化期的长势长相

①健壮苗。晒田复水后，叶色由黄转绿，到孕穗前保持青绿色，直至抽穗。稻株生长稳健，基部显著增粗，叶片挺立青秀，剑叶长宽适中，全田封行不封顶。群众对此种长相总结为四句话：“风吹禾叶响，叶尖刺手掌，下田不缠脚，禾秆铁骨样。”

②徒长苗。叶色乌绿，贪青迟熟，秕谷多，青米多。

③瘦弱苗。叶色枯黄，剑叶尖早枯，显出早衰现象，粒重降低。

四、作业

根据各个阶段的看苗诊断结果，结合最终产量结果进行分析，写出实验报告。并分析产生不同类型苗情的原因，提出相应的改进措施。

实验实训四　水稻成熟期产量测定和其他性状调查

一、目的要求

学习和掌握水稻测产及性状调查的方法。

二、材料用具

钢卷尺、剪刀、水桶、数粒仪、量角器、计算器，特定面积的框架。

三、方法步骤

1. 水稻成熟期产量测定

在水稻收获之前，根据被测产田水稻产量构成因素的差异将其划分为不同等级，再从各等级中选定具有代表性的田块作为测产对象，从各代表性田测得的产量，分别乘以各类田的面积，就可以估算所测地区的当季稻谷产量。代表性田的常用测产方法有两种：

(1)小面积试割法：在大面积测产中，选择有代表性的小田块进行全部收割、脱粒、称湿谷重，有条件的则送入干燥设备中烘干称重。一般情况下则根据早、晚季稻和收割时天气情况，按 70％～85％折算干谷或取混合均匀鲜谷 1 kg 晒干算出折合率，并丈量该小田块面积，计算每公顷干谷产量。

(2)穗数、粒数、粒重测产法：水稻单位面积产量是每公顷有效穗数、每穗平均实粒数和粒重的相乘积，对这三个因子进行调查测定，就可求出理论产量。

选好测产田后，即取样调查，根据田块大小及田间生长状况取样点(调查点)，取样点力求具有代表性和均匀分布。常用的取样方法有五点取样法、八点取样法和随机取样法等。当被测田块肥力水平不均，稻株个体差异大时，则采取按比例不均等设置取样点的方法。确定样点后，进行下列步骤进行调查：

①求每公顷穴数。测定实际穴、行距，在每个取样点上，测量 11 穴稻的横、直距离，分别以 10 除之，求出该取样点的行、穴距，再把各样点的数值进行统计，求出该田的平均行、穴距，再把各样点的数值进行统计，求出该田的平均行、穴距，则求得：

$$每公顷穴数=\frac{10\ 000(\mathrm{m}^2)}{平均行距(\mathrm{m})\times 平均穴距(\mathrm{m})}$$

当被测田为抛栽秧田时，可用制作规范、面积为 1 m^2 的木制方框在样点上框蔸计穴，求出平均每平方米实际穴数再乘以 10 000 即为公顷穴数。

②调查每穴有效穗数、求每公顷穗数。在每个样点上、连续取样 10～20 穴(每公顷田一般共调查 1 500 穴)，求每穴有效穗数(具有 10 粒以上结实谷粒的稻穗才算有效穗)，统计出各点及全田的平均每穴穗数，则求得：

$$每公顷穗数=每公顷实际穴数\times每穴平均穗数$$

③调查代表穴的实粒数，求每穗的实粒数。在 1～3 个样点上，每点选取一穴穗数接近该点的平均每穴穗数的稻穴，数记各穴的平均每穗总粒数，统计每穴平均实粒数(可将有效穗脱去谷粒，投入清水中，浮在水面的谷粒为空粒，沉在水底的为实粒)，以每穴的总穗数去除总实粒数，得出该点平均每穗实粒数，各点平均，则得出全田平均每穗实粒数。即：

$$每穗实粒数=\frac{每穴总实粒数}{每穴有效穗数}$$

④理论产量的计算。根据穗数、粒数调查结果，再按品种及谷粒的充实度估计粒重，一般每千克稻谷 34 000～44 000 粒。

$$每公顷产量(kg)=\frac{每公顷穗数\times每穗实粒数}{每千克稻谷粒数}$$

若已知该品种千粒重，则按下式推算产量；

$$每公顷产量(kg)=\frac{每公顷穗数\times每穗实粒数\times千粒重(g)}{1\ 000}$$

2. 成熟期产量构成因素和植株主要经济性状调查

结合测产取样，从调查田选取 10 个代表穴，拔出稻株，拔时注意保持较多的根系，洗去泥土，观察根色，然后小心分株，注意不要把分蘖误作主茎拆出，分株时最好边洗泥边拆开，或洗去泥土后，用剪刀剪去纠缠在一起的根系。然后按下列“水稻成熟期产量的构成因素和植株性状田间调查表”(表 4)项目进行调查。调查时先用原始记录表记录，计算整理，其项目如下：

表 4 水稻成熟期产量的构成因素和植株性状田间调查表

项目	结果	项目	结果
插植规格/(cm×cm)		每公顷穴数	
每穴苗数		每公顷苗数	
每穴有效穗		每公顷有效穗	
株高/cm		每穗总粒数	
每穗实粒数		结实率/%	
千粒重/g		单株产量/g	
理论产量/(kg/hm²)			

四、考核

根据调查结果,结合栽培管理过程、土壤气候条件,评价被测田的栽培技术。

思考与讨论

1. 简述水稻种子的萌发过程。
2. 简述催芽技术。
3. 简述水稻晒田的作用和技术。
4. 水稻产量由哪些因素构成的?生产上可以采取哪些措施来提高产量?
5. 水稻壮秧的标准是什么?生产上如何培育壮秧?
6. 为什么早稻品种既能做早造种,又能做晚造种?早稻品种做晚造种要特别注意什么?为什么晚稻品种只能做晚造种,不能做早造种?
7. 你认为水稻优质栽培应该抓住哪些关键技术?
8. 请叙述水稻机械化生产应该抓住哪些关键技术。

参考文献

[1]潘大建,范芝兰,李晨,等. 水稻种质资源收集、保存、评价与创新. 广东农业科学,2006,9:84-87.

[2]闵军,黎用朝,刘三雄.湖南高档优质稻品种选育主要进展与发展对策.中国稻米,2008(2):16-19.

[3]李振陆. 作物栽培. 北京:中国农业出版社,2008.

[4]刁操铨. 作物栽培学各论. 北京:中国农业出版社,2000.

[5]吴琼峰,周晓舟. 作物生产技术. 北京:化工出版社,2017.

[6]王福州. 优质高产水稻栽培技术. 农业工程技术,2017,37(35):47-48.

第五章

玉 米

第一节 概 述

一、玉米生产的意义

玉米又名玉蜀黍、玉麦、棒子、珍珠米、苞谷、苞米等，是世界上最广泛栽培的农作物，在人类生活中具有重要地位和作用。

（一）玉米是重要的粮食作物

玉米是世界上最重要的粮食作物之一，全世界约有1/3人口以玉米作为主要食粮。玉米营养丰富，据中国农业科学院作物研究所分析：籽粒中含淀粉72%，蛋白质9.6%，脂肪4.9%，糖1.58%。此外，还含有大量矿物质元素1.56%、纤维素1.92%和多种维生素。籽粒中脂肪和蛋白质含量均高于大米，每100 g玉米含热量1 533 kJ，比面粉（1 486 kJ）和稻米（1 495 kJ）均高。但蛋白质中为人类所必需的氨基酸，如赖氨酸和色氨酸的含量却较低，且玉米颗粒大、食味差、黏性低，因此，近年来玉米的食用消费量在玉米总消费量中的比重一直在10%以下，并且有逐年下降的趋势。

目前随着玉米品种的改良及加工技术的发展，玉米的食用品质不断改善，在城市及较发达地区，玉米是调剂口味与均衡营养不可缺少的食品。新的玉米食品如玉米片、玉米面、玉米渣、特制玉米粉、速食玉米等随之产生，并可进一步制成面条、面包、饼干等，这些产品极大丰富了玉米食用类型，深受消费者欢迎。

（二）玉米是优质饲料作物

玉米是饲料之王。据报道，100 kg 玉米的饲用价值相当于 135 kg 燕麦，120 kg 高粱或 150 kg 籼米。以玉米为主要成分的饲料，每 2～3 kg 即可换回 1 kg 肉食，并且对提高畜产品产量和品质有着显著作用。

除籽粒外，玉米其他部分也都有较高的营养价值，特别是玉米的茎叶含有丰富的维生素，在乳熟到蜡熟期收获的鲜茎叶和果穗，更是优质的青贮饲料。据分析，100 kg 青贮玉米秸秆相当于 20 kg 精饲料。1 hm^2 玉米地的秸秆加工粉碎后，可供 100 头猪一年的粗饲料。

世界上大约 70％的玉米都用作饲料，发达国家高达 80％，是畜牧业赖以发展的重要基础，因此玉米被称为饲料之王。

有关专家学者把人均占有玉米数量作为衡量一个国家畜牧业发展程度和人民生活水平的标志之一。美国是玉米生产大国，人口共有 2.6 亿，人均玉米 770 kg，而我国人均玉米才 100 kg 左右。随着人口增加和生活水平的提高，对肉奶蛋的需求增加，饲料的需求量相应增加。据专家测算，2030 年我国玉米总产应达到 2.78 亿 t，以 13 亿人计，人均玉米也仅有 214 kg，这仍难以满足人民生活水平提高的需要。因此玉米作为饲料主要来源的地位应得到确立。

（三）玉米是重要的工业原料

玉米籽粒是重要的工业原料，经初加工和深加工可生产二三百种产品，以初加工产品和副产品作为基础原料还可进一步加工利用，在食品、化工、发酵、医药、纺织、造纸等工业生产中制造种类繁多的产品。

1. 玉米淀粉

玉米在淀粉生产中占有重要位置，世界上大部分淀粉是用玉米生产的，美国等一些国家则完全以玉米为原料。为适应对玉米淀粉量与质的要求，玉米淀粉的加工工艺已取得了引人注目的发展。特别是在发达国家，玉米淀粉加工已发展成为重要的加工产业。

2. 玉米的发酵加工

玉米为发酵工业提供了丰富而经济的碳水化合物。通过酶解生成的葡萄糖，是发酵工业的良好原料。加工的副产品，如玉米浸泡液、粉浆等都可用于发酵工业，生产酒精、啤酒等多种产品。

3. 玉米制糖

随着科技发展，以淀粉为原料的制糖工业正在兴起，品种、产量和应用范围大大增加，其中以玉米为原料的制糖工业尤为引人注目。专家预计，未来玉米糖将占甜味市场的50%，玉米将成为主要的制糖原料。

4. 玉米油

玉米油是由玉米胚加工制得的植物油脂，主要由不饱和脂肪酸组成。其中的亚油酸是人体必需脂肪酸，是构成人体细胞的组成部分，在人体内可与胆固醇相结合，呈流动性和正常代谢，有防治动脉硬化等心血管疾病的功效。玉米油中的谷固醇具有降低胆固醇的功效，富含维生素E，有抗氧化作用，具有防治干眼及夜盲症、皮炎、支气管扩张等多种功能。玉米油还有营养价值高、味觉好、不易变质等特点，因而深受人们欢迎。

5. 其他加工产品

玉米穗轴可生产糠醛，糠醛作为有机合成的原料，可用于合成树脂、清漆、农药、医药、橡胶和涂料等。另外，玉米秸秆和穗轴可以培养生产食用菌，苞叶可编织提篮、地毯、坐毯等手工艺品。

（四）玉米是高光效作物

玉米是C_4植物，光合作用效率较高，比一般C_3植物如小麦、水稻的光合效率高2～3倍。据研究，从群体光合结构看，玉米株型在所有农作物中是最理想的，形态结构上的特殊性保证了玉米群体生产系统能够源多、流畅、库大，从而奠定了高产基础。在干旱时玉米可以部分地收缩气孔孔径，减少蒸腾失水，而光合速率降低的程度就相对较小，从而提高了水分在植物体内中的利用率。因此，玉米在全球三大谷物中，总产量和平均单产均居首位，有效提高了农业生产效率与自然资源利用率。

二、玉米生产概况

（一）世界玉米生产概况

目前全世界每年种植玉米约1.77亿hm^2，总产量约9.7亿t，占全球粮食总量的30%～35%，从地区看，北美洲种植面积最大，然后依次是亚洲、非洲和拉丁美洲，主要分布国家有美国、中国、巴西、阿根廷、墨西哥等。其中种植面积最大、总产量最高的国家是美国，2015 年美国玉米种植面积为 3 364 万 hm^2，产量为 3.51 亿 t，占全球玉米总产量的 30%以上；中国玉米种植面积为 3 712 万 hm^2，产量为 2.18 亿 t，占全球玉米总产量的 25%左右。

（二）中国玉米生产概况

据考证，玉米约于 16 世纪中叶分三路传入中国。分别是西北陆路自波斯、中亚至我国甘肃，然后流传到黄河流域；西南陆路自印度、缅甸至云南，然后流传到川黔；以及东南海路由东南亚至沿海闽广等地区，然后向内地扩展。

目前全国各省几乎都有玉米栽培，主产区为黑龙江、吉林、辽宁、河北、山西、山东、河南、陕西、四川、贵州、广西、云南等省、自治区。

玉米是近年来中国主要粮食作物中面积和产量增长最快的作物，已成为粮食增产的主力军。2004—2012 年，中国玉米种植面积增加了 1 088.10 万 hm^2，增幅为 45.2%，占粮食面积增量的 91.6%。玉米产量增加了 923 亿 kg，增幅为 79.7%，玉米增产对全国粮食增产的贡献率高达 58.1%。玉米在中国农业生产中占有重要地位，大力发展玉米生产对保障国家粮食安全具有重要战略意义。

我国是世界上玉米生产和消费的第二大国，仅次于美国。从 2014 年开始，中国已经超过美国，成为全球玉米种植面积最多的国家。

虽然近年来我国的玉米生产得到了较大发展，是面积扩大和单产提高最多最快的国家，但总产及单产仍落后于美国，尤其是单产，也仅为 6 000 kg/hm^2 左右，与发达国家的 9 000 kg/hm^2 仍有不小的差距。

目前仍有许多制约玉米生产高效持续发展的因素，主要有以下 4 种：

①相当一部分玉米种植地区自然资源条件不理想，农田基础设施不健全，抵抗旱涝等自然灾害能力较差。

②玉米品种数量虽然多，但种质基础相对狭窄，少数骨干自交系利用频率过高，育种技术相对落后且低水平，育成品种同质化严重，高产、优质、多抗、广适的优良品种相对较少，特别是大部分现有品种在机械化生产、高产抗逆等方面不能适应和满足当前玉米生产发展需求。

③栽培技术措施到位率较低，如种植密度不合理、施肥不科学，导致未能充分发挥品种的增产潜力。

④生产经营方式落后，没有形成规模化生产与集约化经营，机械化水平仍较低，导致玉米生产经济效益低，农民种植积极性不高。

（三）广西玉米生产概况

广西是玉米传入中国种植的较早地区之一(据记载,玉米传到广西的时间是1531年),种植玉米的历史悠久。广西也是南方玉米大省之一,玉米在广西是仅次于水稻的第二大粮食作物,其种植区域分布很广,几乎全区各地都有种植,但80%集中种植在河池、百色、柳州和南宁四个地区。

2016年,广西玉米播种面积60.93万 hm^2,约占粮食总播种面积的20.5%,总产量279.6万 t,但单产仅有4 588.9 kg/hm^2,这主要是因为广西玉米主产区多为少数民族聚居区,经济文化水平相对较落后、群众生活水平低、生产投入少、种植管理粗放导致的,说明发展广西玉米生产仍任重道远。

第二节　玉米生物学特性

一、玉米的类型

根据籽粒形状、胚乳淀粉的性质结构以及稃壳大小,玉米可分为以下8种类型:

1. 马齿型

籽粒的两侧为角质淀粉,中央和顶部为粉质淀粉,籽粒顶端呈马齿状,这类玉米植株高大,耐肥水,产量高,生育期长,但食味品质较差。

2. 硬粒型

胚乳外周是角质淀粉,籽粒顶部呈圆形,这类玉米适应性强,生育期短,食味品质优良,但产量较低。以往中国的多数农家品种属这一类型。

3. 半马齿型(或半硬粒型)

为马齿型与硬粒型的杂交种。粒型介于两者之间,籽粒顶端凹陷深度较浅,粉质淀粉较马齿型少,角质胚乳较多,种皮较厚,产量较高。目前生产上所用的杂交种多属此类型。

4. 糯质型

糯质型又名蜡质种。籽粒不透明,无光泽,胚乳全为支链淀粉,碘液检验呈褐红色。

5. 甜质型

甜质型又称甜玉米。甜玉米乳熟期糖分含量为15%～18%,是普通玉米糖分含量的 2～3 倍。成熟时籽粒皱缩，呈半透明状，糖分含量逐渐减少。

6. 爆粒型

籽粒几乎全为角质淀粉，质地坚硬。有米粒型和珍珠型两种。在籽粒含水量适当时加热，能自然“爆裂”成大于其原体积十几倍的米花。

7. 粉质型

粉质型又名软粒型。果穗和籽粒形状与硬粒型相似，胚乳全由粉质淀粉组成，质地较软，外表无光泽。

8. 有稃型

每个籽粒由长大的稃片包住，是一种原始的类型。

二、玉米的形态特征

玉米属于禾本科玉米属的一年生草本植物。它的植株形态特征如图 5-1 所示。

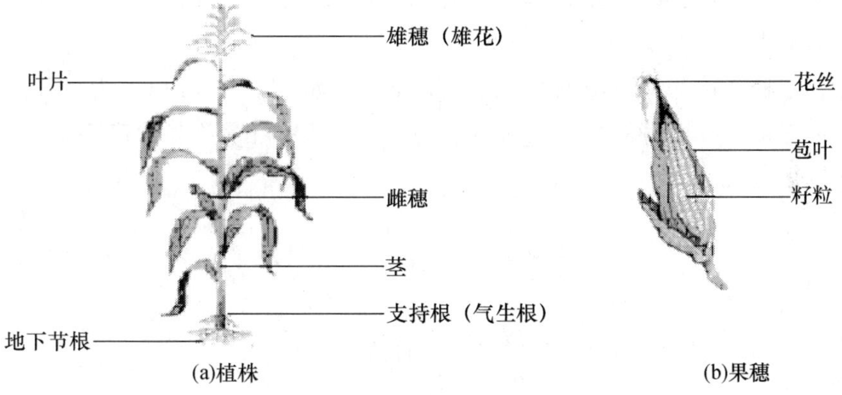

图 5-1　玉米的植株形态

（一）根

玉米根系属于须根系。根据发生时期和着生部位不同分初生根、次生根和支持根三种。

1. 初生根

初生根是种子萌发时，种根伸出成主根，1～3 天后又在胚轴下面长出 3～5 条侧胚根，组成初生根系，为幼苗期主要吸收器官。

2. 次生根

由地下茎节上长出的根，为玉米一生的主要根系。一般为4～6层，多达8～9层。

3. 支持根

支持根又称气生根。玉米抽穗前从靠近地面上1～3节的茎节处发生，一般为2～3层。支持根粗壮，分枝多，吸收抗倒能力强，入土后与次生根具有相同的作用。

（二）茎

玉米株高1～4.5 m，茎秆呈圆筒形，髓部充实而疏松，富含水分和营养物质。玉米茎由节和节间组成，茎节的数目为12～22个，其中茎基部4～6节密集在一起，一般生育期越长节数越多，早熟品种节数少。

玉米除上部4～6节外，其余叶腋中都能形成腋芽。地上部的腋芽通常只有最上部的1～2个能发育成果穗。地下部的腋芽可发育成分蘖，一般不结穗，栽培上要求及早除去。

玉米茎秆2 m以下为矮秆型、2～2.5 m为中秆型、2.5 m以上为高秆型。

评定玉米茎秆质量的指标很多，在生产上常用茎粗系数与穗高系数作为抗倒伏的指标。

$$\text{茎粗系数}=\frac{\text{茎粗}}{\text{株高}}\times 100$$

$$\text{穗高系数}=\frac{\text{穗位高}}{\text{株高}}\times 100$$

凡是茎粗系数大和穗高系数小的植株抗倒伏力强。一般来说，当茎粗系数为1.0～1.2，穗高系数为40左右时，则有较高的抗倒伏力。

（三）叶

玉米一般全株有叶15～22片，不同品种间的叶片数差别较大，一般早熟种12～16叶、中熟种17～20叶、晚熟种20叶以上。

玉米叶由叶片、叶鞘和叶舌组成。叶身宽而长，叶缘常呈波浪形。叶鞘厚而坚硬，紧包茎秆，与叶身连接处有叶舌，也有不具有叶舌的变种。玉米某叶露出下位叶环以上且外表可见1 cm长时称为可见叶，上下叶环平齐时称为展开叶。

（四）花

玉米是雌雄同株异花作物，天然杂交率一般在95%以上，为异花授粉作物。

1. 雄穗

着生在植株顶端的是雄穗，雄花序由主轴、分枝、小穗和小花组成。每个小穗有两朵雄花，每朵花有三个雄蕊，成熟小花花丝伸长，花药散粉，即为开花。

2. 雌穗

雌穗由茎顶往下倒数第5～7个节上的腋芽发育而成，受精结实后发育成果穗。果穗着生在穗柄顶端，穗柄是缩短的茎秆，有多个密集的节和节间，每个节上着生一片由变态叶鞘形成的苞叶。雌穗周围成对着生许多无柄雌小穗，每一小穗有两个短而宽的颖片和两朵小花。其中一朵退化，失去受精能力，为不孕小花，果穗上成对排列着小穗花，由于一花退化，一花结实，故果穗行为偶数。小穗花的花柱和柱头细长，合称“花丝”，黄色、浅红或紫红色，其上密生茸毛，能接受花粉。

雄穗开花一般比雌穗吐丝早3～5天。

（五）果实和种子

玉米的种子也就是植物学上的颖果，颜色有黄、白、紫、红或呈花斑等。生产上栽培的以黄色和白色居多。玉米的种子由种皮、胚乳和胚三个主要部分组成(图5-2)，它们分别占种子总质量的6%～8%、80%～85%和10%～15%。

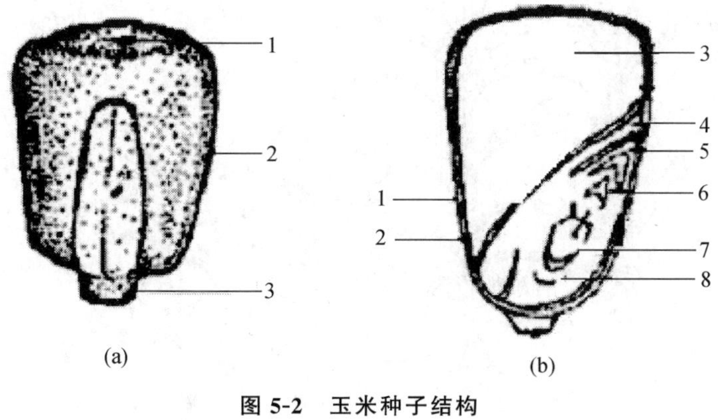

图5-2　玉米种子结构

(a)籽粒外形：1. 花柱遗迹　2. 果皮　3. 果柄

(b)籽粒纵剖面：1. 果皮　2. 种皮　3. 胚乳　4. 胚片　5. 芽鞘　6. 胚芽　7. 根鞘　8. 胚根

种皮位于种子的最外层,主要作用是保护种子。胚乳位于种皮内,是籽粒能量的贮存场所,含有丰富的淀粉等。特用玉米的胚乳成分异于普通玉米,如甜玉米胚乳中可溶性糖分增加,糯玉米胚乳中淀粉全由支链淀粉组成。

胚位于种子一侧的基部,由胚芽、胚轴、胚根、子叶所组成,其实质就是尚未成长的幼小植株。胚芽的外面为胚芽鞘,有保护幼苗出土的作用。胚芽鞘内包裹着几个普通的叶原基和顶端分生组织,将来发育成茎叶。胚的下端为胚根,发芽后形成初生根。

三、玉米的一生

从播种到新的种子成熟,叫作玉米的一生。在玉米的一生中,按形态特征、生育特点和生理特性,可分为 3 个不同的生育阶段(图 5-3)。

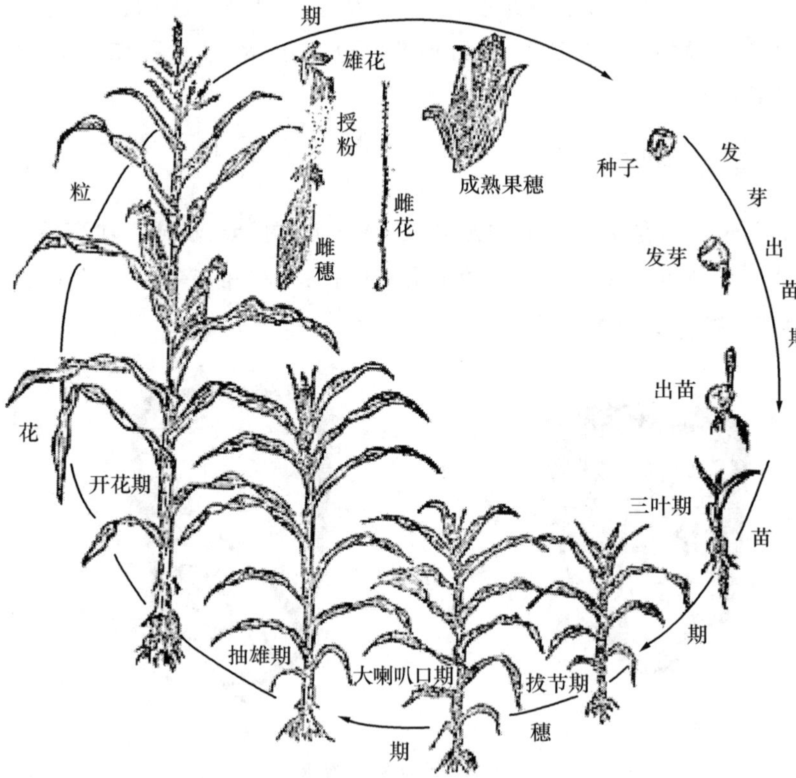

图 5-3　玉米的一生

1. 苗期

玉米苗期是指播种至拔节的这段时间。苗期是以生根、分化茎叶为主的营养生长阶段。这个时期根系发育较快，但地上部茎、叶量的增长比较缓慢。

2. 穗期

玉米从拔节至抽雄的这段时间，称为穗期。这个时期营养生长和生殖生长同时进行，就是叶片、茎节等营养器官旺盛生长和雌雄穗等生殖器官强烈分化与形成是玉米一生中生长发育最旺盛的阶段，也是田间管理最关键的时期。

3. 花粒期

玉米从抽雄至成熟这段时间，称为花粒期。这个时期营养体基本停止增长，进入以生殖生长为中心的阶段。

四、玉米的生长发育

（一）玉米种子的萌发与出苗

玉米种子的萌发过程经历吸胀、萌发、发芽三个阶段。

吸胀即种子吸水膨胀，玉米种子吸水量可达风干种子重量的48%～50%。

萌发时胚乳内贮藏的物质由大分子变为小分子，由复杂到简单，由不可溶性变为可溶性物质。胚恢复旺盛的生命活动。

发芽时种子萌动首先突破种皮的是胚根，其次才是出芽。

第一片完全叶出土展开时，称为出苗。

（二）玉米的生育期和生育时期

1. 生育期

玉米从播种至成熟的天数，其长短因品种、播种期和温度而异，一般早熟品种、播种晚的和温度高的情况下，生育期短，反之则长。

2. 生育时期

在玉米一生中，由于自身量变和质变的结果及环境变化的影响，不论外部形态特征还是内部生理特性，均发生不同的阶段性变化，这些阶段性变化称为生育时期。

(1)出苗期。幼苗出土高约2 cm的时期。

(2)三叶期。植株第三片叶露出叶心2～3 cm。

(3)拔节期。植株雄穗伸长,基部茎节总长度达 2～3 cm,叶龄指数 30 左右。

(4)小喇叭口期。雌穗进入伸长期,雄穗进入小花分化期,叶龄指数 46 左右。

(5)大喇叭口期。雌穗小花分化期,雄穗四分体期,叶龄指数 60 左右,雄穗主轴中上部小穗长度达 0.8 cm,棒三叶甩开呈喇叭口状。

(6)抽雄期。植株雄穗尖端露出顶叶 3～5 cm。

(7)开花期。植株雄穗开始散粉。

(8)抽丝期。植株雌穗的花丝从苞叶中伸出 2 cm 左右。

(9)籽粒形成期。植株果穗中部籽粒体积基本建成,胚乳呈清浆状,亦称灌浆期。

(10)乳熟期。植株果穗中部籽粒干重迅速增加并基本建成,胚乳呈乳状后至糊状。

(11)蜡熟期。植株果穗中部籽粒干重接近最大值,胚乳呈蜡状,用指甲可以划破。

(12)完熟期。植株籽粒干硬,籽粒基部出现黑色层,乳线消失,并呈现出品种固有的颜色和色泽。

一般大田或试验田,以全田 50%以上植株进入该生育时期为标志。

(三)玉米生长发育与环境条件的关系

1. 温度

玉米种子萌发的最低温度为 6～8℃,但是在这种温度下,发芽缓慢,吸胀时间拖延很长,因此种子易于发霉,10～12℃条件下发芽相当迅速整齐,因此,生产上往往把这个温度指标作为确定播种期的重要参考。最适温度 25～35℃,最高温度 40～45℃。幼苗期耐低温能力较强,但温度低于 3℃则受冻害。抽穗开花期对温度反应敏感,低于 18℃或高于 30℃均对开花受精不利,容易产生缺粒和空苞现象。结实成熟期日均温高于 26℃,温度低于 16℃则影响有机物质的运转和积累而使粒重显著降低。

2. 水分

玉米喜湿润、怕干旱、忌渍水。在种子萌发时必须吸收相当于本身风干重的 35%～37%的水分才能萌发。苗期玉米需要水少,抗旱力较强。从抽雄前 10～15 天到籽粒形成期(受精后 15 天内)是生理需水临界期。这时如干旱缺水,会影响抽穗、开花授粉和受精过程而缺粒、秃顶、空苞。若水分过多,则引起根部早衰。

3. 光照

玉米是短日照作物，喜光照，不耐阴。南种北引，生育期延长，北种南引，生育期缩短。

4. 肥料

(1)玉米对养分的需要量。玉米一生中所吸收的养分以氮最多、钾次之、磷最少。据试验证明：每生产 100 kg 玉米籽粒，需要纯氮 2.9 kg、五氧化二磷 1.34 kg，氧化钾 2.54 kg。

(2)玉米不同时期吸肥动态。据中国农业科学院研究：①春玉米幼苗期对氮的吸收量较少，只占总吸氮量的 2.1%。拔节孕穗期吸收量较多，占总量的 32.2%。抽穗开花期吸收占总量的 18.9%。籽粒灌浆成熟阶段吸收量占总量的 46.7%。表明春玉米从出苗到抽穗吐丝期吸氮量只占氮素总量的一半。夏玉米由于生育期较短，吸收氮素的时间早，吸收速度较快，幼苗期吸收量占总量的 7.5%。拔节至孕穗期吸收增多，占总量的 44.8%，到灌浆高峰期达最大值 91.2%。所以，春玉米追施氮肥应分次进行，而夏玉米在苗期一次追施，后期缓施。②玉米对磷素的吸收时期也较早，幼苗期吸收 4.9%，拔节孕穗期吸收 30.9%，至抽穗受精期吸收 45.9%，灌浆高峰期吸收已达 88.1%。磷肥多在玉米播种前一次施入。③玉米对钾素的吸收，春玉米和夏玉米基本相似，抽穗受精期已吸收 50%左右，钾肥要在玉米播种前一次施入至灌浆高峰时吸收全部的钾。因此，钾肥一般要在玉米生育前期施用。

5. 二氧化碳

玉米是碳四作物，对二氧化碳有特殊的利用功能。一是 CO_2 补偿点较低，说明利用 CO_2 的能力很强；二是具有低光呼吸的生理特性，说明消耗光合产物较少，是高光效低光呼吸作物。

第三节　玉米栽培技术

一、因地制宜，选用良种

（一）玉米品种类型

1. 按生育期分类

根据玉米生育期的长短，可分为早熟、中熟和晚熟三类。

①早熟种。生育期为70～100天,全株有12～16叶。

②中熟种。生育期为100～120天,全株有17～20叶。

③晚熟种。生育期在120天以上,全株有21叶以上。

2. 按植株茎叶夹角大小分类

玉米茎叶夹角,是指叶片与茎秆垂直方向之间的角度。不同品种的茎叶夹角不同,其株型也不同。按植株茎叶夹角大小不同,玉米品种又可以分成三类:

①紧凑型品种。果穗以上叶片上冲,夹角<30°,果穗下部叶片夹角约为45°。

②半紧凑型品种。果穗以上叶片略上冲,夹角<45°,果穗以下叶片较平展,夹角约为60°。

③平展型品种。玉米茎叶夹角>60°。

3. 按杂交亲本不同分类

玉米杂交种按其亲本不同,可分为品种间杂交种、品种与自交系间杂交种和自交系间杂交种。

(1)品种间杂交种。利用不同优良玉米群体品种作亲本杂交育成的。如靖西2号,其母本金皇后和父本荣劳均是群体品种。品种间杂交种虽然制种简单,但杂种优势不强,整齐度也较差,目前生产上应用不多。

(2)品种与自交系间杂交种(又叫顶交种)。用一个品种与一个自交系(有关自交系的概念将在更高一级的教材中论述)杂交育成的品种,如桂顶2号,其母本墨黄9号是群体品种,父本Mo17为自交系。产量和整齐度优于品种间杂交种。

(3)自交系间杂交种。用两个或两个以上遗传性不同的自交系杂交而成的杂交种。根据亲本组合形式的不同,可分为单交种、三交种、双交种和综合杂交种。

①单交种。用两个性状不同的优良自交系作亲本杂交配制而成的。如桂单16号的母本7087、父本桂102均是自交系。优良单交种生长整齐,增产幅度大,一般比当地品种增产30%以上,是目前国内外推广面积最大的杂交种,但繁殖制种产量较低。

②三交种。用一个优良的单交种和一个优良自交系杂交育成的,如广西玉米所育成的桂三1号,母本为单交种桂花1号,父本为自交系白158。三交种制种方法简单、产量高,但大田产量不如单交种高。

③双交种。用4个不同的优良自交系先分别配成2个单交种,再以单交种作亲本杂交配制而成。因其繁殖制种程序较复杂,且杂种优势不高,目前在生产上已不推广。

④综合杂交种(简称综合种)。用若干优良自交系(一般不少于8个)或自交系间杂交种,混合播种在一个隔离区内,经充分自由授粉,多次混合选育而成。综合种的杂种优势不如单交种、三交种及双交种,但由于遗传基础广泛、适应性广、优势稳定、制种程序简单,配种一次可在生产上多年连续使用,省去年年制种的麻烦。

4. 按用途分类

按用途不同,玉米可划分为普通玉米和特用玉米。特用玉米是指具有较高的经济价值、营养价值或加工利用价值的玉米类型或品种。特用玉米又可分为以下7种:

①青饲玉米。又叫饲料玉米,是专门用于生产青茎叶做饲料的玉米。这种玉米植株高大、茎叶产量高、品质好。灌浆期收获,每亩可产饲料4 000～5 000 kg。适于喂奶牛、羊、马等家畜,成熟时茎叶仍然青绿,且汁液丰富,穗大粒多。既可在高密度下生产青饲料,又可在正常密度下生产粮食,同时收获青饲料。

②高赖氨酸玉米。高赖氨酸玉米是指籽粒赖氨酸含量在0.4%以上的玉米品种。其籽料中赖氨酸含量是普通玉米赖氨酸含量2倍以上,而且蛋白质含量也大大超过普通玉米,因此,作为饲料和食品可提供更多的赖氨酸和优质蛋白。用高赖氨酸玉米代替普通玉米做饲料,可节省豆饼50%以上,经济效益十分显著。

③甜玉米。又称水果玉米和蔬菜玉米。主要特点是胚乳含糖量高,营养丰富,是一种很适合于鲜食的玉米品种。甜玉米的主要用途是作蔬菜、鲜食、加工玉米笋罐头、加工甜玉米罐头、加工甜玉米果脯及速冻甜玉米等。蒸、煮、烤甜玉米青穗,适口性大大好于普通玉米,具有甜、香、嫩之特点,而且易于消化,特别适于儿童和老人食用。甜玉米多为早熟品种,有白粒、黄粒两种。适于在大中城市附近种植,经济效益显著。

④笋用玉米。是一种多穗型甜玉米或多穗玉米,笋用玉米的用途是采摘玉米的幼嫩雌穗做菜或加工玉米笋罐头。玉米笋是市场上售价较高的高档蔬菜,营养丰富,味道鲜美。优良的笋用玉米每亩可收玉米笋1.5万支左右,加上青饲料,收入可观,适于玉米产区种植和发展。

⑤糯玉米。即黏玉米或腊质玉米。胚乳全部为支链淀粉。主要用于轻工业加工变性淀粉和食用。变性淀粉可用于印染工业并可出口,食用主要是玉米面和青穗,特别是青穗风味甚佳,为我国传统的鲜食玉米类型。

⑥爆裂玉米。即爆裂型玉米。加温后可爆制成玉米花,具有香脆可口、安全卫

生、无铅无毒等优点，深受大中城市青少年喜爱，经济效益十分可观。

⑦高油玉米。高油玉米是指含油量超过6%以上的玉米品种。玉米油是优质植物油，其亚油酸的含量可达60%以上，对软化血管、防止血管硬化等有良好作用，故有健康油之称。玉米油的85%左右存在于玉米胚之中，高油玉米具有较大的胚芽，因此，营养成分自然高于普通玉米。我国目前推广高油玉米的几个重要高油玉米杂交种，其籽粒含油量都在8%以上。

（二）因地制宜选用良种

各地根据不同的气候特点、土壤特性、栽培管理水平、种植习惯和熟期安排、群众的食味要求等实际情况，因地制宜选用适合当地的良种。

①在石灰岩溶山区的石砾地和陡坡地等土壤贫瘠的地方种植，宜选择适应性广、抗旱、抗逆性强的综合杂交种或单交种。

②在比较平坦、土层较深厚、土壤肥力较高、管理水平较高的地方，可选用增产潜力较大的单交种。

③在山间的低洼地、沿河的低水田、在初夏时节易受山洪侵袭地区、实行“早玉米＋晚稻”水旱轮作的春玉米，都要抢时间早播早收，应强调推广种植偏早熟的品种。

④在以玉米作饲料的地方则宜推广高油含量、茎秆高大的饲料品种。

⑤在以采摘鲜苞出售为主地方宜种植甜糯玉米品种。

⑥在群众以玉米为主食的地区推广品质较好的硬粒型、甜质型或糯质型的优良品种，粒色可根据群众喜好决定。

二、整地与施基肥

（一）深耕改土，精细整地

1. 深耕改土

玉米植株高大，根系发达，要求耕作层深厚，含有机质多，才能满足其生长发育的需要。而广西玉米多在丘陵地带和山区、石山区种植，土层浅而瘠薄，必须经过深耕改土才能获得高产。一是要逐年深翻，增施有机肥料，改良土壤结构。春玉米实行冬翻晒土，熟化土壤，改善土壤物理性状，提高土壤有效养分，增强保水保肥能力。二是玉米与豆科作物轮作或间、套种。豆科作物有固氮作用，能提高土壤肥力，有利于改良土壤结构。

2. 精细整地

整地粗放而造成缺苗、断垄是广西玉米单产低的原因之一。为了保证全苗和幼苗生长健壮，播种前必须精细整地，一般进行一犁二耙或二犁三耙，达到地面平整，土壤疏松，土块细碎，即深、松、碎、平的标准。在此基础上起畦种植以加厚土层，方便排灌和田间管理。

（二）施足基肥

玉米随着产量的提高，对营养物质的吸收量也相应增加，一生中所吸收的养分以氮最多，钾次之，磷最少。

施足基肥是提高玉米产量的重要措施，基肥用量占总施肥的50%～60%。一般每亩大田施水粪或干粪30～40担，磷肥25 kg，钾肥8～10 kg，或每亩大田施复合肥25～30 kg。磷肥与农家厩肥在播种前堆沤1个月，待到播种时再与钾肥混合施用。

施肥方法，一般采用穴施或条施。即播种时先淋水粪垫底，然后播种，用混合肥盖种，最后盖土。用化肥（复合肥、钾肥等）作种肥时不宜与种子接触，应施于种子两侧，以免烧苗。

三、适时播种，保证全苗

1. 适时播种

玉米播种期应在5～10 cm土层的地温稳定在10～12℃及以上，土壤湿度为60%时进行。在正常情况下，广西桂南及右江河谷以1月中下旬至2月上中旬为宜；桂中以2月上旬至下旬为宜；桂北及高寒山区以3月上旬至中旬为宜。

2. 提高播种质量，保证一次全苗

(1)精选种子。选用大小一致、饱满的种子。

(2)晒种。晒种可以提高种子发芽率，减少病虫害，出苗整齐。所以，播种前，选择晴天，将玉米种子摊薄，连续翻晒2～3天。

(3)做好种子发芽试验。种子发芽势是判别种子质量优劣、出苗整齐与否的重要标志，也与玉米幼苗强弱和产量有密切的关系，发芽势高的种子出苗迅速、整齐健壮。发芽率是决定种子品质和种籽实际用量的依据。一般发芽率低于90%的，要适当增加播种量。

(4)种衣剂拌种。为防止鸟、鼠危害,可用玉米专用种衣剂拌种。每千克种衣剂拌种 50 kg。

(5)确定播种深度。适宜的播种深度要根据土壤种类和种子决定,一般以 5~6 cm 为宜。在较黏土壤上,应适当浅播,以 4~5 cm 深为宜。疏松的沙质壤土,应适当深播,以 6~8 cm 深为宜。大粒种子可适当深播,小粒种子应适当浅播。播种深度若超过 10 cm,种子不易发芽和出苗。

四、合理密植

(一)确定适宜种植密度

生产实践证明,单位面积有足够的有效穗数是重要的。种得过稀,虽然苞大、苞重,但单位面积穗少,产量不高;种得过密,穗数虽多,但果穗变小,秃顶长,每穗粒数和粒重降低,产量不高。只有合理密植,充分利用光能,使单位面积穗数、每穗粒数和粒重的乘积达到最大值时,才能高产。每亩种植株数由种植方式和品种特性、季节、土壤肥力、施肥水平以及管理质量等因素决定。

(1)紧凑型玉米品种可适当密植,每亩种植 4 800~5 500 株;平展型玉米品种以每亩种植 3 500 株为好;半紧凑型玉米品种每亩可种植 4 000~5 000 株。

(2)晚熟品种种植宜稀,每亩种植 3 100~3 300 株。早熟品种应适当增加密度,可种植 5 000~5 500 株。

(3)土壤肥力较低、水肥条件稍差的石砾地、山边地、陡坡地种植密度要偏稀,平展型品种每亩种 3 000 株左右;在土壤肥沃、施肥量又多的丰产田要采用抗倒抗病能力强的品种,取品种适宜密植范围的上限值,中等肥力的宜取品种适宜密植中间值。

(4)阳坡地和沙壤土地种植宜密,低洼地和山地种植宜稀。

(二)种植方式

1. 等行距单行单株种植

以行距 60~65 cm、株距 20~33 cm 计算,每亩大田留苗 3 109~5 555 株。按株距点播,每穴可播 3~4 粒种子[图 5-4(a)]。

2. 双行单株种植

以大行距 80~90 cm,小行距 40~46 cm,株距 20~33 cm 计算,每亩大田留苗

2 971～5 555 株。按株距点播，每穴可播 3～4 粒种子[图 5-4(b)]。

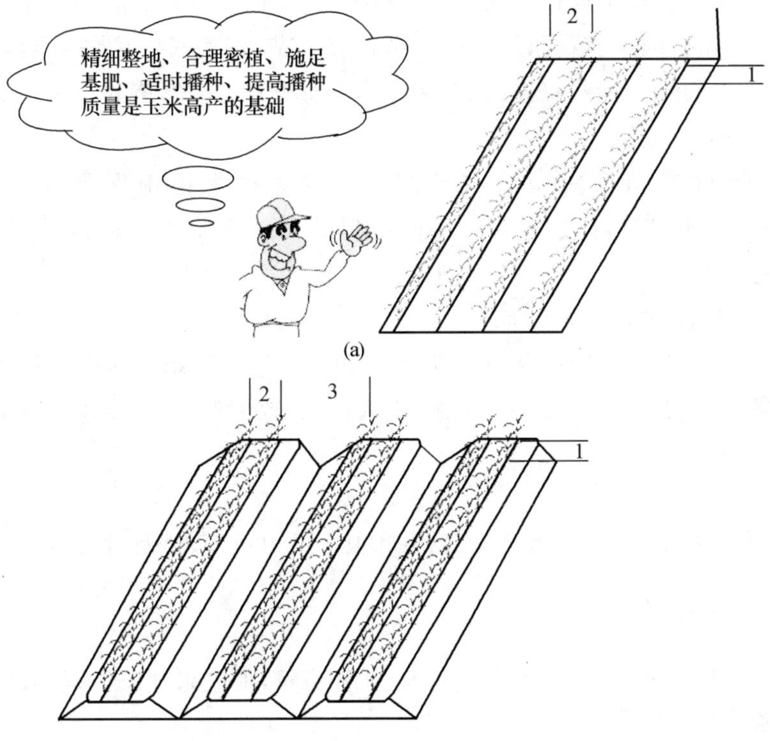

(b)

图 5-4 种植方式示意图

(a)单行单株 1. 株距 20～33 cm 2. 行距 60～65 cm

(b)双行单株 1. 株距 20～33 cm 2. 小行距 40～46 cm 3. 大行距 80～90 cm

五、田间管理

(一)苗期管理

苗期的田间管理要求达到促根壮苗，保证苗全、苗齐和苗壮。

1. 查苗、补苗

出苗后及时查苗补苗，少量缺苗可移苗补栽，在幼苗 2～3 叶时选壮苗，于下午带土移栽，移栽宜浅，栽后淋水，以利于发根、成活。如缺苗较多，可浸种催芽补种。补种和移栽的苗应给予偏水偏肥，促进生长均匀，达到苗齐、苗壮。

2. 间苗、定苗

早间苗可避免幼苗拥挤,抢肥。一般在3叶期间苗,每穴留2苗,4～5叶期定苗,每穴留1苗。间、定苗要拔除病苗、杂苗和弱苗,留生长一致的壮苗,定苗时应在缺苗穴的四周适当留些双株苗,以保证单位面积有足够的苗数。

3. 早施攻苗肥

在4～5叶期结合定苗施攻苗肥。一般每亩大田施腐熟粪水1 500～2 000 kg(30～40担),或尿素4～5 kg,以促壮苗。施肥后中耕松土,铲除杂草,覆盖肥料。

4. 勤中耕、深中耕,促根壮苗

第一次中耕在3叶期结合间苗进行,深度3～5 cm。第二次中耕在定苗后,中耕深度10 cm左右。使土壤上干下湿,空气流通,控上促下,使根系向纵深发展,增强抗旱抗倒能力。

5. 防治虫害

主要害虫有小地老虎、黑毛虫、黏虫和玉米铁甲虫等,要及时防治。

(二)穗期管理

穗期的田间管理要求达到控秆促根、壮秆稳长,促进果穗发育,争取穗大粒多。

1. 适施攻秆肥

攻秆肥宜在拔节始期施,作用是促进茎秆粗壮,叶片宽厚,叶面积增大,增强光合作用,为穗大粒多提供充足的养分。攻秆肥应以有机肥为主,配合施用磷、钾肥,尽量少施或不施氮素化肥,防止徒长。每亩施粪水30～40担,如生长不良,可加施尿素4～5 kg,或优质农家肥100～200 kg,拌花生麸10～15 kg(或桐麸15～20 kg),或复合肥6～8 kg。增施钾肥可提高有效穗数,增加穗粒数,一般每亩施钾肥5～7 kg。施肥后结合中耕、小培土。

2. 重施攻苞肥

抽雄前7～10天,玉米进入大喇叭口期,是决定果穗大小、行粒数多少的关键时期,应重施攻苞肥。以速效氮素化肥为主,每亩大田施尿素10～12 kg。在两株间打深洞(深6～10 cm,直径3～4 cm),将肥料施入洞内,然后大培土。

3. 灌好穗水

玉米抽雄前10天至抽雄后20天玉米对水分反应敏感,如遇干旱土壤缺水,易出现“卡脖子”旱,不能正常抽雄,导致花期不遇,造成减产,应及时灌水保湿。但如果降雨过多，会影响根系的生理活动或造成植株青枯，应及时排水防涝。

4. 防治病虫害

玉米病害主要有大斑病、纹枯病、黑粉病和丝黑穗病等，虫害为玉米螟、黏虫和蚜虫等，要及时防治。

（三）花粒期管理

花粒期的田间管理要求达到防止茎叶早衰，促进灌浆，增加粒重。

1. 看苗补施攻粒肥

如果基肥不足，中后期追肥又不多，植株长势一般，叶色褪淡，必须在抽雄始期补施攻粒肥，每亩施尿素 5～6 kg，打洞深施。

2. 人工辅助授粉

玉米盛花期若遇大风、阴雨、高温都会影响授粉结实，采用人工辅助授粉可以较好地进行弥补。在开花末期，还有部分花丝呈鲜艳色时，若能连续辅助授粉 1～2 次，仍有较好的增产作用。人工授粉宜在晴天上午露水干后（9～11 时）进行，要边采粉边授粉。把采集到的新鲜花粉除去花药后用毛笔蘸少许授到雌穗的花丝上，也可把花粉装在小竹筒里，用 2～3 层纱布封住竹筒口，把花粉筒对准花丝轻轻拍打，使花粉均匀地落在花丝上。

3. 防治鼠害

玉米从乳熟期至收获前往往有老鼠危害，必须及时防治，确保增产丰收。

（四）适时收获

一般当田间 90％的玉米植株茎叶变黄，果穗苞叶枯白，籽粒变硬并有光泽，即是玉米的适时收获期。

第四节 玉米地膜覆盖栽培技术

一、玉米地膜覆盖栽培的优点

1. 增产幅度大

各地实践证明，玉米地膜覆盖栽培一般每亩增产 150 kg 左右，高的达 200～300 kg，增产幅度 30％～60％，有的成倍增长。

2. 经济效益显著

按每亩增产150 kg计，增加产值在200元以上，扣除地膜等新增成本，每亩纯收益在150元左右，投入产出比在1∶3左右。

3. 社会效益好

玉米地膜覆盖栽培不仅是发展粮食生产的重要技术措施，而且也是科技扶贫的重要措施。广西玉米栽培区域主要集中在桂西桂中贫困山区，玉米种植环境恶劣，地膜栽培一改过去的救济式扶贫为开发式扶贫，变输血为造血，并促进了科技在贫困山区的推广普及。因为玉米地膜覆盖栽培是一项综合技术，科技人员将优良品种、地膜覆盖、配方施肥等新技术综合输入到贫困地区，使贫困山区农民亲身感受到了科技的力量，逐步改变了他们不重视科学技术、粗耕粗种，广种薄收的传统落后观念和做法，提高了他们科学种田的水平，增强了贫困山区农民依靠科技摆脱贫困的意识。

二、玉米地膜覆盖栽培增产的原因

玉米地膜覆盖增产显著，是由于覆盖后改善了玉米耕作层的生态条件，起到了保温防寒、保水防旱、保土防流失、保肥及防鸟鼠危害等作用。

据测定，一般覆盖地膜后，可以提高表土层温度2～3℃，有利于提早播种，增加玉米的生长量。玉米覆盖后，白色塑料薄膜以及膜下的细小水珠能反射太阳光线，增加田间特别是比较接近地面层空间的光照强度，从而使玉米的光合作用得到增强，尤其是中、下部叶片的光合强度要比露地玉米强得多。

当然，为了充分发挥地膜玉米的增产潜力，提高经济效益，必须采取综合配套措施。

三、玉米地膜覆盖栽培的生育特点

与露地玉米相比，发生了明显的变化，突出表现为“一提前、一缩短、两延长”和“三增加”。

1. 成熟期提前

成熟期提前10天左右。

2. 营养生长期缩短

覆盖地膜后，地温一般比露地玉米高2～3℃，有效积温增加，这样就缩短了营养生长期。一般缩短10天。

3. 并进生长期和生殖生长期延长

玉米从拔节到抽雄开花为营养生长和生殖生长并进生长期。并进生长期延长5～7天，这就有利于多分化小穗和小花，保证穗大粒多。玉米从抽雄开花到成熟为生殖生长期，一般比露地玉米延长5天。

4. 单位面积穗数、穗粒数和千粒重增加

地膜玉米增温保水便于实现全苗壮苗，使单位面积穗数增加。幼苗生长健壮，叶面积系数大，干物质积累多，幼穗分化时间长且散粉受精期避过雨季，使穗粒数增加。灌浆时间延长，灌浆强度增大，使千粒重增加，这就保证了增产。

四、玉米地膜覆盖栽培技术要点

1. 选好地块，保证整地质量

选择土层较深、土质疏松、肥力中等以上的平地或缓坡地。选好地块后，要进行精细整地，实行冬翻晒土，做到二犁二耙，耕作层达到深、松、碎、平、净。

整地同春玉米栽培要求一样，但一定要起畦，规格为畦距120 cm，畦面宽50～55 cm，畦高15～20 cm，双行种植。

2. 选用良种

采用紧凑型和增产潜力较大单交种，可以更好地发挥玉米覆盖地膜栽培技术的增产潜力。种子质量要好，发芽率要高，确保全苗、齐苗、壮苗。

3. 种植规格

玉米地膜覆盖应采用双行单株种植，大行距80～90 cm，小行距40 cm，株距25～30 cm。种植密度视品种而定，平展型玉米每亩大田种植3 500株左右，半紧凑型玉米4 500株左右，紧凑型玉米5 000株左右。

4. 施足基肥

玉米地膜覆盖栽培法使追肥受到一定限制，故基肥要施足，要占总施肥量的80%以上，基肥要以有机肥为主，与无机化肥配合施用。按每亩大田生产400 kg干玉米籽计，一般每亩大田施腐熟农家肥1 000 kg、尿素20 kg、磷肥40 kg、钾肥25 kg，或腐熟的农家肥1 000 kg、复合肥50 kg。

5. 适时早播，足水下种

玉米地膜覆盖适宜播种期可比常规露地栽培提早7～10天。在适宜播种的时段内，应掌握雨后有利时机及时播种，如播种时土壤干旱则应淋水播种。

掌握土壤有足够的水分时播种，是地膜玉米一次保全苗的关键。土壤水分不足，影响种子发芽，加上盖上地膜后，土壤不能及时得到外界的雨水，所以土壤水分充足才能播种覆膜。如果播种时土壤水分不足，应提早灌水后播种，或采用水粪作基肥。

6. 保证播种质量和覆膜质量

播种时按种植规格拉线开播种沟，在播种沟淋腐熟粪水垫底，待水分稍干后播种，再用腐熟堆沤粪肥盖种，把化肥（氮、磷、钾肥混合）点施在两穴种子之间，然后覆土。

盖土刮平畦面后，按每亩大田用丁草胺 150 g 兑水 60 g，先喷畦面，后喷畦沟，以防杂草生长。

覆膜一般选用厚度为 0.005～0.006 mm、宽度为 750 mm 的超薄地膜为好，每亩大田用量 2～3 kg。盖膜与压膜同时进行，膜要拉紧，铺平且紧贴畦面，并把地膜四周用土压严、压紧、压实。

7. 及时破膜接苗

播种、盖膜后 5～7 天，要常到田间检查，发现玉米露尖出土要及时用小竹片小心破膜，膜开 1～2 cm，然后把幼苗轻轻提出膜外，并用细湿土沿幼苗茎基封压破孔，但不能压住幼苗叶片。破膜接苗宜在无风的晴天进行，不宜在雨天工作。

8. 查苗补苗，定苗去蘖

补播种或移苗应在 3 叶前完成。幼苗 4～5 叶时定苗，玉米长至 5～8 叶时常出现分蘖，消耗养分，应及时把分蘖拔除。拔除分蘖苗时，注意不要损伤植株。

9. 重施攻苞肥

抽雄前 10 天左右（即植株呈大喇叭口期），在玉米株间打洞施肥，一般每亩大田施尿素 7.5～10 kg。施肥后要适当培土盖肥。

10. 残膜回收

残膜要及时回收，否则将严重破坏土壤，造成玉米大减产，并给子孙后代带来灾难，同时，地膜残片还会随风飞扬，造成环境污染。

第五节　特用玉米栽培技术

一、隔离种植，防止串粉

特用玉米中甜玉米、糯玉米、高赖氨酸玉米、爆裂玉米等，在开花授粉期间，受到外来花粉的串粉，就会影响到原有的品质，因此，种植这些特用玉米都必须隔离种植，以防串粉杂交。隔离区的范围要求在 300 m 以上，即这些特用玉米田块周围 300 m 内，不能种有与特种玉米同期开花的其他玉米。采取时差隔离则要求花期相差 25 天以上。

二、精细整地，分期播种

特用玉米由于胚乳所含的成分与普通玉米不同，或者玉米籽粒比较小等原因，播种前一定要精耕细作，保证苗齐、苗全、苗壮。甜玉米、糯玉米等特用玉米，通常采用分期播种的方法，以便分期上市、加工，并能保持良好的品质和风味。分期播种的间隔时间，应从当地实际出发，可每隔 5 天或 10 天播种一期，具体操作时应根据市场预测、加工规模等因素统一筹划，合理确定种植面积，避免造成不必要的经济损失。

三、合理密植

特用玉米种植的密度，要根据种类和栽培目的不同而有所区别，每亩种植株数，甜玉米、糯玉米收鲜果穗的 3 600～4 000 株，采收玉米笋种植 5 500～6 000 株，高赖氨酸玉米品种大多属于平展型，种植 3 000～4 500 株，饲用玉米种植 7 000 株左右，爆裂玉米种植 4 000～5 000 株。

四、适时收获

甜玉米上市鲜苞都应在乳熟期采收，最佳收获期一般从雌穗吐丝授粉日计起，春植甜玉米 24～26 天，夏植甜玉米 18～21 天，秋植甜玉米 25 天左右，此时花丝颜色转为茶褐色，果穗籽粒饱满，用指甲轻捻，有少量果浆溢出，食味甜。要做到边采收、边上市出售或加工，最好从采收到食用(或加工)，普通甜玉米不超过半天，超甜玉米不超过 1 天。采收玉米笋的，一般抽丝后 1～2 天，花丝抽出苞叶长 5 cm 左右，花丝颜色青绿柔嫩，笋中部茎粗 1.2 cm 左右，笋长 12 cm 左右为适宜采收期。

采收鲜果穗的糯玉米在抽丝后 16～20 天为最佳采收时期，采收后要尽快出售或加工。

青贮玉米最佳收获期一般在抽雄后 18～20 天，此时玉米处于乳熟期末，蜡熟初期，这时玉米植株鲜重刚开始下降，籽粒呈蜡质状，绿叶无明显减少，植株含水量适宜，进行青贮发酵，产量较高，品质最优，收获后要随时收割，随时完成加工贮藏，以免因堆积过多而发热，影响品质。

实验实训一　测定玉米种子发芽率

一、目的要求

了解玉米发芽率对生产的重要性，掌握玉米发芽率测定的方法。

二、材料用具

湿沙、发芽床、纱布、发芽箱(恒温箱)。

三、方法步骤

(1)浸泡玉米种子。将玉米种子放入 300℃的温水中浸 6 h。

(2)排种。将种子排列在盛有湿沙的玻璃皿、陶瓷浅盘或瓦碟等发芽床上，种子之间要间隔一定距离，轻轻地将种子压至与沙面相平，在种子上覆盖一层纱布，纱布要比发芽床的面积大些，在纱布上再覆盖一层 1 cm 厚的湿沙。

(3)催芽。将发芽床放在 350℃的发芽箱内，一般只要两昼夜就能发芽，然后调查种子发芽情况。

(4)计算结果。玉米种子发芽试验结束后，要根据调查和记载结果计算种子发芽势和发芽率。

$$发芽势=\frac{3\text{ 天发芽种子数}}{\text{供试种子数}}\times 100\%$$

$$发芽率=\frac{7\text{ 天发芽种子数}}{\text{供试种子数}}\times 100\%$$

四、考核

根据学生掌握的理论知识、熟练操作技术程度和测定结果准确度进行考核。

实验实训二　玉米地膜覆盖栽培整地播种（双行单株种植）

一、目的要求

掌握玉米起畦、开播种行及播种、覆膜技术。

二、材料用具

锄头、铁铲、皮尺、绳子、玉米种、石灰以及厚 0.005 mm 宽 750 mm 的超薄地膜等。

三、方法步骤

(1)划线。用石灰、皮尺和绳子按大行距 80 cm、小行距 40 cm 规格划线。

(2)起畦、开行。用锄头和铁铲，按规格起畦，要求畦面平整、土块细碎。整好畦后，在畦上按小行距开播种行。

(3)播种。按规格播种，要求株距 30 cm，每穴 3～4 粒种子。

(4)盖种。要求盖种厚度在 5～6 cm。

(5)覆膜。盖膜与压膜同时进行，膜要拉紧，铺平紧贴畦面，并把地膜四周用土压严、压紧、压实。

四、考核

根据学生掌握的理论知识、熟练操作技术程度和操作结果准确度进行考核。

思考与讨论

1. 简述玉米双行单株种植方式的规格和优点。
2. 简述甜玉米栽培技术。
3. 简述玉米地膜覆盖栽培技术要点。

4. 紧凑型玉米杂交种比平展型玉米杂交种有哪几个方面突破？

参考文献

[1]李振陆．作物栽培．北京：中国农业出版社，2008.

[2]苏日古嘎，恩和．2016—2030 年中国玉米产业发展趋势预测．农业展望，2017(3)：33-37.

[3]赵久然，王荣焕．中国玉米生产发展历程、存在问题及对策．中国农业科技导报，2013，15(3)：1-6.

[4]周跃中．试谈中国古代农作物种类及其历史演变．吉林农业，2010，246(8)：1-3.

[5]国家统计局公告．2017 年玉米面积下降 3.6%；总产量下降 1.7%. http://www.sohu.com/a/209602060_303286.

[6]2016 年中国玉米行业发展现状及发展趋势预测．中国产业信息网 http://www.chyxx.com/industry/201604/404314.html/.

[7]玉米(禾本目禾本科植物)．百度百科 https://baike.baidu.com/item/%E7%8E%89%E7%B1%B3/18401#7.

[8] 2016 年广西粮食作物种植面积和产量．广西地情网 http://www.gxdqw.com/flbg/szgx/201803/t20180328_53685.html.

第六章

花 生

第一节 概 述

一、花生生产的意义

1. 花生是中国重要的油料作物

中国花生种植面积占油料作物面积的30%左右,产量占油料作物总产量的40%左右,华南地区花生种植面积占油料作物面积的85%以上,产量占油料作物总产量的90%以上。

花生种仁营养丰富,含脂肪50%左右,出油率为40%左右。花生种仁榨出的油,淡黄透明,气味芬芳,纯正可口,富含有不饱和脂肪酸,其中油酸含量高达52.5%~71.5%,亚油酸含量达到13%~26.3%。亚油酸是人体必需的一种脂肪酸,它有降低血液胆固醇、降低血脂、软化血管、降低血压、促进微循环的作用,有"血管清道夫"的美誉。花生油不饱和脂肪含量高,有利于人体吸收,酸值较低,是一种优质食用油,深受中国广大人民的喜爱。

2. 花生可制成高级的副食品

花生籽仁除富含有脂肪外,还含有蛋白质24%~30%,多种维生素,可加工制成花生粉、炒花生、花生酱、烘烤五香花生米、咸味的带壳花生、花生糖果等高级副食品。

花生饼含蛋白质50%左右,脂肪7%左右,碳水化合物24%左右,可加工成花生蛋白粉,再经过膨化处理制成花生蛋白肉,花生蛋白肉含有人体所需的多种氨基酸和维生素,不含有胆固醇,食用后可预防高血压和心血管病,有益于健康。

3. 花生可用于医药、化工的原料

花生油的主要成分为油酸，并含有花生酸及亚麻酸的甘油酯等成分，在医药上有降低胆固醇，缩短凝血时间，降低血压等作用。种皮可提取止血药，并在临床上应用。花生中还含有许多有益人的生物活性物质，能增进人体免疫力，延缓衰老，有降低癌症发生率和抗不育的作用，花生壳含有丰富的"木犀草素"黄酮类化合物，对保护人体心血管健康作用很显著，具有医疗保健价值。

花生是含有白藜芦醇最重要的可食用植物之一，白藜芦醇是一种含有芪类结构的非黄酮类多酚化合物，它不仅是植物遭受胁迫时产生的一种植物抵抗病原性攻击和环境恶化的植物抗毒素之一，而且具有抗癌、抗菌消炎、抗氧化、调节血脂、保护心脏血管等多方面有益人类健康的重要功能。

花生油可制成纺织、印染、造纸、农药等工业的乳白剂。在毛纺工业上是一种最好的润滑剂，也可制成甘油和高级润滑油。

4. 种植花生有利于解决用地与养地的矛盾

花生属豆科作物，根上有根瘤，根瘤里的根瘤菌能固定空气中的游离氮素，花生有50%～80%的氮是根瘤菌供给的。花生收获期根瘤破裂，根瘤菌重新回到土壤中，根瘤菌遗留在土壤中的氮每亩 1.1～3.5 kg；花生茎叶约含氮 4.5%、磷酸 0.8%、氧化钾 2.3%，是优质绿肥，所以种植花生有利于解决用地与养地的矛盾。

二、花生生产概况

花生是世界范围内重要的油料作物与经济作物，也是我国极具竞争力的优质油料作物和重要的出口创汇农产品。世界上有 100 多个国家种植花生，主要分布在亚洲、非洲和美洲，主产国有中国、印度、尼日利亚、美国、苏丹、缅甸、阿根廷、印度尼西亚、塞内加尔、坦桑尼亚等国家。2016 年世界花生种植面积 2.54×10^{7} hm^2，总产量 4.22×10^{7} t。我国花生栽培分布很广，几乎遍及全国。但主要集中在河南、山东、河北、广东、安徽、辽宁、湖北、四川、吉林、广西等省、自治区，2016 年花生种植面积 4.75×10^{6} hm^2，总产量 1.7×10^{7} t，分别占世界花生种植面积及产量的 16.68%、40.26%，居世界第二和第一。同时，我国也是花生第一大消费国。

2017 年广东省种植油料作物面积 38.244 万 hm^2，总产量 116.31 万 t，其中种植花生约 2.48 万 hm^2，总产量 114.90 万 t；2017 年广西壮族自治区种植油料作物面积 26.396 万 hm^2，总产量 71.62 万 t，其中种植花生面积为 22.816 万 hm^2，总产量 67.50 万 t。

第二节　花生生物学特性

花生是豆科落花生属一年生草本作物。

一、花生的类型

1958年，华北农业科学研究所孙大容等，根据花生品种的开花型及其他综合性状，将我国花生分为以下四个类型。

1. 普通型

这类品种属交替开花习性，主茎上完全是营养枝。茎枝茁壮，分枝较多，能发生第三次分枝。荚果多是2粒种子，种仁椭圆形，皮色淡红或红色，果腰较浅，果嘴不明显，果壳较厚，网纹较平滑。此类花生生长期较长，春播多在145～180天，种子休眠期也长，一般在50天以上。发芽要求温度高，幼苗出土慢，开花晚，花期长。我国主要在北方栽培，华南地区种植很少。

2. 珍珠豆型

这类品种属于连续开花型，主茎基部生有营养枝，中部、梢部有潜伏的生殖芽，但一般很少形成花枝。分枝性弱，第二次分枝少，株丛直立，叶形大，叶色淡。生长期短，春播生育期多在120～130天，开花早，一般主茎7片叶前后开花，花期短，结荚期也短，结荚集中。果壳皮薄，网纹较细，典型荚果含种仁2粒，果壳和种仁的间隙小，种子休眠期短或无休眠期。种子发芽要求温度低，幼苗长势强。我国华南地区种植花生主要就是珍珠豆型。

3. 多粒型

这类花生品种属于连续开花型，主茎上除基部生有4～5条营养枝外，各节均有花枝发生。分枝少一般5～6条，只有第二次分枝，没有第三次分枝。株丛直立，茎枝粗短，分枝长，前期向上生长，后期向四周倾倒，开花期长，花量大，但中上部无效花多，因而地上部果针多，果荚为串珠型，果嘴果腰均不明显，果壳厚，网纹平滑。多数荚果含种仁3～4粒。品种抗旱耐涝性差，种子休眠期短，适用于无霜期短，温度低的地方种植。

4. 龙生型

这类品种属交替开花型，主茎上完全是营养枝。分枝性强，侧枝很多，常出现第四次分枝，在适宜条件下单株分枝可达120条，侧枝长达1 m以上。多数匍匐地面生长,果针易入土,结实范围大,结实分散。荚果为曲棍形,每荚含种仁三四粒,有明显的果嘴和龙骨。果壳薄,脉纹深呈网状。生育期长,一般春播生育期为150天左右,多为中晚熟品种。种子休眠期长,发芽要求温度高,一般为15～18℃,幼苗生长慢。抗旱、抗病、抗瘠,适用于干旱或飞沙地种植,但收获费工。种仁含油率低,蛋白质含量高,适于食品加工。

二、花生的形态特征

(一)根

花生的根属圆锥状直根系,根系由主根、侧根和许多次生侧根组成(图6-1)。花生种子萌动后,胚根首先突破种皮,垂直向下伸长,深入土中形成主根,从主根上生出四列侧根,为十字形排列,侧根再生许多次生侧根。花生的主根和侧根上生有许多根瘤,根瘤内有根瘤细菌,根瘤细菌能固定空气中的游离氮素。

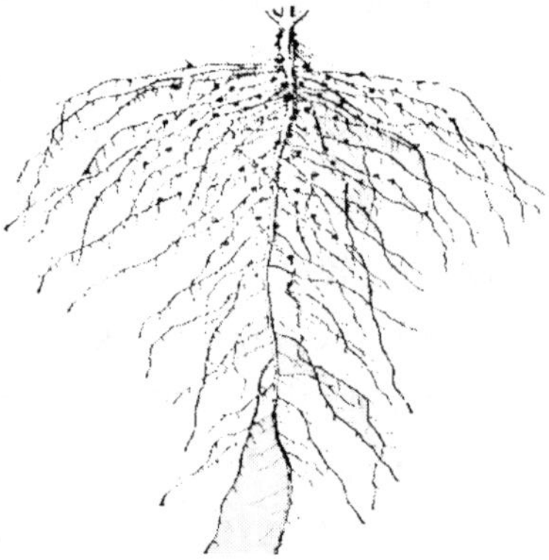

图6-1　花生的根系

(山东省花生研究所《中国花生栽培学》,1982)

(二)茎

花生主茎直立,幼茎呈圆形,盛花期以后茎的中上部呈棱角状,全茎中空,花生主茎一般具有15～25个节间,基部节间较短,中部节间较长,上部短。花生主茎高度因品种类型而异,在同一品种中,由于受气候和栽培条件的影响,主茎高度变化也很大,长日照条件能显著促进主茎生长,光照减弱能使主茎节数略有减少,而使节间显著伸长,结果往往使主茎增高。在水肥条件较好或密度过大的田间,由于叶面积大,群体内光照弱,使节间伸长,主茎增高。所以主茎高度既能在一定程度上反映个体生长得好坏,又能反映群体的大小。因此,生产上常以主茎高度作为衡量花生生育状况和群体大小的一项简易指标。

花生从主茎分生出来的分枝,称第一次分枝;由第一次分枝上发生的分枝称为第二次分枝;从第二次分枝上发生的分枝称为第三次分枝,依此类推。珍珠豆型品种一般只有二次分枝,很少发生三次分枝。由主茎子叶叶腋内长出的两个分枝,呈对生,称为第一对侧枝。由主茎第1、第2片真叶的叶腋内长出第3、第4个侧枝,呈互生，但由于互生节间很短，似对生，习惯上称第二对侧枝。花生结果主要集中在第1、第2对侧枝及其发生的二三次分枝上，因此，栽培上促进第1、第2对侧枝健壮发育十分重要。

（三）叶

花生的叶可分为不完全叶及完全叶（真叶）两类。每一个枝条上的第1节或第1～2节甚至第3节着生的叶都是不完全叶，称“鳞叶”，2片子叶亦可视为主茎基部的2片“鳞叶”。花序上每一节着生1片桃形苞叶（即一般所谓花的外苞叶），每一朵花的最基部有1片二叉状苞叶（即花的内苞叶），这些都属于变态叶。

花生的真叶由叶片、叶柄和托叶组成。

花生每一真叶相对的4片小叶，每到日落后或阴天就会闭合，叶柄下垂，至第2天早晨或天气转晴时又重新开放，这种昼开夜闭的现象称为“感夜运动”或“睡眠运动”，是感性运动的一种。引起“感夜运动”的外因是光线强弱的变化，而对光线刺激产生反应的部位是叶枕。叶枕上半部和下半部薄壁细胞内的膨压随光线的强弱产生相应的变化，光线弱时膨压降低，小叶闭合，叶柄下垂。

除“感夜运动”外，花生叶片还表现相当明显的“向阳运动”，早晚阳光斜照时，植株上部叶片常竖立起来，以其正面朝向太阳，并随着太阳辐射角的变化，不断变换其位置，以便尽可能正面对着太阳。而在夏季中午高温烈日直射时，顶部叶片又上举竖立，以避免过强的阳光直射。

花生叶片紧靠下表皮之上有一层大型的薄壁细胞，无叶绿体，常被称为“贮水细胞”。由于花生叶片有“感夜运动”“向阳运动”和大型的“贮水细胞”，因此花生具有一定的耐旱能力。

（四）花序和花

花生的花序属总状花序、蝶形花。花生的花器由苞叶、花萼、花冠、雄蕊和雌蕊组成。开花后能够受精结实的花统称有效花，由于某些外界条件的影响或者因形态的或生理的原因而未能受精和不结实的花称为无效花。有效花和无效花在形态结构上不一定有多大差别。着生在植株中下部节位上的有效花多，着生在植株上部节位的花多属于无效花，一般有效花只占总花数的15%左右。珍珠豆型花生品种一般在主茎展开叶7～8片时第一朵花开放。

（五）果针

子房柄连同其先端的子房合称果针。子房柄具有与根类似的吸收和向地生长的特点，珍珠豆型花生果针入土深度为 3～5 cm。果针伸长到 10 cm 以上，入土结果能力很弱，超过 12～16 cm 则不能入土而干枯，即使勉强入土也难形成饱果。

（六）荚果

花生果实为荚果，果壳坚硬，成熟后不开裂，各空间无横隔，有或深或浅的缩溢，称腰果，果形因品种差异，大体可分普通型、斧头型、葫芦型、蚕茧型、曲棍型、串珠型等（图 6-2）。

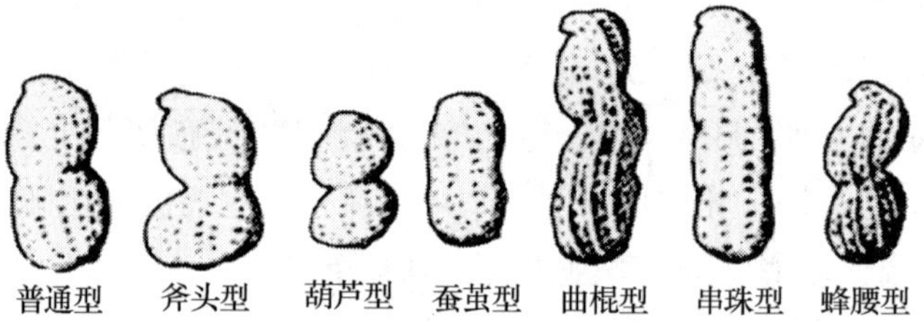

图 6-2　花生荚果果形

从子房开始膨大到荚果形成，整个过程可粗略分为两个阶段，即荚果膨大阶段和充实阶段。前一段主要表现为荚果体积急剧增大，果针入土 7～10 天，即成鸡头状幼果，10～20 天体积增长最快，20～30 天长到最大程度，此时荚果含水量多，内含物主要为可溶性糖，油分较少，果壳木质化程度低，前室网纹不明显，荚果光滑，白色。后一阶段主要是荚果干重（主要是种子干重）迅速增长，糖分减少，含油量显著提高，在入土后 50～60 天，干重增长基本停止，此阶段果壳也逐渐变薄变硬，网纹清晰，种皮变薄，呈现品种本色。

珍珠豆型花生品种果壳较薄，百果重为 130～170 g，出仁率一般为 70%左右，百仁重一般为 60～75 g。

三、花生生育期

花生的一生从播种种子、播种出苗长成植株到种子成熟、收获，可划分为种子发芽出苗期、幼苗期、开花下针期、结荚期、饱果成熟期。

1. 种子发芽出苗期

从播种到50%的幼苗出土并展开第一片真叶为种子发芽出苗期。

种子在适宜的温度、水分和氧气条件下开始萌芽，萌芽后胚根向下生长形成主根，同时发生侧根。当胚根生长的同时，胚轴部分变得粗壮多汁，向上伸长，将子叶及胚芽推向土表。当子叶顶破土面，见光后，胚轴即停止伸长而胚芽则迅速生长。当第一片真叶展开时即为出苗。花生两片子叶一般不出土或半出土。

2. 幼苗期

从50%种子出苗到50%植株第一朵花开放为幼苗期。春花生一般为30～40天，秋花生为20～25天。

花生苗期是以根系为中心的长根、长茎叶和长分枝的营养生长期，同时进行花芽分化。

花生苗期根系生长较快，主根迅速向下生长，到始花时主根入土深度可达50 cm左右，主根上长出很多侧根和二次支根，形成圆锥根系。由于根系生长较快，苗期抗旱能力较强。

花生幼苗主茎长出4～5片真叶时在根部开始形成根瘤，根瘤形成初期，其内根瘤菌还不能固氮或固氮能力很弱，不但不能供给花生植株氮素营养，而且还要从花生体内摄取一定量的含氮物质和碳水化合物来维持生长和繁殖，这时根瘤菌与花生的关系是寄生关系。所以花生既有根瘤固氮，还要用一定的氮肥施基肥或苗期追肥。随着花生植株长大，根瘤菌固氮能力逐步加强，根瘤菌能为花生提供越来越多的氮素营养，当主茎有8片真叶时，根瘤菌与花生形成共生关系，花生进入盛花期至结荚初期，根瘤菌固氮量达到高峰。据测定生长良好的花生植株，其一生所需要氮素的4/5是由根瘤菌提供的，相当于根瘤菌固氮总量的2/3。

花生当主茎长出第3～4片真叶时，第一对侧枝从子叶的叶腋处长出，主茎长出第5～6片真叶时，从第1、第2片真叶的叶腋处先后长出第3、第4条分枝组成第二对侧枝，这时株丛呈圆形，称为团棵期。主茎长出第7～8片真叶时，从第3、第4片真叶的叶腋处先后长出分枝组成第三对侧枝，与此同时，在第一对侧枝基部开始长出第二次分枝。

花生幼苗长出2～3片真叶时开始花芽分化，主茎长出第二对侧枝后是花芽大量分化期。幼苗期植株生长健壮，茎粗节密，有利于多分化花芽。

3. 开花下针期

从50%的植株开始开花到50%的植株出现鸡头状的幼果，为开花下针期。

开花下针期是以开花下针为中心，根系和茎叶迅速生长的营养生长与生殖生长旺盛并进期。

花生植株主茎长出第 8～9 片真叶时开始开花。花生的花期很长，从始花到终花，春花生约为 60 天，秋花生约为 30 天，但有效花短，春花生为始花至花后 20 天左右，秋花生为始花至花后 15 天左右。开花下针期花生植株大量开花、下针外，营养体迅速生长，叶片数迅速增加，叶面积迅速增长，干物质积累增加，根瘤固氮能力加强。

4. 结荚期

从 50%的植株出现鸡头状幼果到 50%的植株出现饱果，为结荚期，历时 35～40 天。

结荚期是以荚果发育为中心，营养生长与生殖生长旺盛并进，根、茎、叶生长逐渐转入缓慢。

果针入土 5～6 天，子房开始膨大，果针入土后 9 天左右，子房膨大成鸡头状幼果，果内种子也开始膨大，果针入土后 18～20 天，荚果大小基本定型，果针入土后 45 天，荚果变硬，荚壳变薄，种子大小基本定型。

5. 饱果成熟期

从 50%植株出现饱果到荚果饱满成熟收获为饱果成熟期，历时约 25 天。这一时期营养生长逐渐衰退、停止，生殖器官大量增重，是花生生殖生长为主的时期。即株高和新叶增长接近停止，绿叶面积迅速减少，干物质积累减少，根系吸收机能下降，根瘤停止固氮，茎叶中的营养物质向荚果转运，荚果迅速增重，荚果逐渐充实饱满，脂肪、蛋白质含量最终达到高峰。

四、花生生长发育与环境条件的关系

1. 温度

花生是一种喜温暖、怕低温、忌霜冻的作物。

花生种子发芽最低温度 12℃，最适温度为 25～37℃，最高温度 40℃。吸水萌动后，花生种子和幼芽耐低温能力甚弱，如果长时间处于 12℃以下，种子虽然未直接冻死，也会受病菌侵染而降低发芽率。

花生开花适宜的平均温度为 25～28℃。在适宜温度范围内，温度越高，开花越多，每天开花数与开花前两天的温度有关。

花生荚果发育适温为 25～33℃，最高温 39℃，最低温 15℃，在适温条件下，荚果发育最快，果重最大。在生产上，一般春花生荚果比秋花生荚果大而饱满，其主要原因就是生育后期春花生比秋花生温度高引起的。

2. 水分

花生喜湿润，怕干旱，忌渍水。不同生育阶段，需水量不一样，苗期少，开花至结荚期多，饱果成熟期少。花生盛花期为需水临界期，此时对水分为最敏感时期，一旦干旱，对产量影响大，结荚期为需水最多的时期，所以花生这两个生育期要保证水分供应，不能缺水。

3. 氧气

花生种子籽粒大，种子蛋白质和脂肪多，发芽时由含氧量少的脂肪酸转化为含氧量多的糖类，需要大量的氧气，因此播种不要过深也不能渍水。另外根瘤内根瘤细菌是好气性细菌，因此要注意中耕松土。

4. 光照

花生喜光照、怕荫蔽，苗期光照充足则节短分枝多，花芽分化良好，光照不足则节长分枝少，开花迟缓。开花下针期，光照充足则开花早、多而齐。结荚期和饱果成熟期光照充足可提高饱果率和荚果重。

5. 黑暗和机械刺激

黑暗和机械刺激是荚果发育不可缺少的条件，果针入土可使子房处在黑暗条件下避免阳光中的赤、黄光线对其膨大的抑制作用，果针入土也可使子房受到土壤摩擦刺激才能发育成为荚果，如果把已结成的幼果移出土面，由于缺少黑暗和机械刺激条件而停止发育，因此在栽培上要注意及时培土迎针，使果针入土结荚。

6. 土壤

花生对土壤条件适应性虽然较强，但花生是地上开花、地下结荚，并与根瘤菌共生的作物。要获得高产，土壤条件要求活土层深厚，耕作层疏松的沙质壤土。

7. 养分

花生喜磷、钾、钙肥，忌氮肥过多。另外，硼、钼对根瘤形成和根瘤细菌固氮有很大作用。

花生荚果发育所需的矿质养分，主要依靠幼嫩的子房柄和子房直接从土壤中吸收才能满足，特别是钙，根系吸收的钙大部分积累留于叶片内，而运输到荚果内仅占少量，同样叶片吸收的钙绝大部分保留在茎叶，只有很少部分运输到荚果，而果针吸收的钙绝大部分积累于荚果中，而运到营养体很少。如果结荚层缺钙，则果壳中钙的含量减少，导致 pH 降低，游离酸含量提高，淀粉含量提高，从而影响荚果代谢过程不能正常进行，使果壳中营养物质不能顺利向种子转化，不但秕果增多，而且还会产生空果，所以花生栽培在施用磷、钾、氮肥的同时，一定要注意施用钙肥。

第三节　花生栽培技术

一、合理轮作

华南地区花生轮作方式最好是与水稻水旱轮作，如果与旱地作物轮作，可以选用与玉米、薯类（如木薯、甘薯等）作物轮作，不宜与豆科作物、茄科作物（如烟草、番茄、马铃薯等）轮作。花生轮作的好处主要有以下 3 种：

1. 提高土壤肥力

花生与禾本科作物、甘薯或蔬菜轮作，由于需肥特点不同，能更充分地利用土壤中的养分。花生属豆科作物，根系有根瘤菌，能固定空气中的氮素，可增加土壤氮素，而从土壤中吸收的磷、钾、钙较多，而禾本科作物，对氮、硅元素吸收较多，对磷、钾吸收相对较少，禾本科作物是浅生的须根系，主要吸收耕作层较浅地方的土壤养分，而花生是直根系，入土较深，可以吸收耕作层较深地方的土壤养分，因此轮作能均衡利用土壤营养元素。花生从空气中固定的氮素还能遗留一部分到土壤中，花生的残根落叶及茎叶回田，能显著提高土壤肥力。

2. 改善土壤理化性状

花生与其他作物轮作，由于栽培条件不同，可以改善土壤的理化性状，特别是水旱轮作，土壤的氧化还原性不同，例如水稻连作，使土壤长期处于淹水状态，易造成土壤板结，孔隙度小，渗透性差，而与花生轮作，由于花生生活环境和栽培条件的改变，使土壤疏松，孔隙度增加，通透性改善。

3. 减少病虫害和杂草

任何病虫草害都有一定的寄主或适宜的生存条件才能生活和繁衍，合理轮作不同作物，使其失去寄主或生存的环境条件，导致其不能繁殖或死亡，减少危害。例如，花生青枯病是华南旱地花生的主要病害之一，发病率常达 20%～30%，严重时高达 50%以上，采取与水稻轮作的方法大大减少为害，青枯病发病率可降至 2%左右。同时，也减少了连作土壤中还原物质的积累，消除土壤中有毒物质，促进微生物繁殖，又可延缓或减轻豆科花生因连作导致花生茎腐病、枯萎病、青枯病、根结线虫病等土传病害发生。

二、选用良种秋花生作种

1. 选用良种

目前华南地区适宜推广的花生品种主要有航花 2 号、汕油 188、汕油诱 1 号、粤油 13、粤油 390、桂花 21、桂花 32、桂花 33、桂花 36、桂花 37、桂花 771、桂花-1026、汕油 523、湛油 12-1、粤油 551 等，这几年华南各省通过省、自治区和国家审定通过的花生品种比较多，各地可因地制宜选用良种。

2. 选用秋花生作种

秋花生种子脂肪含量较春花生种子少，但含亲水性的淀粉和蛋白质较春花生种子多，播后吸水能力比春花生种子强，发芽过程中的生理活动和营养物质的转化较春花生种子快，所以发芽比春花生种子快。种子在较低温、干旱季节成熟，收获时种子萌动少，收获后在不太强烈的阳光下晒种，不易渗油变质，种子质量高。种子贮藏时间短且在低温干燥的冬季贮藏，不易受潮变质，种子质量好。

秋花生种子生命力强，出芽出苗快，出苗率高，抗逆性强，有利于苗全苗壮。

三、整地与施基肥

花生具有地上开花，地下结荚的特性，果针入土、荚果膨大、根系生长、根瘤菌繁殖固氮活动都要求松、深、肥的土壤环境。播种前将土壤深翻 25～30 cm，如果土壤 pH 小于 6.0，每亩施用石灰 50 kg，然后再翻地。整地时按每亩施入充分腐熟的农家肥 1 500 kg、钙、镁、磷肥 50 kg、氯化钾 20 kg，肥力差的土壤再配施尿素 5 kg 作基肥，施肥后翻耕耙平使肥料与土壤充分混合。

四、播种前种子处理

1. 播种前带壳晒种

花生播种前晒种可减少种子所带病菌，增强种皮通透性，提高种子细胞原生质的渗透压，增强吸水力，有利于种子吸水、发芽出苗的加快和均匀整齐。尤其对成熟度差或贮藏期间受潮的花生种子，晒种效果更为显著，一般播种前晒种 1～2 天有利于种子播种后吸水发芽快，出苗快而整齐。

2. 剥壳和粒选

花生播种前 1～2 天进行剥壳，花生剥壳时间越早出苗率越低。因为花生剥壳后失去荚壳的保护，花生种子容易吸湿，增加游离酸，呼吸作用增强，水解酶活动而使生活力下降，甚至没有发芽能力，而且易感染病菌。但如果用种量大，可在农闲时提早剥壳，把剥出的种子同壳混在一起，暂贮于干燥通风处，到播前把壳和种子筛分开，以避免种子受潮，而影响发芽率。

花生剥壳时要精选种子，选粒大饱满、皮色鲜明、无虫害、不破裂的种子作种用。

五、适时播种，合理密植

1. 适时播种

春花生要适时早播，花生前期在相对较低却能正常生长的温度条件下生长，生育期较长，产量高。值得注意的是：花生虽然在12℃开始发芽，但此温度下播种至出苗时间长达20天至1个月，而且苗比较弱，花生在15℃以上才能形成叶绿素，因此在日平均气温稳定在15℃以上为播种适期。在适期范围内，只要土壤水分适宜，应力争早播。

秋花生生长期间温度由高到低，雨量由多到少，日照由长到短，秋花生生长期比春花生生育期短，如果盲目地早播，虽然高温下出苗快，生长迅速，但苗期太短，造成开花少，下针少。但过迟播种，花生生育后期，如果温度降至18℃以下时，荚果和花生仁的重量以及种子脂肪的积累均受到较大影响，致使花生产量不高。如再延迟播种，生育后期气温降至15℃以下时，荚果发育基本停止。因此华南地区能够种秋花生的地方，一般播种期以7月20日至8月20日为适宜，各地要根据本地的气候特点，灵活适时播种。

2. 合理密植

花生合理密植要考虑种、土、肥、水等因素，株型松散、晚熟的品种宜稀些，株型紧凑、早熟的品种宜密些。土壤肥力较高的地方宜稀些，土壤肥力较低的地方宜密些。施肥水平高宜稀些，施肥水平低宜密些。春植宜稀些，秋植宜密些。

华南地区有些地方种植花生播种量不够，每亩播种1.2万粒左右。加上种子发芽率低，缺苗多，实际收获株数不到1万株，这种播种量是很难获得高产的。适当增加种植密度能增产的原因是可充分利用地力、空气和阳光，特别是在生长早期，有较大的群体叶面积，制造和积累较多的营养物质。对早期植株形成的有效侧枝影响不大，只是减少后期多属于无效的侧枝，因此单株的结荚数和饱果数减少不多，但单位面积上的总有效株数和饱果数反而增加。始花至终花期缩短，盛花期提前，开花结荚比较集中，无效花减少，荚果长得较整齐均匀。

华南地区生产上一般采用起畦双行双粒种植方法，每畦包沟 80 cm，每畦种 2 行，大行距 57 cm，小行距 23 cm，穴距 16～18 cm，每穴播 2 粒种子，每亩播 1.9 万～12 万粒。

3. 提高播种质量

花生播种前开播种行深度 5～6 cm 为宜，要深浅一致，播种后覆土要均匀，覆土不宜过厚，否则花生种子出苗时间长，易成弱苗，而且花生子叶不宜出土，影响第一对侧枝生长。

4. 花生地膜覆盖

花生地膜覆盖栽培能保温保湿，使幼苗早出、整齐，而且还可以防止雨水冲刷，保持土壤疏松，防止肥料流失，有利于土壤中好气性微生物的活动。同时，地膜覆盖还有一定阻止杂草生长的效果，避免杂草与花生植株争光、争水、争肥以及传播病虫害，既可以减少中耕松土、清除杂草的劳动力和节省肥料，又可以使花生根系生长旺盛、根瘤多、吸收养分能力强，有利于花生植株生长健壮、开花早且多，同时还有利于下针结荚和提高饱果率。花生地膜覆盖栽培一般可增产。

地膜可选用普通地膜、光降解除草地膜和花生除草地膜，播种盖土后，如果用普通地膜，则要对畦面进行喷洒除草剂后再盖膜，覆盖时把地膜拉平拉紧、四周用泥土密封压实。花生顶土，主茎长出真叶前，要尽早开孔放苗，并立即用松土盖好洞口，将花生苗引出膜面。当主茎长出 2～3 片复叶时进行清棵整枝，使子叶及侧枝全部露出膜面，实现清棵壮苗，充分发挥第 1、第 2 对侧枝结荚的优势。也可以先盖膜后播种方式，打孔时可用木棒或打铁制孔器打成直径 4 cm 左右、深度 3～4 cm 的播种孔，每穴播 2 粒花生种子，然后用土封孔。

六、田间管理

1. 查苗补缺

花生基本齐苗后，要及时查苗补缺。缺苗补种应浸种摧芽，方法是：用清水浸种 6～8 h 使种子吸饱水，然后保温保湿，控制温度在 30℃左右，经 12～14 h，胚根可突破种皮露白后即可补播。

2. 清棵蹲苗

花生齐苗后结合第一次中耕除草，把幼苗基部泥土扒开，让两片子叶露出地面，叫清棵蹲苗。山东省花生研究所提出的增产措施，花生第一对侧枝着生在子叶节上，而花生出苗时子叶不出土或半出土，因此子叶节分枝开始生长时往往被埋在土中，生长不健壮，直接影响花芽分化和开花结果。在花生出苗后及时清棵，可使子叶节分枝露出土面，提早接受阳光的照射而健壮生长。实践证明，清棵后的植株主茎和侧枝基部节间短，茎枝粗壮，起到了蹲苗作用，开花结果增多。

3. 中耕除草、培土

花生怕草咬，有草结果少。齐苗后植株有 3～4 片真叶时进行第 1 次中耕除草，第 2 次距离第 1 次中耕除草后 10～15 天，第 3 次中耕除草在盛花期进行。要求“头道括(浅锄 3.3 cm 左右)、二道挖(6.6 cm 左右)、三道、四道如锈花(开花下针期要细心锄)”。

培土能使畦面土壤表面疏松，增厚土层，缩短果针与地面的距离，果针入土快，扩大结荚范围，提高结实率和饱果率而增产，培土是结合第 3 次中耕除草进行。

4. 施肥

在花生始花前，每亩施腐熟的有机肥 500～1 000 kg，尿素 4～5 kg，氯化钾 3～4 kg，结合中耕培土施下壮苗肥。开花下针后期，每亩施氯化钾 10 kg，生石灰 15～20 kg 施下促荚肥。

5. 喷生长调节剂

用适宜多效唑浓度，在始花期后 40～50 天，花生进入下针期，株高达 40 cm 以上喷施，特别是在土层深厚，肥力较高，施肥量大或氮肥使用量偏多的生长较旺或徒长田喷施，能明显控制花生地上部生长，增加茎秆粗度，提高千粒重，增产效果明显，但要注意浓度不要过高，否则叶斑病严重，早衰减产。

对于生长旺盛的花生，始花期用适当浓度缩节胺处理花生，可以控制株高，抑制营养生长，促进营养生长向生殖生长转化，可提高花生叶片叶绿素和可溶性蛋白质含量，提高花生叶片的光合速率，并在结荚期降低叶片的蒸腾速率，促进营养物质向库器官转移，调节花生荚果及种子发育过程中内源激素水平。加快荚果发育过程中营养物质的积累，从而提高花生荚果数、饱果数、百果重等产量指标。

花生高产田使用矮壮素，不但可以抑制花生徒长、防止倒伏，而且叶斑病减轻，后期落叶量减少，对花生的早衰也有很好的预防作用，同时增产效果显著。

盛花期喷施适宜浓度的烯效唑，可以促进根的生长，增加花生根干重和果干重，提高根冠比和经济系数。还可以促进茎秆粗壮、降低株高、增加叶片厚度，提高叶片中叶绿素含量，促进光合产物向荚果、种仁中输送等作用。有利于花生的生殖生长，通过增加花生荚果数、饱果数、百果重，提高花生产量。

6. 注意防治病虫害

华南地区花生主要病虫害主要有根腐病、青枯病、茎腐病、叶斑病、锈病、根结线虫病、白绢病、蛴螬、蚜虫、斜纹夜蛾、红蜘蛛、棉铃虫、地老虎等。

花生病虫害防治要贯彻“预防为主、综合防治”的方针，倡导绿色植保理念，实行合理轮作技术，与禾本科作物或薯类、瓜类、葱、蒜、韭菜、辣椒等作物轮作，有条件的地方最好采用水旱轮作；花生收获后，及时清除病株残体，进行土壤杀菌处理。选用高产、抗病、适应性强的品种。科学管理，提高花生植株抗病虫能力。积极推广阿维菌素、苏云金杆菌、春雷霉素、农抗120、灭幼脲、农用链霉素等生物制剂防治。推广灯诱、色诱、性诱、食诱等物理防治方法。采用杀虫和杀菌种衣剂混合包衣拌种，防治蛴螬、根腐病、茎腐病，同时可控制苗期蚜虫，防止因蚜虫传播引发病毒病。合理选用高效、低毒、低残留农药进行化学防治。

七、适时收获

1. 花生成熟的特征

花生植株茎叶停止生长，下部叶片由绿变黄并开始脱落，荚果网纹明显突起，荚果充实饱满，剥开荚果可见种仁饱满，种皮显该品种固有的颜色。留种花生宜提前5～7天收获，因过于老熟的花生含油分高，对种子发芽不利。

2. 适时收获

华南地区春花生成熟时，正值高温多雨季节，不及时收获易造成烂果、发芽，影响产量。达到成熟标准的花生，宜选择晴天进行抢收，以利于及时把荚果贮藏，避免发霉变质。花生荚果晒干，要求含水量低于10%，手摇荚果响声坚脆，咬食种仁感到硬脆，手搓种仁时种皮即脱落，有条件的地方最好采用专用的测水仪测定花生含水量，符合要求后再贮藏。

实验实训一　花生双行双粒播种

一、目的要求

通过实际操作，掌握华南地区花生双行双粒播种的关键技术。

二、材料用具

经犁耙准备种花生的教学田、锄头、拉线绳、生石灰、肥料、花生种子、拌种药剂、除草剂、农用薄膜、台秤、米尺等。

三、方法步骤

(1)计算好基肥用量并进行施肥。

(2)按双行双粒的种植方式划线、起畦。

(3)按双行双粒的种植方式开好大行距和小行距。

(4)用拌好种衣剂的花生播种。

(5)喷除草剂、盖土。

(6)花生地膜覆盖。

四、考核

根据学生熟练操作技术程度和出苗情况进行考核。

实验实训二　花生出苗情况调查

一、目的要求

花生种子种皮薄,含脂肪、蛋白质比较多,播种后由于种子质量、环境条件、地下害虫为害、病菌的侵染等原因,易产生缺苗。因此通过学生了解花生出苗情况,分析缺苗原因,会根据所学理论知识提出管理技术措施。

二、材料用具

花生教学田、小铲、米尺等。

三、方法步骤

(1)调查时间和取样的方法:齐苗后进行,采用多点取样法,在全田均匀散开选取有代表性的样点,每个样点用米尺量取 2 m 畦长。

(2)清点各样点缺苗数量。

(3)清点各样点的下种数量。

(4)计算缺苗率。

$$缺苗率=\frac{各样点缺苗数总和}{各样点下种数总和}\times 100\%$$

(5)缺苗原因调查:对缺苗部分用小铲小心扒开泥土使种子露出,检查引起缺苗的原因。

(6)把调查结果填入表1。

表1　花生出苗情况调查表

<table>
<tr><th rowspan="3">样点</th><th colspan="15">项目</th></tr>
<tr><th rowspan="2">品种</th><th rowspan="2">播种日期(__月__日)</th><th rowspan="2">出苗日期(__月__日)</th><th rowspan="2">调查日期(__月__日)</th><th colspan="3">缺苗情况</th><th colspan="6">缺苗原因</th><th rowspan="2">备注</th></tr>
<tr><th>下种数</th><th>缺苗数</th><th>缺苗率/%</th><th>缺苗数</th><th>占总缺苗数/%</th><th>缺苗数</th><th>占总缺苗数/%</th><th>缺苗数</th><th>占总缺苗数/%</th></tr>
<tr><td></td><td></td><td></td><td></td><td></td><td></td><td></td><td></td><td></td><td></td><td></td><td></td><td></td><td></td><td></td></tr>
<tr><td></td><td></td><td></td><td></td><td></td><td></td><td></td><td></td><td></td><td></td><td></td><td></td><td></td><td></td><td></td></tr>
<tr><td></td><td></td><td></td><td></td><td></td><td></td><td></td><td></td><td></td><td></td><td></td><td></td><td></td><td></td><td></td></tr>
</table>

四、考核

根据学生调查过程表现、分析缺苗原因和提出管理技术措施的能力进行考核。

实验实训三　花生测产及主要经济性状调查

一、目的要求

花生的产量是由每亩有效株数、平均每株饱果数及果重因素构成,通过调查掌握这三个因素的数据才能计算出花生的理论产量,花生产量与其经济性状有关。因此通过本实验实训,使学生掌握花生测产的技术和方法,分析各个经济性状对产量的影响关系,提出各项关键栽培技术改进措施,为花生高产、稳产提供依据。

二、材料用具

花生教学田收获前1～2天，皮尺、米尺、厘米尺、天平等。

三、方法步骤

(1)采用五点取样法选取有代表性的样点，每个样点选取有代表性的植株4株，清理基部泥沙后带回室内进行经济性状考查。

(2)每个样点用皮尺量10个行距，算出该样点的平均行距。然后从各样点平均行距算出平均行距。

(3)每个样点量5 m行长，清点株数，算出该样点的平均株距。然后从各样点平均株距算出平均株距。

(4)主茎高度。用米尺从第一对侧枝基部量至主茎顶端展开叶的叶节处，求出平均值。

(5)分枝总数。数每株分枝总数，求出平均值。

(6)结果枝数。数每株结有饱果的分枝数，求平均值。

(7)每株果数。数每株结果总数，包括饱果、烂果、发芽果、空秕果，求出平均值。

(8)每株饱果鲜重。把样点样株饱果脱粒称重，求出每株平均饱果鲜重。

(9)百果鲜重。随机取有代表性的饱果100个用天平称重，以g表示。

(10)饱果晒干率。全部鲜果称重后充分晒干或烘干再称重，求折干率。

$$折干率=\frac{全部饱果干重(g)}{全部饱果鲜重(g)}\times 100\%$$

(11)饱果出仁率。将已晒干或烘干的全部饱果剥壳取出种仁，称种仁的重量，求出饱果出仁率。

$$饱果出仁率=\frac{种仁重(g)}{饱果重(g)}\times 100\%$$

(12)百仁重。在种仁中取有代表性的种仁100粒称重，重复2～3次，求出平均百仁重。

(13)计算每亩株数。

$$每亩株数=\frac{667\ \mathrm{m}^2}{平均行距(\mathrm{m})\times 平均株距(\mathrm{m})}$$

(14)计算理论鲜果重。

$$每亩理论鲜果重(\mathrm{kg})=\frac{每亩株数\times 平均每株饱果鲜重(\mathrm{g})}{1\,000}$$

(15)计算每亩理论产量。

$$每亩理论产量=每亩理论鲜果重(\mathrm{kg})\times 折干率$$

把花生测产情况及主要经济性状调查结果填入表2和表3。

表2　花生测产情况记载表

田号	品种	平均行距/m	平均株距/m	每亩株数	每株饱果重/g		每株饱果数	每亩理论产量/kg		备注
					鲜重	干重		鲜重	干重	

表3　花生经济性状表

田号	品种	主茎高度/cm	每株分枝数	第株结果枝数	每株果数					每株饱果重/g		百果重/g		饱果出仁率/%	百仁重/g	备注
					总果数	饱果数	烂果数	发芽果数	空秕果数	鲜重	干重	鲜重	干重			

四、考核

根据学生调查过程的表现，对学生掌握测产技术的程度和提出各项关键栽培技术改进措施的能力进行考核。

思考与讨论

1. 什么叫花生清棵蹲苗？
2. 秋花生种子用作春季种植为什么能提高花生产量？
3. 花生既有根瘤固氮，又为什么还要一定的氮肥施基肥或苗期追肥？
4. 在一定范围内为什么适当增加种植密度能提高花生产量？

参考文献

[1]山东省花生研究所．中国花生栽培学．上海：上海科学技术出版社，1982.

[2]董文召，张新友，等．中国与美国花生生产成本及收益比较分析．农业科技管理，2017，36(5)：56-60.

[3]陈清硕，孙雯，等．促进花生生产，保障我国粮油安全．农村经济与科技，2019，30(01)，28-29.

[4]任春玲，曲奕威，等．美国花生产业对我国花生产业发展的启示．河南农业，2017，(34)，11-12.

[5]张静，黄东，等．中国花生收获损失的影响因素研究．花生学报，2017，46(04)，68-72.

[6]王振军，刘艳，等．植物生长调节剂在花生上的应用研究进展．山东农药信息，2017，2，19-20.

[7]李淞淋，曹永跃．世界花生和花生油生产、贸易发展动态及结构特征．世界农业，2018，11，113-119.

第七章 甘蔗

第一节 概 述

一、甘蔗生产的意义

1. 蔗糖是人类生活的必需品

我国的主要制糖原料有甘蔗和甜菜，其中甘蔗糖占我国食糖总产量的80%左右，甜菜糖约占20%。糖是人类生活的必需品。蔗糖性味甘，食用后经消化转变为葡萄糖和果糖，易被吸收利用，提供人类生命活动的热能来源，供给生物合成所需的碳原子，如大脑每日需要110～130 g，肾髓质和红细胞也需要大量葡萄糖。糖供给人体的能量占全部能量的50%～55%。糖在医药上用途很广泛，许多配方要用糖浆调制，多吃糖对晕船、肝炎、黄疸病等有促进疗效的作用。

2. 甘蔗是轻工业的原料

甘蔗除用于制糖外，其副产物的综合利用十分广泛。如蔗渣可用于造纸、纤维板、糠醛等；糖蜜可制酒精、酵母、甘油、柠檬酸和干冰；滤泥可提取蔗蜡、蔗脂、乌头酸及叶绿素，也可作肥料和复合肥的填充剂，在肥料工业上有重要作用。近年来，一些国家还把甘蔗作为一种高产的生物能源作物，用全茎造酒精作为汽车燃料。

3. 甘蔗生产在农业生产中占有重要地位

甘蔗是一种高光效的植物，其单位面积的光能利用率和土地生产率比很多作物高，是一种经济收益较大的作物。甘蔗生产中的大量蔗叶、蔗梢和榨糖后的蔗渣、糖蜜和滤泥是畜类、鱼类的优质饲料和食用菌类的培养基质。在作物生产布局上，甘蔗与粮油作物轮作、间种、套种，有利于改土和培养地力。在蔗田综合利用上，实行蔗沟养鱼，蔗地培养食用菌，能充分利用空间、时间和其他资源。

二、甘蔗生产概况

1. 世界甘蔗生产概况

甘蔗属于禾本科甘蔗属，是一种多年生草本植物。全世界现有植蔗制糖的国家和地区90多个，主产国有巴西、印度、古巴、墨西哥、中国、巴基斯坦、美国、哥伦比亚、澳大利亚、菲律宾、南非、泰国、阿根廷、多米尼加和印度尼西亚等国家。全世界每年生产食糖总产量约为1.327×10^{8} t(原糖值)，产略大于销。

2. 我国甘蔗生产概况

我国是世界上蔗糖主要生产国之一，面积、产糖量分别占常年糖料面积、食糖总产量的85%和90%以上。

我国地处北半球，甘蔗分布南从海南岛，北至北纬33°的陕西汉中地区，地跨纬度15°；东至台湾东部，西至西藏东南部的雅鲁藏布江，跨越经度达30°，其分布范围广，其他国家少见。我国的主产蔗区，主要分布在北纬24°以南的热带、亚热带地区，包括广东、台湾、广西、福建、四川、云南、江西、贵州、湖南、浙江、湖北等南方的省、自治区。广西和云南是我国产蔗、产糖大省、自治区。

3. 广西甘蔗生产概况

广西多年来一直是我国最大的糖料蔗生产基地和食糖生产中心，甘蔗种植面积和食糖产量均超过全国的60%，稳居全国首位。

2007—2016年，广西甘蔗年平均播种面积和总产量分别为105.8 hm^2、7 670.5万t，占全国的60.5%、64.7%；单位面积产量在66.6～78.5 t/hm^2，平均为72.6 t/hm^2，高于全国平均水平。甘蔗单产从2011年之后持续提升，2016年比2011年提高了17.9%。

广西甘蔗种植仍存在规模化水平较低、机械化程度严重不足、蔗田基础设施薄弱、主栽品种单一、自然灾害频繁等问题，宜采取加快整合土地资源、加强甘蔗新品种选育和优化品种布局、加强蔗区农业基础设施建设、加强甘蔗种植机械的研究和推广、大力推广先进栽培技术等对策。

第二节 甘蔗生物学特性

一、甘蔗的形态特征

1. 根

甘蔗根系庞大，入土较浅，为须根系。主要起吸收和固定作用。

甘蔗根系主要由种根、苗根和气根组成(图 7-1)。种根是指由种茎长出的根，数量较少，寿命短，约 1 个月。苗根是指甘蔗幼苗长出的根，数量多，发达健壮，是甘蔗生长的主要根系。气根也叫气生根，当空气湿度较大时，地面茎节上的根点萌发形成气生根。

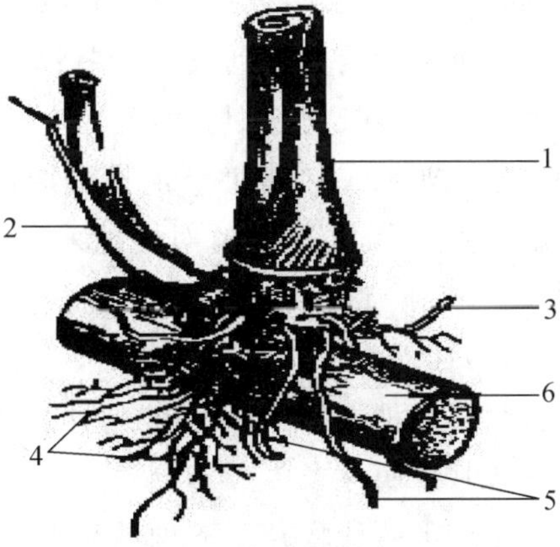

图 7-1 甘蔗种根与苗根

1. 主茎 2. 分蘖茎 3,5. 苗根 4. 种根 6. 蔗种

2. 茎

甘蔗茎由节和节间两部分组成。蔗茎具有支持蔗叶生长和运输水分、养分的作用，同时蔗茎又是甘蔗生长繁殖的主要器官。蔗茎中积累有蔗糖分，栽培甘蔗的目的就是收获蔗茎。

根据蔗茎粗细分为大茎种(茎径 3 cm 以上)、中茎种(茎径 2.5～3 cm)、小茎种(茎径 2.0～2.5 cm)。一般茎粗小于 1.0 cm，茎长小于 100 cm 为无效茎。

蔗茎颜色主要有白色、黄色、绿色、红色、紫色等。蔗茎颜色是甘蔗品种的主要特征，但蔗茎颜色往往随着甘蔗生长环境变化而变化，如叶鞘脱落后蔗茎暴露，时间越长、光照越强度，其色泽就变得越深暗。

3. 叶

甘蔗叶从节基部长出，每节着生一叶。甘蔗叶由叶片与叶鞘两部分组成。蔗叶的主要作用：一是进行光合作用，制造碳水化合物；二是把碳水化合物进一步合成含氮化合物，以构建成甘蔗的各器官；三是具有蒸腾作用。

4. 花和种子

甘蔗花由植株顶部长出，种子为颖果，极小。利用甘蔗开花结实的特性，可进行杂交选育新品种。

甘蔗在南北纬 10°以内的热带地区较易开花结实，其他地域可能开花，但不一定结实。我国除少数地区(海南省、云南瑞丽、广西崇左)、少数品种和特殊年份外，甘蔗一般不会开花结实。

二、甘蔗的生长发育

甘蔗是多年生禾本科甘蔗属植物，具有很强的宿根性。甘蔗种下后，第一次收获的甘蔗为新植蔗，以后收获的甘蔗均为宿根蔗。

甘蔗从种苗下种到收获蔗茎称为一个生长周期。为了便于栽培管理，习惯上将甘蔗一个生长周期划分为五个生长发育时期，即萌发期、幼苗期、分蘖期、伸长期和工艺成熟期。甘蔗每个生长时期都有其生长特点，要求的环境条件也有差异。了解这些特点，可以有针对性地采取栽培管理措施，从而提高甘蔗产量和质量。

1. 萌芽期

(1)甘蔗萌芽。种苗下种后，当水分、温度和空气条件适宜时，根点突出表皮向外生长形成种根，同时蔗芽也吸水膨大，突破芽鳞，从芽孔长出，形成幼苗。这个过程称为甘蔗萌芽。

生产上一般将甘蔗下种后至萌发出土的芽数占下种总芽数的 80%以上的这段时期称为萌芽期。当种苗萌发出土的芽数占总芽数的 10%以上时称为萌芽初期，当萌发出土的芽数占总芽数的 50%以上时称为萌芽盛期，当萌发出土的芽数占总芽数的 80%以上时称为萌芽后期。

甘蔗萌芽是甘蔗生长的开始，良好的萌发可为苗期生长打下良好的基础，对全苗、齐苗和壮苗的关系甚大，对以后的蔗茎生长甚至蔗茎产量也有密切的关系。

(2)影响甘蔗萌发的内在因素。一是种苗的芽数。种苗萌芽存在强烈的顶端优势，通常是形态学上端的芽首先萌发，并能够抑制形态学下端的芽萌发。故生产上为了提高蔗芽的萌芽率，一般把蔗种砍成双芽段。二是蔗种节段的位置。甘蔗芽萌发表现为近梢部的节段萌发较快而壮，越靠近基部的节段，萌发越迟，形成明显的“萌芽梯度”。这是因为上部蔗茎幼嫩，水分、可溶性氮化物、单糖等物质的含量较高，促进发芽和种根形成的生长激素含量较大，芽处于活跃状态，因此芽萌发较快。因此，用蔗梢部做种，可以提高种苗的萌芽率。但梢部最幼嫩的几个芽因其本身所含的物质少，抗性差，萌发不良，一般不宜采用。三是种苗的新鲜度。选择刚砍收的蔗种播种，种苗新鲜，水分、可溶性氮化物、单糖等物质的含量较高，蔗芽萌芽快且粗。种苗经过一段时期贮藏，部分营养物质被消耗，含水量降低，酶活性减弱，萌芽率低且芽苗弱。

(3)影响甘蔗萌发的环境因素。甘蔗种苗萌发受温度、水分和氧气外界环境条件影响。甘蔗萌芽要求的最低温度为13℃左右，最适26～32℃；蔗根萌发的最低温度为10℃左右，最适宜温度是20～27℃。未萌动蔗芽的致死临界温度为－2℃，有时温度虽然不是很低，但低温时间长，蔗芽也会受冻害。萌动芽的致死温度为－1℃。由于发根的温度比发芽的温度要求低，因此在早春植或冬植的低温条件下，常常是根先萌发，芽后萌发，这有利于种苗扎根，为壮苗打下基础。

甘蔗萌芽对土壤水分也有一定要求，在土壤水分含量为20％～30％较适合，最好为25％。如果土壤水分少于20％，则会影响根、芽萌发，尤其是旱地冬植甘蔗在干旱季节下种，更应注意土壤水分。当土壤水分含量高于40％时，会引起种苗烂芽。根、芽萌发对水分要求不同。较高的土壤水分或空气湿度大有利于发根，因此催芽时特别要控制水分，以免发根太长。

蔗芽萌发是一个消耗能量的过程，氧气充足，有氧呼吸就能正常进行，而缺氧或氧气不足，时间长了会导致酒精中毒而死亡。当土壤地下水位高或排水不良时，空气不足。春植或冬植蔗，下种后如果土壤过湿或田间积水，土壤缺氧，而且温度低，常导致种苗萌芽时间过长，容易受到凤梨病、赤腐病为害，造成烂种。因此，低洼地蔗田应避免田间积水。高旱地土壤，空气流通快，容易缺乏水分，种苗容易失水而影响萌发。

2. 幼苗期

甘蔗自种苗萌芽出土后有10％的幼苗长出第一片真叶起，到有50％以上的蔗苗长出5片真叶止，这一生长阶段称为幼苗期。在这一生长期，甘蔗生长开始从以蔗种贮藏养分供给为主的异养阶段向靠植株本身同化产物提供的自养阶段转变。幼苗期根系和叶片生长迅速，为分蘖打下基础。

(1)幼苗期生长特点。一般在蔗苗长到3片真叶时发生苗根，出苗60～80天后种根吸收水分和养分的作用逐渐为苗根所代替。因此，甘蔗幼苗期是种根和苗根更替时期，在栽培上应加速苗根产生和发展，为地上部生长提供更多水分和养分。

甘蔗幼苗期地上部的生长主要表现在叶片数和叶面积的增加，叶鞘构成的假茎增高较慢，节间未伸长。在良好的生长条件下，幼苗基部较粗，叶片数增长快，假茎较高。在荫蔽条件下生长的幼苗，假茎虽然较高，但基部不粗，叶片数较少。

（2）影响幼苗生长的环境因素。苗期生长所需的最低温度比萌芽期稍高，约为15℃，春植蔗进入苗期时，气温上升较快，土温上升较慢，可通过中耕松土提高土温。苗期由于生长缓慢，叶面积尚小，生理需水较少，生态需水较高，土壤水分含量保持在20%～30%就可满足其生长所需。如果土壤水分过多，对通气和土温的提高都不利，以至妨碍根系生长。因此，苗期蔗田怕积水。

幼苗期促进绿叶的迅速发展和苗根的产生，是甘蔗苗期管理的一项重要管理措施。甘蔗苗期吸收的养分虽然只占全期总吸收量的小部分，但表现出对养分需要的迫切性和重要性，特别是氮素和磷素。所以，基肥除施用磷、钾肥外，还要适当施用速效氮肥。

3. 分蘖期

甘蔗经过幼苗期生长阶段后，就开始进入分蘖期。从有10%的幼苗开始分蘖起至全田幼苗开始拔节、蔗茎平均伸长速度每旬达3 cm时称为分蘖期。有10%以上的幼苗开始分蘖称为分蘖初期，30%以上的幼苗开始分蘖称为分蘖盛期，50%以上的幼苗开始分蘖称为分蘖末期。

（1）分蘖的发生。在甘蔗幼苗长到5～6片真叶时，幼苗基部密集节上的侧芽在适宜的条件下萌发成新的蔗株称为分蘖。由分蘖长成的蔗茎称为分蘖茎，而由种苗直接长出的蔗茎称为主茎。可作原料蔗入厂的分蘖茎称为有效分蘖，反之，称为无效分蘖。从主茎上长出的分蘖称为第一次分蘖，从第一次分蘖长出的分蘖称为第二次分蘖，依此类推。

（2）影响分蘖发生的因素。甘蔗分蘖力强弱受品种、光照、温度、氧气、土壤水分、土壤养分等影响。

品种：甘蔗品种间分蘖力的差异很大，一般细茎品种的分蘖力较强，中茎品种次之，大茎品种较弱。

光照：光照强弱是影响甘蔗分蘖的主要外界条件。密植的群体比稀植的群体分蘖少。间种作物选择不当或收获过迟而使甘蔗行间过分荫蔽或荫蔽时间过长，分蘖也显著减少，这些现象都是因光照不足而引发的。

温度：温度对甘蔗分蘖的作用仅次于光照。分蘖发生要求的最低温度约为20℃，随着温度上升，分蘖增加并提早发生，30℃时分蘖最快。温度过高分蘖也会受阻。在亚热带和温带地区，春植甘蔗分蘖期气温较低，往往成为限制分蘖的因素。而秋植蔗此期气温较高，故分蘖率较高，分蘖提早发生。分蘖也会随土温提高而增加，因此一切有利于提高土温的措施，如地膜覆盖、适当浅植、及时除草松土、减少间种作物荫蔽时间等均能促进分蘖。

氧气：土壤的通气状况会影响植株根系的生长发育和对养分的吸收，从而影响分蘖的发生和生长。土壤板结会造成通气不良，雨后中耕松土，保持土壤疏松，以促进早期分生。积水也可导致土壤中缺氧，要及时做好排水工作。

土壤水分：土壤水分与分蘖有密切的关系。有灌溉的比无灌溉的分蘖数增加，分蘖期提早，分蘖相对集中。水分过多或过少对分蘖的产生和生长都不利。对甘蔗分蘖适宜的土壤水分一般为田间持水量的70%左右。

土壤养分：氮、磷、钾三要素中任何一种元素缺乏都会影响甘蔗正常分蘖。氮肥和磷肥对分蘖影响最明显，缺钾对分蘖影响不如缺氮、缺磷那么显著。氮肥虽能增加分蘖数，但若磷、钾肥跟不上，死蘖会增多，成茎率低。分蘖始期及时施攻蘖肥(特别要重视氮肥的施用)和适当灌溉，可提高分蘖成茎率。

此外，培土也可控制分蘖。浅培土有疏松土壤、保水保肥的作用，可以增加分蘖；中培土可以保分蘖；而大培土可以抑制分蘖，因大培土限制了土壤通气，弱小的分蘖多被抑制而死，而健壮的分蘖受到抑制较小。因此，培土迟早和厚薄是控制分蘖的一项重要措施。下种量、株行距、植期、除草、使用化学物质(如激素等)等对分蘖也有影响。

4. 伸长期

甘蔗的伸长期是蔗株自开始拔节且蔗茎平均伸长速度每旬达3 cm以上起至伸长基本停止这一生长阶段。伸长期又可按蔗茎平均伸长速度划分为：伸长初期(伸长速度每旬达3 cm以上)、伸长盛期(伸长速度每旬达10 cm以上)、伸长后期(伸长速度降至每旬10 cm以下)。甘蔗伸长期长势好坏与产量关系很大，栽培上应注意充分利用高温、强光、多雨等有利条件，加强水肥及其他方面的管理，促其生长。广西春植甘蔗的伸长期从5～10月，历时6个月左右。早、中秋植甘蔗有两个伸长期，一个是当年的秋季，另一个是次年春暖以后。

(1)伸长期的生长特点。甘蔗伸长期是旺盛生长的开始，是由以发展群体为主转向发大根、开大叶、长大茎的个体为主的时期。甘蔗茎的伸长包括蔗茎节数增加和节间伸长两个方面，而节间伸长一般又伴随着增粗，即节间伸长与增粗是同步进行的。因此，某个节间在伸长增粗期间遇上不良的气候条件，或缺水缺肥，或病虫害影响以及叶片被过早伤害等，其伸长或增粗就会受到抑制，以后即使再遇适宜条件，也不能重新恢复伸长和增粗，成为蔗茎中不正常的短小节间。如早秋植甘蔗常出现“蜂腰”或茎基部较细的现象，这与在伸长期遇到低温干旱有关。

(2)影响甘蔗伸长的因素。甘蔗伸长生长受光照、温度、水分、养分、品种等因素影响。

光照:甘蔗为C_4作物,性喜光,对光合能量的转化率较高,光饱和点较高而CO_2补偿点较低。光照对甘蔗生长特别重要。光照强,光照时间长,光合产物就多,植株生长健壮,节间体积增长快,茎粗大,叶宽阔浓绿,干物质转化为蔗糖分多。同时,节间纤维较多,抗病虫害、抗风力较强。若光照不足,则母茎细长,叶狭色淡,叶片容易衰老,节间纤维少,组织幼嫩,干物质合成量相对较少,易滋生病虫,易倒伏。因此,如甘蔗密度过大,下部叶片光照不足,就会造成生长不良,甚至大量死茎。所以在甘蔗栽培上要因地制宜,合理剥叶,务求做到既不影响蔗茎的伸长,又有利于田间通风透光。

温度:温度对蔗茎伸长关系密切,最适温度为30℃左右,低于20℃时伸长缓慢,12～13℃时伸长极为缓慢,在10℃以下则伸长基本停止,低于0℃会冻死甘蔗生长点,蔗茎组织也会受冻害。温度高于37℃时,蔗株的生长会受到抑制。不同的甘蔗品种对温度的反应有差异。根系生长的最低温为10℃,20℃以上时生长较快,27℃为最适温度。低温不仅影响根系的生长,还影响根系的吸收功能。

水分:水分对蔗茎伸长有显著影响。甘蔗伸长期是生长最旺盛阶段,根群发达,吸水最大。植株高大,蔗叶生长旺盛,叶面积大,叶片光合作用和蒸腾作用均强,故这一时期需水量最大,占全生育期总需水量的50%～60%。伸长期对缺水非常敏感。若缺水,可使节间变短,植株变矮,形成短小节间。严重缺水会使蔗茎空心或蒲心,产量下降。但水分过多,如积水,可使土壤通气性变差,根系正常生理功能受到破坏,生长变慢,叶片变黄。

养分:甘蔗在伸长期吸收的氮、磷、钾的量均占整个生育期总吸收量的80%左右。伸长期养分不足,则蔗株叶片变黄,蔗茎细弱矮小,对产量和蔗糖分都有较大影响。生产上应保证水肥供应充足,进入伸长期时应及时施攻茎肥。但在伸长后期不能过多施肥(特别是氮肥),以免甘蔗推迟成熟,茎中蔗糖分含量降低。

品种:不同品种的蔗茎伸长速度有差异。一些品种前中期生长快,后期生长慢;而另一些品种则是前期生长慢,中后期生长快。栽培上可根据不同的品种生长特性,采取相应的措施促进其生长。

5. 成熟期

甘蔗成熟分为工艺成熟和生理成熟两种。

(1)工艺成熟。工艺成熟是指蔗茎糖分积累。工艺成熟期是指蔗茎蔗糖分积累达到高峰，蔗汁纯度达到最适宜于糖厂压榨制糖的时期。

甘蔗蔗糖分与工艺成熟有密切关系，而蔗糖分在蔗茎中大量积累的过程就是工艺成熟的过程。就单条蔗茎而言，蔗糖分在茎中的积累是自下而上逐节而进行的，至成熟阶段全茎各节段的蔗糖分几乎相等，达到最高水平。在一丛甘蔗中，是主茎先成熟，然后是第一次分蘖、第二次分蘖……但是，达到工艺成熟时若不及时收获，会出现过熟现象，即茎中蔗糖分不但不会继续增加而且会发生转化，尤其在高温多湿的条件下转化更快，从而使蔗糖分降低，还原糖分提高，蔗汁纯度下降，这种现象俗称“回糖”。回糖过程也是自下而上逐节进行的，最先是基部节间的蔗糖分下降，还原糖分提高，然后是以上各节间。

甘蔗工艺成熟的形态特征：成熟蔗株，形态上表现为蔗叶变黄，新生叶狭小而直立，顶部叶片簇生；茎色变深，茎表面蜡粉脱落，节间表面光滑。茎横切面薄壁细胞是液泡里充满蔗糖而表现为玻璃状。

甘蔗工艺成熟的质量指标：成熟蔗茎，用手持锤度计在田间测定其上部和下部的蔗汁锤度，上下节间蔗汁锤度比达 0.9～0.95 时为初熟，0.95～1.00 时为全熟，超过 1.00 则为过熟。判别甘蔗成熟还可以通过室内测定蔗汁蔗糖分、还原糖与蔗汁重力纯度等。当蔗汁中还原糖与蔗糖之比达 6%～10%为初熟，达 3%～6%为全熟，达 1%～3%为过熟。蔗汁重力纯度至少在 75%以上才能砍收，达 85%以上为佳。

影响甘蔗工艺成熟的因素：品种是影响工艺成熟的内在因素，按其成熟的迟早可把甘蔗品种分为特早、早、中、晚熟品种。早熟品种在较早时间开始积累糖分，早期糖分较高，并在较早的收获季节达到其固有的最高糖分；而迟熟品种则开始积累糖分较晚，早期糖分较低，到达其最高糖分的时间较晚。在冷凉干燥的气候条件下甘蔗工艺成熟较快。

株龄：蔗茎中的蔗糖分含量与株龄关系密切，呈正相关关系，随株龄增加而增加，直到该品种的蔗糖分含量达到最大为止。一般秋植蔗比春植蔗成熟早，宿根蔗比新植蔗成熟早，冬植蔗比春植蔗成熟早。同一蔗蔸，主茎比分蘖成熟早，早生分蘖比迟生分蘖成熟早。在生产上，应尽量提早种植甘蔗，促进早生分蘖，延长甘蔗的生长期，以达到增产增糖的目的。

温度：低温降低呼吸消耗，适当的低温促进成熟，夜间温度较低且昼夜温差较大时，蔗糖分积累较快，成熟较早。但温度在 0℃以下可使植株出现冷害，不利于蔗糖分积累。一般温度在 18℃以下（不低于 5℃），且昼夜温差在 10℃左右最有利于蔗糖分的积累。甘蔗剥叶可以增强蔗田通风透光性，增加田间的昼夜温差。在南方蔗区，一般进入秋季后，气温开始下降，昼夜温差开始增大，有利于甘蔗成熟。

水分：控制蔗田水分可促进糖分在蔗茎中累积。生产上遇到降水少的干旱年份，甘蔗成熟期蔗茎中的蔗糖分含量比正常年份高。但在严重干旱条件下，植株生长受到严重影响，蔗茎中蔗糖分含量反而下降。若在成熟期水分充足，则不利于蔗糖分在蔗茎中积累。因此，在甘蔗成熟期可通过适度控制水分来促进甘蔗成熟。一般在收获前 1 个月停止灌溉，使土壤水分下降。成熟期需水量占全生育期需水量的 5%～10%，一般保持土壤湿度为田间持水量的 60%～70%即可。

养分：氮素有利于甘蔗生长，施氮肥过多可导致植株生长过旺，对蔗糖分积累不利，同时会降低蔗汁品质而影响制糖。广西蔗区一般在 7 月份即停止施用氮肥。增施磷肥能促进成熟、提高早期糖分。钾能提高蔗茎蔗糖分含量和蔗汁重力纯度，改善蔗汁品质。因此，合理施肥，特别是注意增施磷钾肥，可以提高蔗茎中蔗糖分的含量。

病虫害：蔗茎受赤腐病侵害，则蔗茎蔗糖分下降，蔗汁品质变坏。受螟虫为害严重的蔗茎，不仅容易被风折断倒伏，而且茎中的贮藏组织遭到破坏，妨碍蔗糖的贮藏积累。棉蚜虫为害严重的蔗田，蔗茎中的蔗糖分下降，蔗汁制糖困难，而且使下一年的宿根发株能力变差。

倒伏：甘蔗倒伏后，蔗茎空心和蒲心节间增多，单茎重变轻。倒伏蔗茎上的芽和根点易萌发生长，大量消耗蔗糖分，使茎中蔗糖分含量下降。早倒伏和严重倒伏对蔗茎产量和品质影响更大。施氮肥过多和土壤水分较多容易使甘蔗倒伏。控制后期氮肥和水分供给，剥除枯叶，增加蔗田通风透光等方法，可以增强蔗茎的抗倒伏能力。

土壤：在其他条件相同的情况下，一般沙质壤土上的甘蔗糖分较高，其次是黏质壤土，黏质土上的甘蔗含糖量最低。土壤过酸、过碱以及盐分含量过高等对蔗糖分在蔗茎中的积累不利。

(2)生理成熟。甘蔗生理成熟是指蔗株具有 4 个节以上，在适宜的条件下通过光周期生长锥细胞发生质的变化，停止营养生长而转向生殖器官的发育，进行花芽分化、孕穗、抽穗、开花和结实的过程。甘蔗杂交育种需要甘蔗开花结实，并要求各杂交亲本花期相一致。但在甘蔗生产上希望不开花，因为开花会对甘蔗产量和蔗糖分造成一定的损失。

决定甘蔗花芽分化的主要条件是光周期，一般品种花芽分化的日照长度为 12～

12.5 h，在花芽分化期间以白天温度 20～30℃，夜间 21～27℃最为适宜，温度过高或过低都不利于甘蔗花芽分化。土壤水分和大气湿度对开花也有影响。

甘蔗是栽培在热带和亚热带的作物，其整个生长发育过程需要较高的温度和充沛的雨量，在广西甘蔗生长期长达 9～17 个月，一般要求全年≥10℃的活动积温为 5 500～6 500℃。年日照时数 1 400 h 以上，年降雨量 1 200 mm 以上。广西是亚热带季风气候区，其气候特点是全年光照充足，无霜期长或全年无霜，春季、夏季降雨多，这有利于甘蔗的萌芽、分蘖和拔节伸长，秋冬季干燥、昼夜温差大，有利于甘蔗糖分转化和积累。可见，广西的气候条件与甘蔗生长基本同步，能满足甘蔗生长发育对光、温、水的要求。

用种茎蔗芽长成的甘蔗称为新植蔗。砍收后地下蔗蔸上的蔗芽，在适宜环境下萌发长成蔗株，并收获蔗芽的甘蔗称为宿根蔗。新植蔗又因下种季节不同分为秋植蔗、冬植蔗、春植蔗和夏植蔗。由于种植期不同，甘蔗生育期有较大的差别，最长的达 18 个月（如 8 月份种植的秋植蔗于次年 4 月份砍收），最短的只有 7 个月（4 月份种植的春植蔗于当年 11 月份砍收），一般为 10～11 个月（2 月份种植于次年 1 月份砍收）。

三、甘蔗产量构成及产量形成

糖料蔗蔗茎产量是由单位面积的有效茎数和平均单茎重构成。单茎重由蔗茎长度（茎长）、茎径和比重（理论上一般以 1.0 计算，但目前国内栽培品种，其比重是 0.97～1.15）所决定。因此，甘蔗产量可用下列公式表示：

$$\text{单位面积蔗茎产量} = \text{单位面积有效茎数} \times \text{单茎重(kg)}$$

$$\text{单茎重(kg)} = \text{茎面积}(cm^2) \times \text{茎长(cm)} \times \text{比重} \times 0.78 \times 10^{-3}$$

有效茎是指收获时达到 1 m 以上的蔗茎，其中包括主茎和分蘖茎。一般情况下主茎占总有效茎数的 80%～90%，分蘖茎只占 10%～20%。有效茎数多少主要与种植密度、蔗芽萌发率、分蘖率和枯死茎率等因素有关。播种量和萌芽率是有效茎数的基础，分蘖期采取措施促进分蘖成为有效茎，尽可能减少枯死茎，这是增加有效茎数的有效途径。

蔗苗健壮与否，伸长期伸长增粗速度、成熟期蔗糖积累速度都与单茎重有关，其中伸长期生长是单茎重的决定因素。

甘蔗栽培的最终目的是获得高产、高糖和高效益。如果吨糖耗蔗量控制在 7～

8 t,蔗茎蔗糖分达15%左右,其成本较低,经济效益最佳。

第三节　新植蔗栽培技术

一、选择优良品种

1. 甘蔗良种的概念

良种是优良品种的简称。在不同时期、不同地区、不同年份、不同生产条件、不同栽培制度下,对良种的理解和要求是不同的。良种的概念是动态的,是可以变更的。因此,甘蔗良种是指在某一地区、某一时期、某一栽培制度、某一生产力管理水平下,能获得单位面积最高蔗茎产量、最高甘蔗蔗糖分和最适宜纤维分,而且产量稳定,宿根性能和农艺性状好,工艺性状优良,适应性广,抗逆性强,抗病虫力高,受种植者欢迎,制糖工艺品质佳的甘蔗品种。

2. 甘蔗早、中、晚熟品种的概念

不同甘蔗品种,由于遗传基础不同,其最高蔗糖分出现的时期也不同。根据糖厂压榨时间对原料蔗的工艺品质最佳要求,通常将甘蔗品种划分为早、中、晚熟品种。

早熟品种是指11月上旬至中旬达到加工工艺成熟的品种。即某品种11月上旬至中旬的甘蔗蔗糖分,在华南蔗区达14%,原料蔗品质达到开榨的工艺要求,则该品种已经达到工艺成熟,定为早熟品种。但此时仍然不是该品种最高蔗糖分的成熟期。

中熟品种是在当年12月下旬至翌年1月份,甘蔗蔗糖分在华南蔗区达15%称为中熟品种。

晚熟品种是指头年种植的甘蔗,第二年2月上旬甘蔗蔗糖分达15%以上,再延长到4月份,蔗糖分达17%以上的甘蔗品种,都统称为晚熟品种。

3. 甘蔗高、中、低糖品种的概念

甘蔗高、中、低糖品种的划分是动态的,不同的栽培历史时期要求有差别。目前推广的甘蔗良种其工艺成熟时的甘蔗蔗糖分一般都达到15%～17%,高的达到18%或更高。因此,高糖品种是指工艺成熟时甘蔗蔗糖分达到17%～18%的品种;中糖品种是指工艺成熟时甘蔗蔗糖分达16%～17%的甘蔗品种;工艺成熟时甘蔗蔗糖分在15%以下的甘蔗品种属于低糖品种。

4. 甘蔗大、中、小茎品种的概念

通常是根据甘蔗茎上、中、下三段的平均茎径（茎粗）的大小，把甘蔗划分为大、中、小茎三类。茎径在 2 cm 以下的品种为小茎种，2～2.5 cm 的品种为中茎种，2.5～3 cm 的品种为大茎种，3 cm 以上的品种为特大茎种。

5. 甘蔗优良品种

根据广西壮族自治区物价局、广西壮族自治区糖业发展办公室“关于 2018/2019 年榨季糖料蔗收购价格问题的通知”[桂价格(2018)110 号]，“继续实施糖料蔗优良品种加价政策。对桂糖 29 号、桂糖 31 号、桂糖 32 号、桂糖 36 号、桂糖 37 号、桂糖 40 号、桂糖 42 号、桂糖 43 号、桂糖 44 号、桂糖 45 号、桂糖 46 号、桂辐 98/296、桂柳 05136、桂柳 2 号、福农 39 号、粤糖 93/159、粤糖 00/236 等优良品种实行加价，加价水平为 30 元/t。”各地可因地制宜选用这些良种。

二、蔗种处理

做好种茎选择与处理工作，创造适宜条件促进蔗芽萌发，提高发芽势和发芽率，使发芽率达到 70%以上，以保证全苗、齐苗，确保单位面积有效茎数足够，才能获得甘蔗高产高糖。

（一）种茎选择

选择种茎的标准：蔗茎生长正常，芽健壮饱满，茎大小适中，无病虫害。

选择种茎的方法：一般经过块选（田选）、株选、段选和芽选等技术环节。

大田块选：在甘蔗收获前，选择生长正常、茎径大小均匀、节间较长、没受棉蚜危害的、不倒伏、品种纯正的新植甘蔗作为留种田。

收获株选：在块选的基础上，收获时进行株选。凡符合块选要求的地块或地段中，亦会有少数植株不符合要求，如蔗茎太小、倒伏、半干枯和受棉蚜危害等。要选择蔗茎均匀、蔗芽饱满、直立、无病虫害的留种。

大田生产以留梢部苗较好，梢部苗比中部苗或下部苗发芽率高，发芽快。因此，留种的植株在大田收获时宜将生长点砍去，削去叶片，保留叶鞘，在生长点以下 40～70 cm 处砍断，用蔗叶捆扎成束备用。

斩种段选：斩种时要选择蔗茎粗大、蔗芽饱满、芽鳞新鲜带青色的作种。这种种苗，营养充足，发芽良好，长出的蔗苗粗壮。对于种性是实心的品种，要剔除空心蒲心的，对于原来种性是空心蒲心的品种，尽量选空心蒲心较小的做种。蔗芽扁平、芽鳞灰黑的亦应剔除不用。梢端生长点(鸡蛋黄)以下约 6 cm 的一段,蔗肉幼嫩、青白色,含水分多,芽扁平,未充分发育,下种后容易腐烂,或长出的幼苗非常纤弱,亦宜斩去不用。

下种芽选:种苗经斩种、浸种、催芽以及在运输过程中,常造成机械损伤,在下种时还要剔除死芽、坏芽和虫蛀芽。

(二)种茎处理

种茎处理的目的是提高萌芽率和萌芽速度,内容包括晒种、斩种、浸种、消毒和催芽等技术环节。

1. 晒种

晒种只用于新收获、含水量高的种茎,经贮藏的种茎不需晒种。目的是打破蔗芽和根点休眠,促进酶活动和呼吸作用,使蔗糖分转化为还原糖供根芽萌发需要,从而提高发芽率。晒种前先剥除蔗种上的老叶鞘,留下嫩叶鞘,然后将蔗种摊开晾晒。一般梢头种苗保留叶鞘晒种 1～2 天。晒至幼嫩节间表皮稍有皱缩为宜。晒种技术必须与浸种技术相配套,或播种时土壤水分很充足,否则晒种的效果适得其反。

2. 斩种

斩种是消除顶端优势、促使蔗芽萌发均匀一致,提高发芽率,节约蔗种,确保全田蔗苗生长整齐一致的重要手段。用蔗梢作种,一般以斩成双芽段为宜。因为双芽段种苗,上下位芽有一个完整的节间,种茎保持水分、养分和抗病能力较强,萌发较整齐一致,有利于全苗、齐苗。

斩种时,先剥除叶鞘(幼嫩叶鞘则不剥,以免损伤种茎),斩种刀具要锋利,刀口要薄,垫底砧板或木垫要略厚,最好呈圆拱形。种茎放在砧板或木垫上,芽向两侧,斩种时要用力,一刀两断,切口平滑,切忌斩裂蔗种,以免由于裂口大,易引起病菌感染腐烂。

蔗芽萌发和幼苗生长初期所需养分主要由种苗供应,养分和水分是由下部节间向上输送的,因此,斩种时种苗的下部节间要留长些,约占节间的 2/3,上部节间留短些,约占节间的 1/3。

3. 浸种

浸种可减少种茎内蔗糖分含量,促进蔗糖分转化为还原糖,又可提高种茎的含水量,因而浸种有利于促进根芽萌发,提高发芽率和提早出苗。目前生产上常用的浸种方法有2%石灰水浸种、温水浸种和清水浸种等。

2%石灰水浸种：用2%石灰水浸种，即100 kg清水，配用2 kg新鲜石灰。方法是：将石灰放入容器中，先加少量清水调成糊状，待石灰充分溶解后，将之倒入浸种池中，加入足量清水，并充分搅拌均匀，即可将蔗种放入浸泡。浸种时间视种茎老嫩和当时气温情况而定，一般梢部茎段浸12 h，中部茎段浸24 h，基部茎段浸36 h。如当时气温较高，可适当缩短浸种时间，若气温低则可适当延长。

清水浸种：用清水浸种也能促进发芽。清水浸种最好在河边、溪边的流动水中进行，效果较好。如用井水浸种最好能换一次水，一般不要用塘水浸种，因塘水浅，较污浊，病菌较多，会对种苗带来不利影响，甚至沤坏蔗芽。若塘水较深、水较清，也可用于浸种。

温水浸种：用55～57℃的温水浸20 min，在浸种期内温度保持52℃左右。

三种方法中，以温水浸种最好，2%石灰水浸种其次，清水浸种效果较差。

4. 消毒

种茎的切口容易感染病害而降低发芽率，造成缺苗断垄，因此，浸种后需进行种茎消毒。常用的消毒方法有以下两种：

(1)药剂消毒法。用50%的多菌灵或苯来特或托布津粉剂兑水配成1∶1 000倍的稀释液浸种10 min。每消毒250～300 kg种茎后，再添加40～50 g农药和适量的水，才能达到消毒目的。如种茎量大，浸种消毒用具不够的，可用喷雾器均匀喷湿种茎，并盖上塑料薄膜保湿20～30 min，但其效果比浸种消毒稍差。

(2)温水消毒法。用52～57℃温水浸种20 min，在浸种期间保持52℃左右的温度，能有效地预防凤梨病和赤腐病，加快种茎萌发速度。用54℃的温水处理种茎8 h，对防治宿根矮化病有较好的效果。

5. 催芽

催芽就是人为地创造一种适宜于甘蔗种苗萌发的温度和湿度条件，促进种苗提前萌发。这是提高发芽率和促进幼苗生长的一项有效措施。催芽方法有多种，比较普遍采用和简单易行的是堆肥催芽、堆积催芽和塑料薄膜覆盖催芽。

堆肥催芽：选择靠近蔗地平坦的地方，将地面杂草清除干净，先铺一层厚15～20 cm的堆肥，将浸种消毒过的种茎平放叠成高20 cm左右，然后铺一层15～20 cm厚的堆肥，再铺一层种茎，如此相间堆放种茎3～4层，堆成底宽约1 m的长方形堆，排完最后一层种茎，四周盖上堆肥，最后盖稻草或蔗叶保温保湿。堆肥用半腐熟的堆肥，以利用堆肥发酵增温进行催芽，堆肥的湿度以含水量60%左右为宜，防止水分过多导致种根过长。堆后要每天检查温度 2～3 次,控制堆内温度在 25～30℃,防止温度过高只长芽不长根或烧坏根芽。一般经 3～4 天可达到催芽标准。

堆积催芽:在室内或室外背风向阳的地方,将蔗种堆成底宽 1 m 左右,高 60～80 cm,长度不限,用水泼湿蔗种,让种茎自然升温促根芽萌发。此法升温慢,催芽时间较长,根芽萌发不够整齐。

塑料薄膜覆盖催芽:在蔗地附近找一块平整的地段,将土壤锄松碎,略浇一点水使土壤湿润,将浸过种的种茎排铺于地面上,高 5～10 cm。种茎排放的宽度视地膜的宽度而定,长度视种茎的数量而定。种茎排好后,铺上 2～3 cm 黑色谷壳灰或堆肥,上盖塑料薄膜。薄膜四周边缘用泥土压紧,以防刮风掀起。

催芽的标准是芽翼张开,芽伸长约 1 cm,整个芽呈“麻雀咀”状,根点刚露白而未伸长或刚开始伸长。防止根芽过长呈“鸡咀芽”“胡须根”,以免造成起种和下种时易把根芽折断而影响出苗。

三、整地与施基肥

(一)整地

1. 深耕深松

甘蔗植株高大,生长期长,要获得高产稳产,必须进行精细整地。春植蔗田应冬犁晒白使土壤风化,使整地质量达到深、松、碎、平的要求,以提高蔗地的保水保肥能力,促进蔗株根系深扎,加强吸收力和抗倒力。丘陵旱坡地要注意防止水土流失,采取等高线犁耕整地,新开垦的生荒地要犁翻晒坯,多犁多耙,结合施足基肥,多施有机肥料,配合施用磷、钾肥,促进土壤熟化,提高土壤肥力。

深耕深松技术已成为旱地蔗区高产的一项重要措施。旱地蔗区可进行不翻乱土层的深松土,全面深松 30～45 cm。但犁翻的深度要因地制宜。耕作层较厚、土壤肥沃、有机质含量较高并且可大量施用有机肥的蔗田,耕翻可深些;耕作层较薄,土壤瘦瘠,有机肥数量少的蔗地,深度应浅些,并可采用逐年加深耕作层或耕而不翻的深松方法。地下水位高、土壤肥沃的冲积土,可以在深翻晒白后经过耙碎耙平,然后开好排水沟,以降低地下水位。深耕应尽早进行,特别是前作为水稻的蔗田,土壤较实、黏重,更应及早耕地。

2. 开植蔗沟

在精细整地的基础上按种植的行距开植蔗沟。植蔗沟的质量要达深宽沟、平松底的要求，以利于下种后种茎与碎土紧贴，促进吸水发根和新根生长，从而加强蔗株吸收、抗旱、抗倒伏能力。植蔗沟规格一般为沟深 20～30 cm，沟底宽 20～25 cm，沟底要平坦并有碎土 6～7 cm 厚。植蔗沟的深度，旱地和排水好的田块可深些。水田和排水不良的地块宜浅些，以雨后种茎不被水浸为宜。可采取三级沟种植法，即将畦底一半垫土种蔗(畦边下种)，一半挖深下去，用泥土盖在种茎上而成一条小沟，沟底位于种茎下 7～10 cm。同时开通四周排水沟，使小沟、畦沟、排水沟相通，这样才能发挥排水作用。

（二）施足基肥

春植蔗生长期较短，早春气温较低，肥料分解慢，要夺取高产，必须施足基肥，以促进壮苗早发，早分蘖，提高有效分蘖率。施用量应视品种、土壤肥力、土壤质地、栽培条件、气候条件、产量水平及施肥技术等因素而定。常规施肥法一般是将甘蔗一个生长周期全部的有机肥、磷肥、钾肥以及 20%左右的氮肥作基肥。如果采用地膜覆盖栽培一次施肥法，则将全部肥料做基肥。二次施肥法将 30%氮肥和全部的磷、钾肥做基肥，余下 70%氮肥做追肥。基肥数量，一般每公顷施农家肥 15～20 t，过磷酸钙或钙镁磷肥 750 kg，氯化钾 120～150 kg。

基肥一般采用植沟内深施的方法。先将所施肥料混合均匀，堆沤半个月，集中施入植蔗沟沟底，与底土混合后，盖上一层细土，再下种。

四、适时下种，合理密植

（一）下种适期

根据甘蔗种茎根芽萌发对最低温度的要求，当土温稳定在 10℃以上时，就可以下种。早春低温阴雨多的地区，要掌握在冷尾暖头的晴天下种，避免低温阴雨时下种，以利蔗芽萌发出土。采用地膜覆盖栽培的，可适当提前下种。能在较低温条件下萌发，且幼苗生长较快的品种，可在温度条件基本满足时及早播种。对萌发温度要求较高的、前期生长又较慢的品种，即使温度条件能满足也应考虑稍迟播种。

广西春植蔗适宜下种期一般为桂南蔗区 2 月上中旬，桂中蔗区 2 月中下旬，桂北蔗区 3 月份。

（二）下种密度

1. 合理密植

甘蔗产量是由单位面积有效茎数和单茎重组成。合理密植可以使有效茎数和单茎重得到协调发展，从而获得较高的产量。如果种得过疏，单茎重虽有所增加，但单位面积上的有效茎数减少，单茎重增加不能补偿有效茎数减少所损失的重量，单产下降。如种得过密，有效茎数虽多，但单茎重下降，有效茎增加形成的产量不能补偿茎重损失的产量时，单产也不高。

合理密植的原则：依靠母茎，充分利用早期分蘖。在单位面积有效茎数构成中，一般主（母）茎占80%～90%，分蘖茎占10%～20%。主茎成茎率高，有效茎数多，单茎重大，成熟早，蔗糖分高，在产量构成中占主要地位。早期分蘖的成茎率较高，单茎重也较大，所以在生产上应充分利用，而中后期分蘖的成茎率很低，往往不能成为有效茎，且消耗养分，在栽培上应该注意控制或间除。

下种密度由下种规格来表示，主要包括下种量和种植行距。

2. 下种量

下种量要根据当地气候、品种、水肥条件及栽培管理水平而定。华南地区气温高，雨水多，生长期较长，甘蔗生长量大，种植密度可相对较小，下种量可少些。偏北的蔗区由于气温较低，生长期较短，雨水相对较少，种植密度要大些，下种量多些。大茎品种与中小茎品种相比，植株较高大，叶片繁茂，要求有效茎数较少，种植密度要求小些，而中细茎种下种量要多些。水肥条件较好，管理水平较高的蔗区或蔗种萌芽率较高，出苗较整齐，利用分蘖成茎的可能性大些，种植密度可小些，下种量可少些；相反，水肥条件较差，管理水平低时，要适当增加下种量。

下种量是以单位面积的下种芽数来表示的。根据各地的实践经验和当前的生产水平，大茎种的有效茎数为67 500条/hm^2，下种芽数为67 500～75 000个/hm^2；中茎种的有效茎数为82 500条/hm^2，下种芽数为82 500～90 000个/hm^2；小茎种的有效茎数为97 500条/hm^2，下种芽数为97 500～120 000个/hm^2。冬植蔗萌芽期正值低温干旱季节，发芽率较低，下种量应增加10%～20%。秋植蔗则相反，下种量宜减少10%～20%。如果不浸种消毒，下种量应增加10%～20%。

甘蔗行距以1.0～1.2 m为宜。肥地宜疏，瘦地宜密。秋植宜疏，春植宜密。生长期长的迟熟品种宜疏，叶片狭长的中小茎种宜密。栽培水平高的地区宜疏，栽培水平低的地区宜密。总之，要根据当地的具体情况来确定。

（三）下种方式

甘蔗下种方式多种多样，按种茎在植蔗沟内的排列方式可分为：单行条播、双行条播、双行品字形条播、梯形横播等。生产上多采用双行品字形条播方式，其优点是蔗芽排列分布均匀，疏密适宜，最后有效茎数多，茎重均匀，产量高。

（四）下种方法

先施基肥与沟底碎土拌匀拨平后，种茎芽向两侧平放，稀密均匀，轻压贴泥，防止“架桥”现象。下种时如土壤过干旱要淋湿植沟下种。下种后用碎土或腐熟有机肥盖过种茎，施药防治地下害虫，然后再盖碎土 2～3 cm。下种时要在畦沟两端的沟边多下一些种茎作补苗用的预备苗。

春植蔗下种后用地膜覆盖植蔗沟，有保温保湿、保肥、保持土壤疏松、防止雨水冲刷的作用，有利出苗快而整齐，幼苗生长旺盛。下种覆土后，把植沟沟面碎土拨平，把较大的泥土拣出后，喷施除草剂灭草，再用地膜覆盖植沟。地膜要拉紧、拉平、紧贴地面，膜的四周要用细土压紧密封，地膜露光部分不少于 20 cm，否则影响地膜覆盖的增温效果。在盖膜过程中如果不小心弄破了地膜，就用细土盖住破口，以防地膜被风吹破吹翻，影响保温、保湿效果。一般每公顷蔗地用宽度为 40～50 cm、厚度为 0.005～0.008 mm 的地膜约 30 kg。如地膜能拉平、紧贴地面，蔗芽出土时可穿透地膜露出膜外生长，若地膜拉不紧，蔗苗弯曲生长在膜内，要及时破膜引苗，防止烧苗。

揭摸时间应根据外界温度和蔗苗生长情况而定，若外界温度已稳定回升，适合甘蔗幼苗生长要求，同时幼苗已长到一定高度，基本苗数又已达到要求，并且需要及时追肥等管理工作，即可以揭膜。

五、田间管理技术

（一）苗期田间管理

甘蔗苗期是指下种出苗后到长出 7 片真叶前这段时间，春植蔗历时 50 天左右。这一时期以长根为中心，根系生长较快，叶片生长较慢，如出苗快而齐，分蘖早生快发、增加茎数打好基础。幼苗期要求长势旺盛，一叶比一叶长而大，叶色深绿，叶姿斜弯而不下垂，无或少病虫害。

苗期管理的主攻目标是促出苗快，出苗齐，保证全苗，培育壮苗。通过苗期管理，要求达到壮苗、全苗标准。壮苗标准：①叶色浓绿。②叶片肥厚。③没有或很少有枯黄叶片。④正常分蘖。全苗标准：植沟每米长度有苗 6～7 株，全田有苗 52 500～75 000 株/hm^2，且分布较均匀。

1. 查苗补苗

在甘蔗出土后，植株有 3～5 片叶时进行，凡 30 cm 内无苗的均要补苗。补植种苗来源是种蔗预留 10%左右的预备苗，没有预备苗的，则移密补疏，就近补栽。补苗宜在雨后、阴天或傍晚进行，补植时要剪去部分叶片，带土移栽，并淋足定根水，再盖上细土。

2. 施攻苗肥

在 2～3 片真叶时进行，以氮肥为主，配合钾肥，一般施腐熟粪水 45～60 t/hm^2，加尿素 45～60 kg/hm^2，或施尿素 105～120 kg/hm^2、氯化钾 45～60 kg/hm^2，要特别注意弱小苗多施。

3. 中耕除草培土

一般进行 1～2 次，结合施攻苗肥先中耕除草后施肥，施肥后进行薄培土。也可采用化学除草剂灭草。

4. 防旱防渍

土壤过于干旱时，应淋水抗旱，有灌溉条件的可灌跑马水保湿，雨后要及时排除渍水。

5. 防治病虫害

主要防治蔗螟、蔗龟、蓟马三种虫害。蔗螟为害会造成枯心苗；蔗龟为害会造成死苗；蓟马为害则影响壮苗，应注意检查并及时防治。

（二）分蘖期田间管理

甘蔗分蘖期是指从蔗苗开始分蘖到开始拔节伸长前这段时期，春植蔗历时约 30 天。这一时期以长分蘖为中心，营养生长较旺盛，苗根和叶片生长较快，分蘖大量发生，叶面积增大，是决定有效茎数的关键时期。分蘖期长势长相要求生势旺盛，一叶比一叶长、大，叶色深绿，叶姿斜伸弯而不垂，无或少病虫害，健壮苗蘖数达计划茎数要求。

分蘖期管理的主攻目标：促分蘖早生壮长，主茎和分蘖健壮，保证计划茎数，抑制后期无效分蘖。

1. 施攻蘖肥

攻蘖肥要早施，应在蔗株有6～7片真叶时施用。以氮肥为主，配合钾肥，一般施尿素150～225 kg/hm²、氯化钾75～90 kg/hm²。撒施于植株周围，结合中耕施肥，施后培土。

2. 间苗定苗

一般分2次进行，在分蘖盛期后进行间苗，茎转入伸长期前进行定苗。间苗定苗要求做到稳、准、狠。稳是确保计划茎数稳定，准是准确留下强壮苗，狠是坚决把多余的苗间掉。间苗定苗原则是去密留疏，去弱留强，去病虫留健壮。方法是用手拔或用刀割，也可采用特制的间苗铲进行间苗。

3. 防旱防渍

土壤过于干旱时，应淋水抗旱，有灌溉条件的可灌跑马水保湿，雨后要及时排除渍水。

4. 中耕除草培土

结合施攻蘖肥进行，把蔗行的杂草除净，先中耕除草后施肥，施肥后培土约2 cm。结合定苗进行中耕除草，然后培土8～10 cm，填平植蔗沟。

5. 防治病虫害

主要防治蔗螟、蔗龟、蓟马和绵芽虫等危害。甘蔗苗期和分蘖期是田间喷药防治病虫害的适宜时期，转入伸长期后，植株生长迅速、高大，同时进入高温季节，田间喷药比较困难，故必须及早喷药防治。

（三）伸长期田间管理

蔗株从主茎节间开始伸长到基本停止这段时期为伸长期，春植蔗一般从6月份开始拔节伸长，到10月下旬基本停止伸长，历时约150天。这一时期以茎伸长长粗为中心，营养生长旺盛，表现出发大根、开大叶、拔大节、长大茎的特点，是决定单茎重的关键时期。这一时期蔗株生势旺盛，叶片宽大斜伸、稍弯垂，叶色深绿至浓绿，封行后中、下部通风透光良好，蔗茎高大粗壮，大小均匀，高度整齐，无或少病虫害。

伸长期管理的主攻目标：促进蔗茎迅速长高增粗，提高单茎重，争取高产。

1. 重施攻茎肥

一般分两次施用，第一次在伸长初期，即在苗高70～80 cm时施。施肥量：尿素180～210 kg/hm²、氯化钾105～120 kg/hm²，或复合肥225～300 kg/hm²，施肥后大培土10 cm左右。第二次在伸长盛期施，一般施尿素180～210 kg/hm²、复合肥 300 kg/hm² 左右，施肥后大培土达畦高要求。

2. 大培土

结合施攻茎肥进行培土，要达到细、满、实、高的要求，即土要细，细土要填满蔗株基部、紧贴蔗茎，边培土边用脚把土踩实或用铲拍实，培成瓦筒形畦状，高度为 25～30 cm。

3. 防旱保湿排渍水

伸长期必须保持土壤湿润，遇旱必须灌水保湿，灌水要采用大灌（浸至畦高 1/2～2/3）大排（渗湿畦土排水）的方法，以防浸水时间长使畦土松软而引起翻根倒伏。

4. 剥除老叶

一般进行 2～3 次，伸长初期 1 次，伸长盛期（8 月中旬）1 次，伸长后期（10 月上中旬）1 次。剥叶要求是把已干枯和已开丫转枯黄的老叶剥除，不伤蔗茎，剥下的蔗叶要清出田外作堆肥回田。

5. 防治病虫害

主要虫害是蔗螟、棉蚜，主要病害是黄斑病、褐条病和眼点病，应加强田间检查，及时防治。

6. 酌施壮尾肥

计划留宿根蔗的田块或基肥、攻茎肥不足的田块，应于 9 月下旬酌施壮尾肥，一般施尿素 90～150 kg/hm²，看苗酌施。

7. 防倒伏

在伸长期除做好大培土促根防倒外，结合剥除老叶时用剥出的蔗叶束蔗防倒，即把 4～5 片蔗叶扭成索状，把相邻的 5～7 条蔗茎束扎蔗茎中部，使其互相依靠以加强支持力。如遇风雨倒伏，应及时把倒伏蔗株扶起并培土踩实及束蔗防倒，以免蔗株弯曲生长影响田间管理和收获工作。

（四）工艺成熟期田间管理

从蔗茎生长基本停止到收获前这段时间为工艺成熟期，即 11 月上旬至翌年 2 月底这段时期。这一时期以蔗茎积累蔗糖分为中心，茎叶生长缓慢，主稳定茎重，决定蔗茎含糖量高低的重要时期。这一时期蔗株长势稳健，蔗茎伸长缓慢，叶片变短直，每茎有绿叶 10 片左右，叶色较青绿而不枯黄，基本上无病虫鼠害。

工艺成熟期管理的主攻目标：保蔗株稳长，不出现空心、蒲心、早衰，促进蔗糖分积累，争取高产高糖。

(1)停肥控水防过旱。工艺成熟期一般不施肥,遇过旱时要注意灌水保湿,在收获前1个月应停止灌水,以促进成熟。

(2)剥除枯叶,防治病虫鼠害。枯黄老叶多的田块应剥除枯叶,这一时期仍有棉蚜和粉介壳虫危害,应注意防治。

(3)防霜冻和倒伏。在霜冻来临前一天灌水提高蔗田湿度,或霜天晚上薰烟防霜;发生倒伏要及时扶起,并培土抗倒。

六、收获和藏种技术

(一)成熟度测定

1. 工艺成熟期形态特征

甘蔗工艺成熟期的形态特征主要表现为梢部节间逐渐缩短,生长缓慢以至停止。大部分蔗茎的中下部叶片枯黄或干枯,全株青叶减至6～7张(正常时青叶保持8～10片),茎上蜡粉脱落,茎光滑,茎色变为品种固有色。

2. 成熟度测定方法

判断甘蔗成熟除看其形态特征外,还可通过测定蔗汁锤度来了解甘蔗的成熟度。计算成熟度公式如下:

$$成熟度=\frac{上部节间平均锤度}{基部节间平均锤度}$$

当比值在0.90以下时为工艺未熟,0.91～0.95为工艺成熟,0.96～1.00为工艺完熟,大于1.00为工艺过熟。

(二)收获时期

甘蔗的工艺成熟期在11月上旬到次年2月底,因此糖厂一般在11月上旬开榨,糖厂的开榨期就是甘蔗的收获期。甘蔗收获要按下列要求进行:

一是根据糖厂按计划发出的砍运证规定日期进行收获,以保证糖厂对原料蔗的需要,做到砍、运、榨配套成龙,这样做可保原料蔗新鲜,有利于提高出糖率,增加糖产量,又使种植者有计划地进行收获,不致浪费、积压、降低产量。

二是收获要达到糖厂对原料蔗的要求,无根须、无叶鞘。

三是要安排好收获顺序,甘蔗成熟一般表现为旱地比水田、瘦地比肥地早熟,秋植比宿根、宿根比冬春植早熟。因此，收获的顺序应是先收秋植、次收宿根，再收冬植，后收春植。不留宿根蔗的田块先收，留宿根蔗的田块后收。

（三）收获方法

甘蔗收获，最好采用小锄低砍。其好处：一是增收甘蔗，由于砍收部位低，比用砍刀砍的多收原料蔗 2.25 t/hm^2；二是提高工效，小锄砍收操作方便，一锄即断，切口平整，工作效率高；三是减少虫害，有部分蔗螟幼虫在地表下蔗茎越冬，小锄低砍可减少越冬虫源；四是小锄低砍，蔗头不破裂，不露出地面，克服了高位芽对低位芽的抑制作用，有利于宿根蔗芽萌发出土，苗多苗壮。

采用小锄低砍，要注意锄口锋利，用力均匀，尽量做到一锄砍断，切口平整不裂。小锄砍蔗株的部位，依植沟深浅和培土高低而不同，不留宿根的应尽量砍低一些，留宿根的一般以留蔗桩 10～13 cm 为宜。

砍下的甘蔗在蔗田以小堆堆放好，然后用刀削去蔗叶以及蔗茎上的叶鞘、气根和泥块，并在生长点以下 5～7 cm 处砍断。根据原料蔗收获的规格标准，去梢以见白（蔗肉）为度，留作种茎的应按留种规格砍下梢部的一段作种。

蔗茎削净后，每 20～30 条捆成一扎（数量多少按蔗茎大小而定），以方便装车。捆扎材料按当地糖厂要求准备。

（四）选留种茎

甘蔗收获时要按留种计划选留足够的种茎，以保证生产需要。一般应在新植蔗田选留种茎，不足部分再在宿根蔗田选留。选择生势健壮、无病虫害、不倒伏的蔗株，收获时砍去生长点后，砍下梢头部 60～70 cm 这段茎作种茎，种茎要保留叶鞘以保护蔗芽。一般新植蔗需留种茎 6 000 kg/hm^2 左右，视种茎大小而定。把留种的种茎收集扎成小捆，头尾不要倒放，以便搬运和藏种。

同一条蔗茎的不同部位，根芽萌发的快慢是不一样的，一般梢部萌发最快，中部次之，下部最慢，故生产上多采作梢部作种茎。这是由于梢部蔗茎的水分、还原糖、可溶性氮化物、酶及生长活性物质等的含量相对较高，对萌发有利之故。此外，种茎健康粗壮、种芽新鲜饱满等，均有利于蔗芽萌发。

（五）种茎贮藏

甘蔗最好随收随种，种茎新鲜，发芽率高。但由于各种原因不能及时下种的，必须对种茎进行贮藏处理，以使蔗芽保持良好的生活力，以供来年种植。种茎贮藏的方法有以下3种：

1. 露地贮藏

选择背风、干燥的地方，把地面铲平，撒施杀虫灭鼠药，然后把种茎集中竖立或平放在地面上，以200 kg左右为一堆，再在种茎上面及四周盖蔗叶或稻草，加压一些泥土。贮藏期间要经常检查，如贮藏时间长，天气干燥，可考虑适当淋水保湿。一般可保存1个月左右。此法简单易行，管理方便，适宜于无霜或霜期较短，冻害较轻的蔗区及藏种时间不长的情况下采田。

2. 挖沟贮藏

选择排水良好的地方，挖一条深50 cm、宽80 cm左右的沟，长度不限，锄松沟底，并撒施杀虫灭鼠药，然后把蔗茎竖放于沟中，注意种茎切口接触泥土。种茎放满后，每隔约2 m设置一个通气孔，然后在种茎上盖蔗叶，再盖碎土约10 cm，呈龟背堆状，堆的周围要开好排水沟，防止雨水渗入贮藏沟内。贮藏期间经常检查，晴暖天气要打开通气孔透气，寒潮天气和雨天要盖好通气也防寒防雨。此法难度较大，但霜期较长，冻害较重的地方，种茎要挖沟贮藏。

3. 室内贮藏

收获时把蔗种运回室内存放，贮藏期间注意蔗种变化情况，天门调节空气等。

第四节　宿根蔗栽培技术

一、宿根蔗的概念及意义

甘蔗具有较强的再生性，收获后利用留在地下的蔗头继续萌发长成蔗株，称为宿根蔗。宿根蔗有年限区别，新植蔗收获后管理长成的甘蔗，称为第一年宿根蔗，第一年宿根蔗收获后继续管理长成的甘蔗称为第二年宿根蔗，依此类推。

宿根蔗是广大蔗区的一种主要栽培制度，一般宿根2～3年。宿根蔗不需要重新整地下种，可节省种茎，节约劳力，降低生产成本。宿根蔗比春植蔗早生快发，早期蔗糖分比春植蔗高，有利于糖厂早开榨多产糖。但是，由于受品种宿根性差、上季蔗收获不当、破垄松蔸不及时、病虫危害等多种因素影响，生产上往往表现宿根蔗产量较低。因此，必须加强对宿根蔗的栽培管理，才有望获得高产稳产。

二、宿根蔗的生长发育特点

（一）宿根蔗地下部的生长特点

1. 宿根蔗的根系

宿根蔗的根系由老根和新根两部分组成。原来老蔗蔸的老根能生长许多支根，上面密布根毛，在7月份以前吸收能力强。新的株根发生早，生命力强。在前中期有较强的吸收能力，这与宿根蔗前中期生长快有密切的关系。宿根蔗根系分布比较浅，这是宿根蔗后期生长慢、早衰快和容易翻蔸倒伏的主要原因。

2. 宿根蔗的地下芽

上季甘蔗收获后留下来的蔗头较多，每公顷约为 75×10^3 条，以每个蔗头6个芽计，共有蔗芽约 4.5×10^5 个，这相当于新植蔗下种芽数的4～5倍。然而，活芽数只占总芽数的40%～50%，其中能萌动的芽又只占活芽数的50%～60%，其余为休眠芽。另外，所有的萌动芽中，高位芽生长很弱，又易受到干旱、病虫的危害，成茎率低，只有低位芽是宿根甘蔗有效茎的主要来源。

（二）宿根蔗地上部的生长特点

1. 前期生长快，后期生长慢，有早衰现象

宿根蔗生长的前期，在老根系吸收机能还比较旺盛时，新根系出现，老根系、新根系同时起作用。吸肥、耐旱能力都强，发株、封行、拔节伸长都早，6～7月份以前生长速度比春植蔗快。8月份以后，老根系逐渐死亡，新老根系交替，新根系分布较浅，吸水肥能力较春植蔗差，不能满足伸长需要，后期生长速度慢，有早衰缩尾现象。因此，要求宿根蔗前期一定要施足基肥和追肥，以增强后劲。

2. 缺株多，有效茎数少，茎粗壮

宿根蔗田从上季甘蔗收获后，由于人畜踩踏，风吹、日晒、雨淋，造成土壤板结透气不良，加上低温霜冻、病虫害严重等不良因素影响，造成地下蔗蔸活芽数少，株数少，容易出现缺株断垄现象，最终导致有效茎少，但茎粗壮。

3. 蔗头会逐年上移，易倒伏

随着宿根年限增加，蔗头位置提高，培土困难，遇到大风雨容易倒伏，导致减产。因此，应注意彻底开垄松蔸促进低位芽萌发，以降低蔗蔸位置。

4. 抗性强，早熟，糖分高

宿根蔗有强大的根系，植株老健，抗旱、耐涝能力比新植蔗强。宿根甘蔗成熟比新植蔗提早20～30天，蔗糖分高出1.0%～1.5%(绝对值)。这有利于糖厂提早开榨，降低榨季前期的生产成本。

5. 生长不平衡

由于宿根蔗发株生长是从蔗蔸不同部位发生出来的，蔗芽有秋冬笋，深浅不同，强弱不一，发株有先后，且相差时间很长，因此，个体之间对光照、养分、空间竞争剧烈，造成个体大小、高矮极不均衡。根据以上特点，要求砍秋冬笋并及时补苗，早治虫害，促进个体与群体的充分发展，增加有效茎数和单茎重，发挥宿根高产高糖潜力。

（三）宿根蔗的营养特点

宿根甘蔗发株早，分蘖早，生长快，衰老快，要求早施肥。宿根蔗由于生长年限长，冬笋和无效分蘖耗肥多，加之后期根系吸收机能差，肥料利用率低，所以要求施肥量较多，特别是氮肥和钙肥。当出现缺铁缺锰褪绿时，还需要喷施硫酸亚铁和硫酸锰微量元素肥。

三、宿根蔗栽培技术要点

宿根蔗栽培，要在种好前造甘蔗的基础上，重点抓好以下几个环节：

1. 选留榴根蔗地，适时安排砍收

选择上季甘蔗每亩有效茎4 500～5 000条以上，分布均匀，断垄少，无严重病、虫、鼠害的(新植或一年宿根)蔗地留宿根。留宿根蔗地宜在立春后砍收。

2. 及早清理蔗田

甘蔗收获后应马上进行清理蔗田，有人用一把火烧掉，虽然省事，但蔗叶里大部分肥效给烧没了，要知道蔗叶含有大量的钾、氮、磷、硅等营养元素，经过一段时间的堆沤，可成为很好的有机肥料。它不但增加土壤养分，还能有效改善土壤的物理性状，使土壤变得疏松、通透性好。因此，先把蔗叶放在甘蔗行间，有条件的可淋水，再上少量尿素，以加快蔗叶的腐烂，可用牛犁开垄把泥土压在蔗叶上面。有条件的用机械碎叶还田，其碎叶效果很好，易腐烂，还不影响耕作。

3. 早开垄松蔸

南方地区气温较高，正常砍收后就应进行破垄松蔸，开垄前要注意砍去秋冬笋和过高的蔗头。开垄方法:将蔗蔸两边的泥土犁翻,让 1/2 蔗头露出地面,接受阳光照晒,提高蔗芽温度,促进低位芽就是土表最底下的芽萌发。

4. 进行地膜覆盖

冬季和早春砍收留宿根蔗地,最好要进行地膜覆盖,每亩施农家肥 500～1 000 kg、钙镁磷肥 75～100 kg、氯化钾 20～25 kg、尿素 10～15 kg、克百威 4 kg,混合施在开垄的沟里,施完后盖土,如果天旱还要淋上水、喷除草剂,最后盖上 60 cm 宽的地膜,提高宿根蔗的发株率。

5. 及早进行田间管理

宿根蔗早生快发,在田间管理上要突出一个"早"字。一是要早查苗补苗,凡是蔗行有 70 cm 断垄,就要用蔗蔸移栽或分蔸补植。二要及早施肥管理。根据宿根蔗早生快发的特点,田间管理上要比新植蔗提高 20～30 天,加上前造甘蔗收获带走了养分,所以肥料也要比新植蔗多施 15%～20%,抓住宿根蔗的特点,早施肥,多施肥,早管理,特别是伸长肥和大培土要在 5 月中旬到 6 月初完成。三是要及时防治病虫害。宿根蔗是病虫的越冬场所,宿根蔗生长发育也较早,因此宿根蔗病虫害的发生较早,必须及早防治。

6. 及时收获

11 月份后,甘蔗进入成熟期,根据糖厂的日榨量,合理安排砍运。一般是先砍早熟种、后砍迟熟品种;先砍秋植蔗、宿根蔗,后砍冬植蔗、春植蔗。留宿根蔗的蔗地春暖气温回升后砍收最适宜。

砍收的方法是:用锋利小锄低砍,入土 2～5 cm 最好。低砍好处很多,首先产量增加,一株甘蔗多重 0.05 kg,1 hm^2 甘蔗可增加产量 3～4 t。其次低砍能促进低位芽萌发,宿根蔗苗粗苗壮,产量高。砍收时避免砍裂蔗头,损坏蔗芽。蔗梢砍去生长点以下 20 cm 左右,蔗茎不带叶梢,不带须根,不带泥沙等夹杂物,枯死蔗茎和 1 m 以下的蔗茎不作原料蔗。砍好的原料蔗要在 48 h 内运进糖厂压榨,避免产量损失和蔗糖分转化。

实验实训一　甘蔗形态特征观察和主要良种识别

一、目的要求

通过观察甘蔗形态特征来识别甘蔗品种。

二、材料用具

当地 2～3 个甘蔗优良品种，甘蔗植株，放大镜，米尺等。

三、方法步骤

1. 观察甘蔗形态特征

选取代表性植株，分别观察各部位。

(1)根：蔗根由于生长部位和时间不同分为种根和苗根，有时也可能发生气根(气根是一种不良的经济性状)。观察蔗根分布范围、入土深浅、颜色、与地表所成的角度。

(2)茎和芽：观察茎高，茎基部与顶部粗度比较，节间形态，节的组成(根带、根点、芽和生长带等)，蜡粉分布部位和厚薄，生长裂缝、木栓裂缝和芽沟的有无、长短和深浅，芽的形态结构(包括芽鳞、芽翼和芽孔)等。

(3)叶：叶片长、宽、厚、薄和颜色，叶缘锯齿稀密，叶鞘厚薄、颜色，蜡粉与茸毛多少，肥厚带大小与形态，叶与主茎所成角度(披散、弯曲、斜立、挺直等)，叶舌、叶耳着生部位、形状和颜色。

2. 识别当地主要优良品种

选当地主要甘蔗良种，观察下列项目。

(1)节间形状：分圆筒形、圆锥形、倒圆锥形、腰鼓形、弯曲形和细腰形等。

(2)茎色：分黄绿、紫红、黄铜、青绿等。

(3)茎径：用游标卡尺测量甘蔗茎中部节间的茎径，比较各品种茎径属于哪一种类型的品种。

(4)蜡粉：比较各品种节间蜡粉带的蜡粉厚薄和多少。

(5)芽沟：芽沟有无和深浅。

(6)芽的形状：分为卵圆形、椭圆形、倒卵形、圆形、五角形、菱形等。

(7)叶片着生姿态：分披散、弯曲、斜立、挺直等。

(8)叶鞘茸毛：茸毛有无及多少。

四、作业

将甘蔗不同品种形态特征的观察结果填入表 1，并进行比较。

表1　甘蔗良种形态特征观察结果及比较

项目	品种名称			备注
节间形状				
茎色				
茎径				
蜡粉				
芽沟				
芽的形状				
叶片着生姿态				
叶鞘茸毛				

实验实训二　甘蔗种茎处理

一、目的要求

学习和掌握甘蔗种茎处理方法及操作步骤。

二、材料用具

甘蔗梢头苗、石灰粉、锋利菜刀、砧板（木板）、大水缸、农药等。

三、方法步骤

(1)砍种：先剥除梢头苗上的叶鞘，再斩成双芽段或多芽段。

(2)浸种：用2%石灰水或清水浸种24 h，取出冲洗干净。

(3)消毒：用5%多菌灵或托布津1 000倍液浸种8～10 min。

(4)催芽：采用堆肥催芽或堆积催芽法进行催芽。

四、作业

简述种茎处理的方法步骤，指出存在问题并提出解决办法。

实验实训三　甘蔗下种

一、目的要求

学习并初步掌握下种技术和要求。

二、材料用具

蔗种、肥料、农药、锄、铲等。

三、方法步骤

(1)开植蔗沟:按规格开好植蔗沟。

(2)计算下种量:用行距除面积得行长,再用行长除下种量即得每米下种芽数。

例如:计划每公顷蔗地下种量为 60 000 个双芽段,行距为 1.2 m,计算每米行长应下多少个双芽段?

$10\ 000\ m^2 \div 1.2\ m = 8\ 333.3\ m$

$60\ 000 \div 8\ 333.3 = 7.2 \approx 7$(个双芽段/m)

即每米植蔗沟下种 7 段双芽段。

(3)排种:采用双行品字形方法摆种,芽向两侧,种茎紧贴泥土。

(4)放肥:先放肥后排种或先排种后放肥均可,施肥量按计划要求进行。

(5)盖土盖膜:盖土厚约 5 cm,并形成龟背形。盖膜时地膜露光部分不少于 20 cm,并密封好。

四、作业

计划种新台糖 22 号 3 hm^2,行距 1 m,每公顷下种芽数为 60 000 个双芽段,已知每个双芽段平均重量为 0.15 kg,问应准备多少吨蔗种?

实验实训四　甘蔗萌芽出苗及分蘖情况调查

一、目的要求

学习并掌握甘蔗萌芽出苗及分蘖情况调查的内容及方法。

二、材料用具

米尺、铅笔、记录本等。

三、方法步骤

1. 甘蔗萌芽出苗情况调查

(1)调查时间:甘蔗出苗后,每隔7～10天调查一次,直到出苗达80%以上为止。

(2)定点:按对角线5点取样法,在田间固定5个观察点,每点1行,行长5 m,做好标记。

(3)调查下种芽数:在每个点挖开植蔗沟两侧的土,露出种茎,数种茎段数和芽数。

(4)调查萌芽数、萌芽率和萌芽期:数出每个点萌芽出苗的株数,即为该点的萌芽数。萌芽数占下种芽数的百分率即为萌芽率。当平均每个点有10%幼苗长出时为萌芽始期,50%幼苗长出时为萌芽盛期,80%幼苗长出时为萌芽末期。

(5)测量苗高和假茎粗:每个点连续测量10株,取平均值。苗高是量从地面至最高叶的叶尖,假茎粗是量基部扁平面的最宽处。

(6)观察叶色,记载叶片数:叶色按浓绿、绿、浅绿、黄等记载,叶片数按展开叶(见肥厚带)数量记载。

(7)观察有无病虫。

2. 甘蔗分蘖情况调查

(1)调查时间:见甘蔗有分蘖后开始调查,每隔7～10天调查一次,直到分蘖末期为止。

(2)定点:在苗情定点观察的5个点继续观察。

(3)调查分蘖率:数每个点的总苗数(含主苗和分蘖苗),计算分蘖率(分蘖率=调查行分蘖数÷调查行主苗数×100%)。当分蘖率达10%时为分蘖始期,达30%时为分蘖盛期,达50%时为分蘖末期。

(4)调查计算每公顷总苗蘖数：调查平均行距，每米苗蘖数，计算每公顷总苗数。

四、作业

1. 把调查、观察结果填入表 2，并分析萌芽率高低的原因。

2. 分析该田是否达到够苗蘖数？你认为采用什么措施？

表 2　甘蔗萌芽出苗情况调查表

调查日期（__月__日）	品种	下种日期（__月__日）	萌芽期（__月__日）			萌芽率/%	苗高/cm	茎粗/cm	叶色	病虫害
			始期	盛期	末期					

实验实训五　甘蔗成熟度测定

一、目的要求

学习并初步掌握甘蔗成熟期的形态特征及成熟度的锤度测定法。

二、材料用具

甘蔗植株、手持折光仪、蔗汁钻子、蒸馏水、药用棉花、擦镜纸、吸管、铅笔、记录本等。

三、方法步骤

1. 观察甘蔗成熟期的形态特征

甘蔗工艺成熟期的形态特征主要表现为梢部节间逐渐缩短，生长缓慢以至停止。大部分蔗茎的中下部叶片枯黄或干枯，全株青叶减至 6～7 张(正常时青叶保持 8～10 片)，茎上蜡粉脱落，茎光滑，茎色变为品种固有色。

2. 甘蔗成熟度测定

(1)选取样点：在田间按对角线 5 点取样法选取 5 个有代表性的取样点，每样点选取代表性蔗茎 5 株作测定对象。

(2)清洁和检查手持折光仪:翻开盖板,用蒸馏水冲洗干净后用药棉抹干,滴 2 滴蒸馏水于折光镜面上,盖上盖板进行观察,检查镜中视野标尺,观看明暗分界线是否在 0 线上,如未对 0 线,则用小解锥调整到 0,对 0 后用药棉抹干。

(3)钻取蔗汁:用蔗汁钻子分次钻取样品茎的基部节间(地面上第一节间)和上部节间(倒数第 6 片全出叶下一个节间)的蔗汁,把钻子取出的蔗汁滴于手持折光仪的折光镜面上,盖好盖板。

(4)对光观察:左手持镜筒,眼睛对准目镜,对光观察,右手调旋目镜调节焦距,以看清表尺读数为准,迅速读出数字,该数字即为锤度数据,将数据记入记载表。

(5)计算平均锤度:把全部样品茎的上部节间和基部节间锤度测出后,算出平均值,即为各节间的平均锤度。

(6)计算成熟度:

$$成熟度=\frac{上部节间平均锤度}{基部节间平均锤度}$$

当比值在 0.90 以下时为工艺未熟,0.91～0.95 为工艺成熟,0.96～1.00 为工艺完熟,大于 1.00 为工艺过熟。

四、作业

1. 测定结果填入表 3,进行相关计算,判断被测定甘蔗品种的成熟度是否达到压榨制糖适期?

2. 你是否掌握了手持折光仪的使用方法?应注意什么事项?

表 3　甘蔗成熟度测定记载表

品种:　　　　　　　　　　　　　　　　　测定日期:

测定编号	基部节间锤度	上部节间锤度	成熟度
平均值			
成熟度			

实验实训六　甘蔗田间测产

一、目的要求

学习并初步掌握田间测产技术。

二、材料用具

成熟的蔗田、皮尺、米尺、游标卡尺、秤等。

三、方法步骤

(1)选取样点:在田间按对角线5点取样法选取5个有代表性的取样点。

(2)调查有效茎数:在每个样点选有代表性的蔗畦,用皮尺测量畦长10 m,数其有效茎数,求出平均每米有效茎数。

(3)调查行距:在蔗田一端用皮尺测量10个行距,求平均行距,以m表示。

(4)计算公顷有效茎:按下式计算

$$\text{有效茎(条/hm}^2\text{)}=\frac{\text{每米平均有效茎(条/m)}\times 10\ 000(\text{m}^2)}{\text{平均行距(m)}}$$

(5)调查茎长(高):每样点选有代表性的蔗茎10条,用米尺分别测量其长度,从茎基部起量到最高肥厚带向下30 cm处为茎长,求出平均茎长,用cm表示。

(6)调查茎粗(茎径):用游标卡尺测量每样点选定的10条蔗茎的上、中、下部节间的茎径,求平均茎径,用cm表示。

(7)计算平均单茎重:按下式计算

$$\text{单茎重(kg)}=0.785\ 4\times\text{茎长(cm)}\times\text{茎径(cm}^2\text{)}\times 0.001$$

或取20株蔗茎称重,算出平均单茎重。

(8)计算单位面积理论产量:按下式计算

$$\text{甘蔗理论产量(kg/hm}^2\text{)}=\text{公顷有效茎数(条/hm}^2\text{)}\times\text{平均单茎重(kg/条)}$$

四、作业

把调查结果填入表4,并进行相关计算。根据测定和计算结果,从产量构成因素分析高产或低产的原因。

表 4　甘蔗田间测产记载表

调查编号	品种	行距/m	有效茎/条	茎长/cm	茎粗/cm	单茎重/kg	理论产量/(kg/hm^2)	备注

思考与讨论

1. 甘蔗节间伸长增粗有什么规律？根据这些规律，在秋植蔗、冬植蔗和春植蔗生产上，应采取什么措施进行调控才能取得高产？

2. 根据新植甘蔗和宿根甘蔗的生长特点，阐述宿根甘蔗的各项管理措施为什么要早、施肥量为什么要比新植蔗多的原理。

3. 试述甘蔗各生长发育阶段的生长特点，并根据甘蔗产量构成因素讨论各生长发育阶段对甘蔗产量和品质的贡献。

4. 试述甘蔗下种后田间管理的各项措施及其作用。

5. 简述甘蔗的施肥原则和施肥技术。

6. 甘蔗单位面积的蔗产量和糖产量有哪些因素构成？

7. 甘蔗合理密植的原则是什么？适宜的种植密度和下种量应为多少？

8. 甘蔗生产上用蔗茎的哪一部位作种最好？为什么？

9. 甘蔗何谓“三攻一补”的施肥技术？

10. 甘蔗要达到高产不倒，应如何进行培土？

11. 宿根蔗有哪些生育特点？

12. 影响甘蔗分蘖的因素有哪些？

13. 甘蔗施肥原则有哪些？

14. 甘蔗如何防折、防倒？

15. 甘蔗的苗根有几种？各有什么作用？

16. 锤度与糖分的关系怎样？

17. 甘蔗根系有哪些特点？

18. 甘蔗一生分为哪几个生长发育时期？各时期生长发育特点怎样？

19. 什么样的甘蔗品种是良种？甘蔗品种有哪些类型？

20. 甘蔗对土壤、肥料、水分的要求怎样？
21. 甘蔗培土有哪些作用？怎样操作？
22. 甘蔗蔗茎的生长和伸长规律怎样？
23. 甘蔗糖分是如何积累的？
24. 宿根蔗“早施肥管理，促进蔗苗生长”的具体措施包括哪些？
25. 甘蔗的适宜种植期怎样确定？
26. 怎样提高甘蔗种植质量？
27. 怎样做好甘蔗地的防渍、防旱工作？

参考文献

[1]李炳杨．广西甘蔗种植现状、问题及对策．海南：热带农业科学，2018(4).
[2]詹鹏举．全球背景下的广西糖业发展现状及对策．南宁：广西大学，2013.
[3]吴琼峰，周晓舟．作物生产技术(南方本)．北京：化学工业出版社，2017.
[4]李振陆．作物栽培．北京：中国农业出版社，2008.

第八章

桑　树

第一节　概　　述

一、桑树生产的意义

养蚕先种桑，无桑空自忙。桑叶是桑蚕的饲料，桑树是蚕桑产业的重要物质基础。

桑树全身都是宝，桑叶、桑葚（桑果）既是食品也是药品，桑枝、桑白皮为保健食品。桑果富含果糖、蛋白质、多种人体必需氨基酸、多种维生素，富含铁、硒微元素，是一种功能性特色水果；桑叶营养丰富，广西桂桑优 12 的桑叶干物质中平均含粗蛋白质 25%，桑叶鲜样含粗蛋白质高达 5%～7%，桑枝鲜样含粗蛋白质 3.64%、含粗纤维 27%。广西近年示范种植果桑品种，成功开发鲜食桑果、桑果汁、桑果酒、桑果醋、桑叶茶、桑叶抹茶、桑叶菜、桑叶馒头等食品，深受欢迎，显示巨大市场开发前景。

广西利用桑枝喂牛、羊初见成效，尤其是用作基料栽培食用菌，已走在全国的前列，年栽桑枝食用菌 1.6 亿棒，年产鲜菇达 6 万 t，但所利用的桑枝仅占全区桑枝总量的 5%，大量的桑枝没有得到利用。

桑树耐瘠、耐旱、耐涝、耐重金属，具有较强的生态学功能，广西区已开拓石漠化山区种桑养蚕致富与环境治理共同发展的成功之路，探索利用矿区土地复垦土地、重金属污染土地种桑养蚕实现生态治理。一些地方还将桑枝应用于燃烧发电、制造机制碳和固体颗粒燃料，以及造纸等。

立桑为业，利用桑树的多用途，实现产业化开发，开拓新市场，对于增加农民收入，拉动养殖业发展，做强做大特色优势产业，改善生态环境，具有现实重大意义和示范作用。

二、桑树生产概况

“十五”以来，广西承接国家“东桑西移”政策的东风，紧紧抓住产业结构调整的良好发展机遇，坚持科学发展，加大科技创新，推进规模生产，蚕桑产业取得了显著成效，实现了跨越式发展。桑蚕业成为广西农业新兴优势产业，为促进农业增效、农民增收和县域经济发展做出了重要贡献，被誉为中国蚕业的“广西现象”，现初步形成了“世界蚕业看中国，中国蚕业看广西”的发展新格局。

2017 年全区蚕桑生产再创历史新高。全区桑园面积达 20.79 万 hm^2，蚕茧产量 39.59 万 t，同比增长 1.00％，4.75％。其中桑园面积约占全国的 25％，蚕茧产量约占全国 50％、世界 40％。连续 13 年稳居全国第一，超过第二大生产国印度。全区生丝产量 50 025 t，同比增长 4.48％。茧丝加工业的发展进一步拉动了蚕桑生产，产业规模优势更加明显。

各地大力推广提质增效关键技术和省力化机具，积极调整蚕桑品种结构，加快新品种更新换代，推进了产业由数量型向质量效益型转变。2017 年全区蚕桑良种推广率达 98％以上。其中推广自主选育的桑品种面积约占 85％，蚕品种约占 95％，推广抗病新品种桂蚕 N_2 35 万张，小蚕共育率达 66.1％，方格蔟推广率达 67.5％，极大地提升了养蚕成功率和茧丝质量，优质茧丝价格持续攀升，优质茧供不应求，产业效益明显提升。2017 年全区蚕茧均价 49.35 元/kg，部分地区部分批次优质茧价格高达 63 元/kg。全区蚕农售茧收入 195.38 亿元，蚕农种桑积极性高涨，产业质量效益明显提升。

种桑养蚕投资少见效快，产品百分百商品化，是实现快速脱贫的好产业。广西 54 个贫困县中发展种桑养蚕的县有 44 个。其中有 35 个为石漠化贫困县，主要分布在河池、百色、柳州、来宾等市。环江、平果、那坡等 15 个贫困县把蚕桑产业作为“5＋2”的主导产业来抓。全区贫困县桑园面积 10.60 万 hm^2，约占全区总面积的 50.00％，同比增长 4.52％。蚕茧产量约 16 万 t，约占全区产量的 40.41％，同比增长 12.89％。鲜茧产值近 70 亿元，同比增长 29.49％，养蚕户人均收入 3 860 元。部分贫困户通过种桑养蚕实现脱贫致富，蚕桑产业扶贫卓有成效。

第二节　桑树生物学特性

一、桑树形态特征

桑树是多年生木本植物，由根、茎、叶、花、果实和种子等器官组成。根、茎、叶是桑树的营养器官，花、果实和种子是桑树的生殖器官。但是，桑树的营养器官在人工栽培条件下，也可作繁殖器官。

（一）根

从桑树种子繁殖出来的桑树，都有一条向下垂直生长的主根，由种子内的胚根发育而来。有主根向四周生长出许多较粗的根，称侧根。侧根上长出许多细根，其中直径在 1 mm 以下的称须根。在须根的末端，生出许多细毛，称为根毛。

桑根是桑树的地下部分，是桑树生长的基础，主根和侧根的功能是固定树体，贮藏有机物质，运输水分和养分。须根和根毛的功能则是吸收土壤中的水分和无机养分。桑根在 5℃以上开始起吸收作用，其生长的适宜地温为 30℃左右。

桑根的颜色：幼嫩根为淡黄色，老根为黄褐色。桑根被挖出，经风吹日晒则呈红褐色。

桑树根系有一定的分布范围。一般来说，人工培植成园的桑树，根系分布深度和广度均达 50 cm 左右，其中以 20～30 cm 的土层内最密集。故桑园施肥、耕作等田间作业，均应注意这一分布特点。

（二）茎

1. 枝条

枝条一般是指一年生枝条，它是桑芽、叶片着生的基础，它的长短粗细和发条数多少，与桑叶产量有密切关系。枝条是根与叶之间联系的桥梁，帮助输送养分和水分，同时也有贮藏养分的作用。

枝条的着生状态，也叫姿态，有直立型、开展型和垂卧型三种。生产上以直立型和开展型为主，垂卧型则主要用于园林观赏。

桑树发条数是指桑树在剪伐后萌芽形成枝条数的多少，是桑树的重要经济指标之一。栽培桑树要求发条多、枝条长，这样桑叶才会高产。桑树发条数与品种、树型、剪伐方式、病虫害等有关，因此，生产上除选用合适的桑树品种外，还可采用合理密植、剪伐等措施加以弥补。

枝条长短粗细与产叶量关系也很大，枝条长而粗，桑叶产量高。当然，枝条长短粗细也与桑品种、树龄、土壤、气候和肥培管理有关。

枝条的皮色是指桑树落叶后的固有色泽，它是鉴别桑树品种的重要依据。大多数桑树品种的皮色为褐色，但也有青灰色等其他颜色。

枝条表面分散有皮孔，呈圆形或椭圆形，它是枝条与外界进行气体交换的通道。枝条上着生叶的部位称为节，节与节之间称为节间。节间长短与桑叶产量关系密切，生产上应注意选用枝条粗长而节间较短的桑树品种。

枝条上有叶柄脱落后留下的痕迹，称叶痕。叶痕形状因品种而不同，有圆形、椭圆形、肾形、半月形等。

2. 芽

桑芽由茎顶端分生组织分化发育而成，在茎顶端形成顶芽，在叶腋内形成腋芽。桑芽内部逐渐分化形成叶、托叶、腋芽、花等器官。

芽的种类很多。按芽在枝条上着生的位置，分为顶芽和侧芽(腋芽)。根据芽在同一节上的数目和位置，分为主芽和副芽。副芽又有侧生副芽和背生副芽两种，前者着生在腋芽两侧，后者着生在腋芽背面。

根据芽的生理状态，分为活动芽、休眠芽和潜伏芽。生长期内的桑芽称活动芽。休眠芽是指桑树在休眠期间，即使环境条件适宜也不萌发的桑芽。有些桑芽隐伏于树干皮部或枝条基部，形状很小，即使在生长期也不萌芽，这些桑芽称为潜伏芽。

冬季桑树落叶后，在枝条上的桑芽，统称冬芽，根据冬芽的性质，又分为花芽、叶芽和混合芽。

芽的形状有近似等边三角形、长三角形、椭圆形、卵形等，其着生状态为贴生、离生和斜生三种。

（三）叶

桑叶是栽培桑树的收获物，由叶片、叶柄、托叶三部分组成。托叶着生于叶柄基部两侧，叶片成熟时即脱落。叶柄是叶片和枝条的连接部分，也是水分和养分的通道。

叶片的形态可分为无缺刻的全叶和有缺刻的裂叶两类。全叶又有心脏形、卵圆形等。叶片的叶尖有锐头、钝头、尾状、双头等。叶片的叶缘呈锯齿状，一般可分为乳头状锯齿、锐锯齿、钝锯齿、带芒锯齿、二重锯齿等。叶片的基部称叶基，一般有深凹、浅凹、楔形、切形(直线形)等。

桑叶的颜色随着桑叶成长而由浅绿色变为深绿色，品种之间也有差异。桑叶从开叶到充分成熟，春季一般需要 25 天左右，夏秋季约需 18 天，此后，桑叶即进入硬化期。

(四)花、葚、种子

桑树的花大多为单性花，偶有两性花，柔荑花序。雌雄异株或同株，雌雄异穗也有雌雄同穗。桑花起源于冬芽内花器原基，冬芽萌发，才可能开花。桑树传粉大多通过风来进行，故称风媒花。

桑树授粉后，雌花穗发育成聚花果，即桑葚(桑果)，其肉质多浆，南方成熟的桑果大多紫黑色。受精的雌花发育成种子。

桑葚经淘洗除去外果皮后，即得到桑籽。桑籽扁卵形，黄褐色或浅黄色，小坚果，种壳坚硬，千粒重 1.4～2.9 g，由内果皮(种壳)、种皮、胚和胚乳四部分组成。桑种子自然寿命很短，新鲜桑种置于普通室内条件下，3～5 个月即将全部丧失发芽力。故桑籽须妥善贮藏。

二、桑树生长发育

(一)桑树生命周期

1. 幼龄期

从桑苗定植或桑籽萌发出土到树形养成、开始采叶为止为幼龄期，这种桑园称为幼龄桑园。幼龄期是桑树生长发育基础阶段，这个时期生长优劣，直接关系到以后的桑叶产量。因此，对幼龄期桑树必须进行合理定型和加强抚育管理，促使其更多地分枝，为加速成林和以后持续高产奠定基础。

2. 成龄期

从桑树树冠定型后开始采叶，并进入桑树盛产期，直到桑叶产量开始下降之前为桑树成龄期。该桑园称为成龄桑园。这个时期是桑树生长最旺盛阶段，必须加强水肥管理，延长桑叶盛产年限，管理不好的桑园成龄期缩短。

3. 衰老期

桑树成龄以后直到死亡为止为桑树衰老期。这个时期桑叶产量明显下降,生理机能和组织器官衰退,此时桑树必须更新改造。

(二)桑树年生长周期

1. 生长期

从发芽起到落叶止为桑树的生长期。在生长期中又可分为发芽期、旺盛生长期和缓慢生长期3个时期。

发芽期:自桑树萌芽到展开第1片叶为止,桑树在春季气温达到12℃以上时就开始发芽生长。桑树发芽迟早,是决定蚕种催青日期的重要依据。桑芽开放过程可分为脱苞期、鹊口期、开叶期3个阶段。一般从膨芽到脱苞需12天左右,从脱苞到鹊口期大约3天,从鹊口期到开叶期大约3天。即发芽期约20天。

旺盛生长期:气温上升到20℃以上时,桑树生长快,进入旺盛生长期。此期是决定桑树产量的重要时期。

缓慢生长期:气温下降到20℃以下时,桑树转入缓慢生长期。这一时期是休眠前贮存养分时期。

2. 休眠期

当气温下降到12℃以下时,桑树停止生长进入落叶休眠期。自桑树落叶后到第2年发芽前,为桑树的休眠期。桑树进入休眠期能提高抗寒性。

(三)影响桑树生长发育的环境条件

1. 光照

桑树是喜光植物,在充足的光照条件下,能合成大量的有机物质,供给桑树的正常生长发育。这样的桑树一般叶色浓绿,革质厚,干物质积累多,叶质优、产量高。用这种桑叶养蚕,蚕体健壮,产茧量高。因此在栽植桑树时要留有足够的生长空间。

2. 温度

温度是桑树生长发育的必要条件之一。当春季地温达到5℃以上时,桑树根系的吸收作用开始增强,10℃出现新根生长,此时是桑树栽植的最佳时间。地温达到30℃时根系生长最佳。气温决定桑树的发芽、生长、休眠。桑树最佳生长气温是20～30℃,达到10℃以下、35℃以上时生长受到抑制。

3. 水分

适宜桑树生长的土壤含水量是土壤最大持水量70%～80%。如果水分不足，桑树生长显著减弱或停滞，桑叶内含水率低，叶质差，严重的叶片枯黄脱落。如早春干旱，也延迟发芽，并降低发芽率。但如果土壤水分过多叶质也差，还会引起烂根。

4. 空气

桑园内空气要流畅，有充分的氧气和二氧化碳供给桑树的正常生长发育，同时也可减少病虫危害。另外，如果空气中含有毒气体过多，则会严重影响桑树的正常生长发育及桑叶质量，从而影响桑蚕养殖。

5. 土壤

桑树生长的土壤以壤土和沙壤土为最好。桑树在pH 4.5～9均可正常生长。栽植桑树要选择土层深厚、湿润、肥沃的地块。

第三节　桑树栽培技术

一、品种选择

1. 桂桑优62

广西蚕业技术推广总站选育成的杂交桑树品种，具有发芽早，发芽能力较强，群体整齐，生长旺盛，节间密，叶片大，叶肉厚，产叶量高，叶质较好等优良特性。试验区每亩桑产叶量达4 000 kg。

2. 桂桑优12

广西蚕业技术推广总站选育成的杂交桑树品种，具有发芽早，发芽能力强，群体整齐，生长旺盛，节间较密，叶片较大，叶肉较厚，产叶量高，叶质好及抗病抗旱力较强等优良特性。试验区每亩桑产叶量达3 927 kg。适合亚热带及热带地区种植。

3. 特优2号

广西蚕业技术推广总站新育成的桑树三倍体杂交组合(品种)，具有发芽早，发芽能力较强，群体整齐，生长旺盛，节间密，叶片大，叶肉厚，产叶量高，叶质较好等优良特性。

二、桑树育苗

桑苗是建设桑园的物质基础，是发展蚕桑生产的前提。新桑园建立和老桑园改造，都需要大量桑苗。繁育桑苗的方法，分有性繁殖和无性繁殖两种，有性繁殖是用种子繁殖，繁育出来的苗叫实生苗；无性繁殖是通过嫁接、扦插、压条等方法进行繁殖。繁育出来的苗叫嫁接苗、扦插苗、压条苗。

有性繁殖方法简单，成苗时间短，单位面积产苗量多，成本低。而且实生苗根系发达，耐旱性好，长势旺盛，适应性强，在肥培水平较低的情况下产量较稳定，适合密植桑园大量用苗的需要，是一种较好的繁殖桑苗的方法。无性繁殖是母树营养器官生长的延续，可以保持母树的优良性状，因而在生产上也被广泛使用。

（一）杂交桑苗培育

用杂交桑种繁殖的苗木，称杂交桑苗。它是利用有性繁殖的方法来培育的。将杂交桑种播种在地里，在适宜条件下，种子发芽生长即成为桑苗。

1. 苗圃地选择

应选择地势平坦、土层深厚、质地疏松、土壤肥沃、排灌方便、不易积水、不易板结的土地作苗圃地，要求前作没有种过桑树、番茄、辣椒和黄红麻，无地下害虫，无紫纹羽病、青枯病、根结线虫病等危险性病虫。

苗圃地必须实行轮作，一般每隔 2～3 年育苗一次，可与粮食作物、饲料作物等轮换种植。

2. 苗圃地整理

苗圃地要深耕翻犁，一般深耕 20 cm 左右。耕地时不宜翻出过多底土，熟土应留在表层，让苗木首先在熟土中生长。若土层太薄，可采用掺客土法加厚土层。

为使桑苗生长旺盛，可在苗地犁耙耕翻时结合施基肥。一般每亩施腐熟有机肥 1 500～2 000 kg、过磷酸钙 15～20 kg。将肥料均匀撒施在苗地里，然后充分耙碎耙平。

起畦，畦宽 1.0～1.2 m，高 15 cm，畦沟宽 30 cm。畦面泥土要充分打碎并轻轻压实，使成平面或龟背形，以减少土壤间隙。苗地中央和四周要开好排水沟，做到沟渠相通，雨季不积水，旱季又可灌溉。

3. 适期播种

广西基本上一年四季都可以播种，但以春播和秋播较好，春播最好。清明前后是春播最适宜的时间，最迟在 4 月底前播种结束。秋播于 9 月上中旬进行。

4. 播种方法与播种量

目前生产上常用的播种方法有撒播和条播两种。播种量应根据桑种子发芽率高低、播种方法等具体情况而定。

(1)撒播。撒播是将种子用细土拌匀后,均匀撒在已整好的畦面上,稍压紧让种子浅埋泥粉中,或用竹扫帚轻扫畦面,使种子与土壤接触。盖上稻草或阙草,淋水使泥土湿润。也可用遮阳网遮盖苗地。每亩播种量为700～800 g。

撒播方法简单易行,产苗量多,但用种量大,往往稀密不匀,管理不便,壮苗率低。

(2)条播。根据播种行与畦的走向不同,条播又分为横条播和直条播两种。横条播便于管理,生产上使用较多。其方法是:在畦面上横开浅小沟,间距10～20 cm,深1.5 cm,淋水至小沟,使小沟泥土湿润呈浆状。把种子拌细土(或细沙)后均匀播在沟底,撒上泥粉或草木灰遮盖种子,盖上稻草或阙草,再淋水一次。或用遮阳网遮盖苗地。每亩播种量500～650 g。

条播法管理方便,省种子,苗木生长均匀,但产苗数较撒播少。

5. 苗期管理

(1)灌溉、排水。播种以后,要注意灌水或淋水补湿,保持苗床土壤湿润。有积水时要及时排除。

(2)分次揭草。当大部分桑苗长出1～2片真叶时,就要分次揭去盖草,使桑苗露出表面。揭草宜在阴天或晴天傍晚进行,以防晒死幼苗。

(3)间苗补苗。在幼苗长出2～5片真叶时分2～3次进行间苗补苗。一般在幼苗2片真叶、苗高3～4 cm时,进行第一次间苗,疏去细小苗和弱苗,保持苗距3～4 cm;长出3～4片真叶时进行第二次间苗,苗距4～6 cm;第三次间苗在5～6片真叶时进行,苗距视留苗数而定。间苗要在土壤湿润时进行,以免苗根带动相邻植株。在间苗时如发现缺苗,可选择阴天或雨天从过密处带土移栽部分小苗至空缺处,并淋水遮阳以加快补植小苗成活。

(4)施肥。应以腐熟人畜粪尿为主、化肥为辅,由淡到浓分次施用。一般在4～8片真叶期,淋施0.2%～0.3%尿素液或稀薄粪水(粪水须稀释5～8倍),以后视生长情况每隔10～20天淋施一次。苗高17 cm以后应增加施肥量,每亩每次施尿素3～5 kg,或复混肥4～10 kg,下雨土壤湿透后撒施,或阴天撒施后马上淋水使化肥溶解渗入土中,施后要用树枝拨动苗木,避免化肥粘在芽叶上灼伤芽叶。

(5)除草、松土。根据土壤、气候、杂草生长情况分次进行。小苗期选择阴天拔草,拔草后如遇晴天或太阳曝晒,应及时淋水。初次除草时,要用一只手压住表土,一只手拔草,避免桑苗根际土壤松动而伤害幼苗。

(6)防治苗期病虫害。播种前可用多菌灵700倍液喷洒苗地进行土壤消毒。播种时可用80%敌敌畏乳剂1 000倍液喷苗地驱杀蚂蚁等害虫。出苗后可用敌杀死5 000倍液等长效农药防治卷叶虫、小地老虎等害虫。出苗后喷洒50%甲基托布津1 000倍液或70%甲基托布津1 500倍液等杀菌剂,防治桑苗立枯病、猝倒病等。

6. 苗木出圃

经过3～6个月生长,当桑苗根茎部直径达0.3 cm、苗高达30 cm以上,且已木质化,达到苗木合格标准,即可起苗出圃。起苗时尽量保持根系完整,枝干不受损伤。当苗圃地干旱板结时,应先灌水后起苗。挖起的苗木应按分级标准(表8-1)分类捆扎,每扎50株或100株,每1 000株或2 000株为一大捆,挂上标签。标签上应标明品名、品种、规格、数量、苗木等级、起苗时间、生产单位、地址和电话等。

起好的苗木,如不马上种植,应放于阴凉通风处,不要堆积,不可风吹日晒,过于干燥时,可适当喷水保湿。

表8-1　杂交桑苗分级标准

级别	苗径/cm	品种纯度/%	根系	危害性病虫害
一级	>0.7	≥95	较完整	无法定的检疫对象
二级	0.5～0.7			
三级	0.3～0.5			

7. 桑树免耕育苗技术

桑树免耕育苗比传统的育苗技术简单、操作方便,具有省力省工、节本高效、稳产高产、生态环保等显著特点,对减轻耕作劳动强度、解放农村劳动生产力、提高劳动生产率具有重大的推动作用。特别是在夏秋高温季节,可提高育苗成功率。桑树免耕育苗方法如下:

(1)选择土层深厚、土质肥沃、地面平整、阳光充足、靠近水源的即将成熟的早稻田作为苗圃地。

(2)在早稻收获前15～20天内或收获后5天内选择晴好天气播种。早稻收获时要留禾高30～40 cm,以便遮阳。可结合桑苗施肥促使其继续生长多收一造再生稻,产量可达125 kg左右。

(3)稻田四周开好排灌沟渠,可做成畦,以便操作,做到沟沟相通,排灌自如,田面不积水。排干田水方可播种。

(4)采用撒播法,每亩用种量 0.75～1.0 kg,与细沙土拌匀撒在稻田里,保持田间湿润。

(5)播种后出苗期,需 7～10 天,此期保持稻田充分湿润,促使桑种出芽齐一。

(6)每月施肥 2 次左右,每亩每次施少量稀粪水。苗高 30 cm 后,根据苗木生长情况确定是否施肥。

(二)嫁接育苗

把一株桑树的枝条或芽嫁接到另一株桑树的枝干或根上,使两者愈合成新的个体叫嫁接育苗。常用的有根接法和袋接法两种。根接法是用一年生细小的实生苗根,倒插进接穗的皮层里面,这种方法也叫广秧接或倒袋接。袋接法则是用接穗插进桑苗根基部的皮层里面。根接作为砧木的桑苗基部要细些,袋接作为砧木的桑苗基部要粗些,大过接穗为最好。

广西嫁接育苗可在冬、秋两季进行,冬季在大寒前后,秋季在中秋节前后,嫁接好后直接植入预备好的苗床上育苗。建立苗床选择的土地要符合作苗圃的条件,苗床一般高 15 cm,宽 1～1.2 m,植苗时按行距 15～20 cm,株距 5 cm 种植,先开一条浅沟,然后把嫁接好的苗木斜放在沟的一边,接着培上湿润细碎的泥土,直盖至接穗顶端,最后淋水保持湿润。成苗后注意除草、施肥及防治病虫害。来年春节前后即可移到大田种植。

(三)扦插繁殖

扦插繁殖又分硬枝扦插和绿枝扦插两种,通常是硬枝扦插方法应用得较多。扦插时期与嫁接时期相同,方法是选择老熟充实无损伤的一年生枝条,剪成有 4～5 个芽、长 15～20 cm 的芽条作插穗,插穗用 0.005%的吲哚丁酸(1 g 吲哚丁酸兑水 20 kg)浸渍 8～16 h,促进生根。然后移到苗床扦插,扦插的行距约为 20 cm,株距约 5 cm,苗期管理与嫁接繁殖相同。

(四)压条繁殖

压条繁殖就是把母株上的枝条直接压入土中,待长出新根与新梢后,与母株割离形成新的植株。这种繁殖方法的优点是新梢能直接从母株获得水分和养分,此扦插繁殖方法容易成活。但其繁殖系数较低,且压条苗的根系不发达,生产上应用较少。

三、桑园建立

（一）桑园选址

桑树是多生木本经济作物，一次种植，多年受益，丰产期可持续20年以上。因此，新建桑园要根据当地的自然条件、蚕桑生产特点、蚕业产业化要求，做好长远规划。

桑树有较强的适应性，在水田、坡地、旱地、河滩地等各类土地均能种植，但要建设高产桑园，应选择土层较厚、土壤肥沃、水源充足、不易积水、不易受洪涝危害的土地，在种桑前应深耕整治，施入有机肥，改良土壤。前茬作物有青枯病、根结线虫和紫纹羽病的土地不宜种桑。应避免在厂矿、砖窑附近受污染的土地和烟草种植区内建设桑园。桑园应相对集中，连片种植。桑园的道路、水利渠道应有统一的规划。

（二）土地改良整理

土壤较肥沃、土层深厚的水稻田、旱地，经过翻耕、平整即可种桑。低洼积水的田地、黏重田地要开通排水沟，降低地下水位，翻犁晒田一段时间后再种桑。山坡地要垦翻，或修筑成梯地，大量施入有机肥进行改土。河滩沙土地、土层瘠薄的石山旱地，应拣除石块、大量施入有机肥，或用客土改土、垒土造地，增厚土层。

桑树栽植前将土地深翻，把心土翻到表层，表土翻到底层。结合翻耕施入土杂肥等有机肥作基肥，并把基肥翻埋土中，耙碎、整平。

（三）大苗移栽建园

大苗移栽建园是传统的建立新桑园的方法，它是将自育的或购买的桑苗移栽种植到桑地里，植株长大后即成桑园。

1. 栽植适期

广西以冬期及早春栽植较好，时间为12月份至翌年2月份；也可在秋期栽植，时间为中秋节以后。冬期苗木较充实，处于休眠状态，气温较低，蒸腾量少，起苗及桑苗运输对苗木损伤不大，植后成活率高。广西早春多有阴雨，气温逐渐回升，有利于长根和发芽生长，管理得好，当年5月份即可采叶养蚕。河滩地栽桑，宜在秋期栽植，使植株有较长时间生长，争取在翌年洪水期来临之前长足够高大，以增强抵御洪水能力。

2. 栽植密度

广西桑园适宜密植整成，杂交桑实生苗以每亩栽 5 000～7 000 株为宜。单行种植的，行距一般为 65～80 cm、株距 13～18 cm；双行种植的，宽行行距 90～120 cm，窄行行距为 35～50 cm，株距为 13～18 cm。

3. 苗木选择和处理

选用合格苗木，要求没有检疫性病虫害。如发现有青枯病苗应停止使用，有根结线虫要把根瘤剪除，并用药物处理。冬春种桑可适度修剪根系，用桑剪剪去过长、卷曲和受伤的根，以便栽植。种植前用混有磷肥的泥浆蘸根，利于发根成活。

4. 开沟施基肥

土地经耕翻平整后，按预定畦向和行距，用皮尺和石灰在地面打样，划好桑行线。按行距开种植沟，沟深、沟宽各 30～40 cm，表土和心土分开堆放，沟壁保持粗糙，沟底土要挖松。每亩施入有机肥 1 500～3 000 kg，每施一层基肥，填上一层表土，填到距地面 10～15 cm 时即行踏实。

5. 栽植方法

按预定的株距进行栽植，把桑苗根部埋入桑行线土中，盖土。轻拉使根伸展、踩实，再壅一层松土，要求壅过根颈部 3 cm，淋足定根水。种后 2 天内进行植株剪定，留植株高 10～20 cm，剪去梢端，达到统一高度。

6. 栽植后管理

桑苗定植后，必须加强护理工作，以提高成活率，促进幼树生长。定植后的管理包括以下五项工作：

①覆盖保湿。用稻草、杂草覆盖地面或桑行，保水防旱，减轻植株失水，抑制杂草丛生，防止土壤板结，培肥土壤。

②及时淋水防旱，排除积水。保持土壤适宜水分是新桑成活和生长的关键，土壤干旱时要及时淋水，多雨时注意排水，防止积水。

③除草松土。除草主要抓好三个环节，即春除过冬发芽草，夏除黄梅草，秋除开花草。结合除草进行松土，防止土壤板结，增强土壤通透性。

④优化施肥。新桑发芽开叶后，淋施粪水或 0.5% 尿素液一次，以后根据新桑生长情况，追施肥 1～2 次，可每亩施尿素 5～10 kg 或复合肥 10～15 kg。

⑤补植缺株。发现有缺株应及时补种。在种桑时应留一些预备株，或在密植处间出部分植株用来补缺。补种的植株要加强管理，使其跟上群体生长。

四、桑园管理

（一）桑园肥培管理

1. 改土培肥，多施有机肥

种桑建园前要进行深翻改土，成园冬伐后进行深耕冬晒，生长期间结合除草多翻耕土地，覆盖杂草，多施有机肥，以改良土壤结构、增加通透性，增加土壤有机质，培肥土壤，提高土壤保水保肥能力。同时桑园翻耕，还有利于多发新根和根的伸长扩展。

2. 合理施用化肥

氮、磷、钾要求配合施用，一般氮、磷、钾比例为 2∶1∶1。持续每年每亩产叶3 000 kg 的桑园，若土壤肥力不高，可施入氮 57～60 kg、磷 22.5～30 kg、钾 30～34 kg。方法有以下两种：

(1)造桑造肥施肥法。冬伐后开沟施入有机肥，每亩施入有机肥 1 000～2 000 kg。在桑树春季发芽期施追肥一次，以后每采一造叶后施追肥一次(采叶后 5 天内施完)。每次每亩追肥用量为氮 6.8～7.5 kg、磷 3.0～3.5 kg、钾 3.0～3.5 kg。折成化肥，即每次每亩施复合肥(15-15-1 型)20～25 kg 加尿素 7～9 kg，或每次每亩施尿素 15 kg、过磷酸钙 20 kg、氯化钾 6 kg。

(2)全年二回施肥法。将全年的施肥量合并分二次开深沟(沟深 20～40 cm)施入，上半年施肥量占全年施肥量的 60%，下半年施肥量占 40%。第一次施肥在冬伐后至发芽期在桑行中间开深沟，每亩施入有机肥 1 000～2 000 kg，并施入复合肥(15-15-15 型)80～100 kg 加尿素 28～35 kg，或施尿素 60 kg、过磷酸钙 80 kg、氯化钾 24 kg，覆土压实。第二次施肥在夏伐后桑行中间开深沟，每亩施入复合肥(15-15-15 型)60～75 kg 加尿素 20～27 kg，或施尿素 45 kg、过磷酸钙 60 kg、氯化钾 18 kg，覆土压实。

（二）桑园排灌及中耕除草

1. 排灌

桑园土壤要保持适宜的水分，遇到连续干旱时要及时灌水，以保持桑园土壤含水量，满足桑树生长需要以达到土壤最大含水量的 70%～80%。如干旱时间过长，灌溉不及时，往往会造成新梢封顶，影响枝条和叶片的生长。当桑园积水、湿度过大或地下水位过高时,要及时开沟排涝,不然会阻碍根系生长,引起烂根,影响桑树生长。

2. 中耕除草

桑树是一次种植多年生长的作物,容易引起土壤板结,进行中耕翻土,可改良土壤的通透性,利于桑树根系旺盛生长。所以,桑园年中要进行中耕翻土,冬季也要进行松土晒白,并多施入有机肥改良土壤。桑园中存在杂草,会与桑树争夺养分与水分,影响桑树的生长。因此,在中耕时要结合除草。

(三)桑树剪伐

桑树剪伐是桑园管理的一项较重要的工作,是促进桑树生长、增加桑叶产量、提高叶质的重要措施。合理剪伐能打破顶端优势,减少花果,促进营养生长。更新枝条,调整通风透光环境,优化群体结构。减少病虫害发生,提高工作效率。

1. 剪伐形式

桑园的剪伐形式,根据剪伐季节不同,分为冬伐和夏伐;根据桑树剪伐高度不同分为根刈、低刈、齐拳剪伐和留长枝(高位)剪伐等几种。

①根刈。平地剪伐地上部分,这种剪伐形式适合采片叶,也方便管理,但发条数较少,产量较低,且头造泥沙叶较多。

②低刈。在主干离地 20～30 kg 处剪伐,这种剪伐形式发条数比根刈多,泥沙叶也大为减少,产量有所提高,适合采片叶收获。

③齐拳剪伐。低干桑园(桑树主干高 30～50 kg)因每次剪伐都在同一部位而形成拳状树杈,齐拳剪伐就是在拳部树杈处的枝条基部平剪去枝条。这种剪伐方式枝条数较多,产量也较稳定。

④留长枝(高位)剪伐。剪留枝条较长,留枝高度达 30～80 kg。这种剪伐方式发芽较早、发芽较多,单位面积总条长较长,且叶片较多,故产叶量较高。

剪伐要选在晴天进行,注意不要剪破枝条基部皮层及木质部,以免影响桑苗萌芽。

2. 全年采片叶的剪伐方式

每年剪伐为冬伐和夏伐两次。冬伐在冬至前后,桂南无霜冻地区可提前在 12 月 15 日前后进行剪伐,可使桑树发芽时间提早。冬伐采用冬留长枝的剪伐方式,剪留夏伐后长出的健壮枝条 30～60 cm,剪口距地面高 50～80 cm。剪除枯枝、病枝。上半年采 3～4 造片叶后进行夏伐,在 6 月中旬至 7 月中旬进行,在距地面 25～30 cm 处剪伐(低刈),也可根刈(距地面 10 cm)。剪除病枝、枯枝、细小弱枝。

3. 条桑育的剪伐方式

冬伐在冬至前后进行,采用冬留长枝的剪伐方式,剪留夏伐长出的健壮枝条 30～60 cm,次年头造、二造留当造新枝基部 5～10 cm(约 3 个芽)剪收枝叶喂蚕,第三造条桑收获后夏伐降枝,在距地面 25～30 cm 处剪伐。下半年如水肥条件好,可继续进行条桑收获,头造剪留当造新枝 5～10 cm,下半年第二造(末造)采部分片叶,剪留当造新枝 30 cm,尽量留较长段枝条过冬。秋季干旱、桑园没有灌溉条件的不宜进行条桑收获。

为了减少条桑收获后相当一段时间的光能损失和抑制行间杂草趁机疯长,密植桑园要考虑隔行轮流剪收:头造隔行剪收条桑,剪留新枝 10 cm,而相邻行头造只采脚叶;第二造再剪收条桑。以后各造隔行轮流收获和夏伐降枝。

五、桑叶收获

(一)桑叶收获特点

一般农作物是在其果实或种子成熟时收获,采收对作物的生长发育没有不良影响,瓜熟蒂落,顺其自然。桑叶的采收却不同,采收的是桑树最重要的营养器官,而且是在桑树生长发育最旺盛的时候采摘,一年不仅采收一次,而是要采收多次,在桑树一生中要采收若干年。

桑树不仅需要采叶,还要伐条,将采过桑叶的枝条剪去,重新萌发出长叶的枝条来。采叶剪伐对植株的生理损伤甚为严重,成为桑树树势衰败的重要原因。要延缓树势衰败,稳定提高桑叶产量,就必须讲究采伐方式和技术。

桑叶采收还要与蚕期配合起来,使之在桑叶生长最多、叶质最好的时候,也是蚕儿最需桑叶的时候,因此,蚕期安排主要是根据桑叶生长状况而制定。没有桑叶生长的季节,一般也不能养蚕。

(二)桑叶收获方式

1. 采片叶

采叶时将整张叶子采下。根据养蚕需要,1～2 龄采摘叶片,保留叶柄,不伤枝皮,保护腋芽,又叫叶柄摘。3 龄以后将叶片带叶柄全部采下,所采叶量为片叶量,用这种方法采叶喂蚕称为“片叶育”。这种方法采叶功效很低。

2. 伐条

将植株上的枝条连同其上的新梢叶片一起剪下，就叫伐条采收。将所采枝、梢、叶一起放入蚕座喂蚕称为“条桑育”。所采叶量如为条梢叶一起称重的，称为条桑量。条桑量中芽叶占55%～60%，枝条占40%～45%。

第四节　养蚕技术

一、蚕的生活史

桑蚕（也叫家蚕）属完全变态昆虫。一个世代中要经历卵、幼虫（蚕）、蛹、成虫（蚕蛾）四个不同的发育阶段。

卵是胚胎发生、发育形成幼虫的阶段，有滞育卵（俗称黑种）和非滞育卵（俗称生种）之分。蚕蛾交配后产下的受精卵，初时多呈淡黄色，经过7天左右，当胚胎发育到一定程度时变成赤豆色，再变成固有色，这种蚕卵称为滞育卵（黑种）。蚕卵进入滞育期后，即使在适宜的条件下也不能孵化，必须经过一定的低温或人工浸酸处理，使滞育解除后才能孵化。非滞育卵则不同，蚕蛾产下卵后直至孵化前都不变成赤豆色，在适宜的温湿条件下，经过10天左右便可孵化出蚁蚕。

刚孵化的幼虫，身体呈黑褐色，形似蚂蚁，称为蚁蚕。蚁蚕摄食桑叶后开始不断生长发育，体色渐由黑褐色变成青白色，几天后便不吃不动，这种现象称为眠蚕。蚕入眠后体内长出新皮，蜕去旧皮，刚蜕去皮的蚕叫起蚕，起蚕后第一次喂桑叶叫饷食。蚕从孵化到结茧通常经过4次就眠蜕皮，每两次就眠蜕皮经过的时间称为龄期。龄期有长有短，最长的为5龄，需6～8天，最短的为2龄，为2～3天。不吃不动的就眠期间称为眠期，眠期长短也不同，1～3眠相近，都约为12 h；4眠（也叫大眠）较长，约为24 h。蚕一般要经过4眠5龄，1～3龄蚕叫小蚕或稚蚕，4～5龄蚕称为大蚕。在温度适宜和饲料充足的条件下，一般1龄蚕经过3～4天，2龄蚕经过3天左右，3龄蚕经过3～4天，4龄蚕经过4～5天，5龄蚕经过7～9天。从收蚁到蚕盛熟叫全龄期，二化性蚕的全龄期通常为20～26天。也有少数品种的蚕偶尔发生3眠4龄或5眠6龄熟蚕结茧的现象。

蚕到5龄末期，蚕体开始收缩，第五至第六节腹面透明，食叶减少，排出软粪和蚕尿，体呈蜡黄色半透明状，开始吐丝，此时的蚕称为熟蚕，熟蚕即可上蔟吐丝结茧。桑蚕多数品种吐丝结成的茧为白色，也有吐丝结成红色、黄色、粉红色、蓝色等彩色茧的品种。

经过2～3天，蚕吐完丝后便在茧内化成蛹。蛹经过13～15天后羽化为成虫（即蚕蛾），随即交配产卵，完成一个世代。蚕在一年内自然发生的世代数叫蚕的化性，一年内自然发生一个世代的品种叫作一化性品种，发生两个世代的品种叫二化性品种，发生三个世代以上的品种叫多化性品种。一二化性品种的蚕蛾产下的受精卵为滞育卵（黑种），多化性品种中有产滞育卵的，也有产非滞育卵（生种）的。

二、养蚕前准备

（一）制订养蚕计划

制订养蚕计划的依据是当地的自然气候条件、桑园种植面积、桑树品种及生长情况、剪伐形式和桑蚕品种等。一般养一张蚕种（10 g蚁量，大约25 000头蚕，以下相同）需桑叶450～500 kg。

一年中养蚕批次的合理布局也是十分重要的，养蚕批次过疏过少会浪费桑叶，降低亩桑产茧量，使收益减少；养蚕批次过密过多会造成桑叶供应不上，还会引起蚕病暴发，同样会减少收益。广西南部与北部在一年中养蚕批次的布局略有不同：南部地区（表8-2）一般从3月上中旬开始养蚕，全年养蚕6～7批；北部地区（表8-3）一般从3月下旬或4月上旬开始养蚕，全年养蚕5～6批。上半年（夏伐前）的饲养量约占60%，下半年的饲养量约占40%。

表8-2　广西南部全年养蚕布局

养蚕批次	蚕种出库	收蚁日期	熟蚕日期	采茧日期
第一批	3月10日	3月20日	4月10日	4月15日
第二批	4月10日	4月20日	5月10日	5月15日
第三批	5月10日	5月20日	6月10日	6月15日
第四批	6月10日	6月20日	7月10日	7月15日
第五批	8月10日	8月20日	9月10日	9月15日
第六批	9月10日	9月20日	10月10日	10月15日
第七批	10月10日	10月20日	11月10日	11月15日

表 8-3　广西北部全年养蚕布局

养蚕批次	蚕种出库	收蚁日期	熟蚕日期	采茧日期
第一批	3 月 25 日	4 月 5 日	4 月 25 日	4 月 30 日
第二批	4 月 25 日	5 月 5 日	5 月 25 日	5 月 30 日
第三批	5 月 25 日	6 月 5 日	6 月 25 日	6 月 30 日
第四批	8 月 1 日	8 月 10 日	8 月 30 日	9 月 5 日
第五批	8 月 30 日	9 月 10 日	9 月 30 日	10 月 5 日
第六批	9 月 30 日	10 月 10 日	10 月 30 日	11 月 5 日

（二）准备养蚕用房

按照不同用途，养蚕用房分为蚕室、催青室、上蔟室、贮桑室以及附属室等。

蚕室：农村可以利用现有空闲房屋进行养蚕。一般要求地面及墙面干燥，坐北向南，有对流窗，通风良好，靠近水源，便于消毒防病。养一张二化性蚕种（约 25 000 头），需小蚕室面积 3 m^2，大蚕室采用地面育需面积 30 m^2，采用蚕匾育则只需面积 15～20 m^2，专用贮叶室面积 6 m^2。

上蔟室：是供蚕儿吐丝营茧的房屋。有条件的最好配备有相应的专用上蔟室，无条件的上蔟室可以与壮蚕室套用。

贮桑室：贮桑室是在短时间内贮藏桑叶的地方。农村除建有地下贮桑的专用蚕室外，常用温度较低的地方贮桑。

蚕具：包括蚕匾、塑料薄膜、蚕网、方格蔟、蚕筷、鹅毛、切桑刀、砧板、桑剪、温度计、黑布等。养一张种蚕，如采用地面育则需饲养稚蚕的专用蚕匾 7 只（80 cm×100 cm）、打孔塑料薄膜 8 张（80 cm×100 cm）、小蚕网 14 张（80 cm×100 cm）、方格蔟 160～200 个（156 孔）。如采用蚕匾育还需增加蚕架 1 副、蚕匾 40 只、大蚕网 60 张（80 cm×100 cm）等。

蚕室布局原则：

(1)稚蚕室尽可能远离壮蚕室与上蔟室。

(2)便于大蚕、稚蚕分养。

(3)蚕沙坑要建在离蚕室较远的地方，不能建在蚕室的上风处，也不能建在路边和桑园边。

蚕室朝向宜南北向，建在地势较高、干爽、采光好、通风良好的地方，周围环境清洁，建有南北对流窗和内走廊，室内能保温隔热，有利于小气候调节。另外，还要有利于防病消毒、有利于养蚕操作。贮桑室要求水泥地面、阴凉、无阳光直射、保湿性能好、通风透气，墙面清洁且便于消毒，便于保持桑叶新鲜。上蔟室要求室内光线柔和、干爽、空气流通、利于排除湿气。

（三）蚕室、蚕具消毒

消毒防病是养蚕成败的关键。要有效地防止蚕病发生，首先必须抓好蚕室、蚕具的消毒工作。具体做法如下：

1. 清扫

做好蚕室、蚕具的打扫、清洗工作是搞好防病消毒的前提。通过对蚕室、蚕具及周围环境的打扫，可以清除黏附于蚕室、蚕具的病源及其繁衍于垃圾内的病源，从而提高消毒效果。

2. 晒

将清洗后的蚕具放在日光下曝晒 8 h 以上，利用太阳紫外线杀菌，也可使蚕具干燥不利于病菌繁殖。

3. 两消一洗

通过打扫清洗和曝晒蚕具后，即可对蚕室、蚕具进行消毒。消毒一般用含 1%～1.5%有效氯的漂白粉液进行。药液消毒时，有效氯浓度要达到要求，喷洒要全面不漏死角，喷后保持 30 min 以上的湿润状态。房屋和用具密闭 0.5～1 天，然后再进行清洗晾干。最后再按上面做法重复进行养蚕前最后一次消毒。塑料薄膜、塑料蚕网、花蔟等也可以用含 1%有效氯的漂白粉液进行浸泡消毒。棉纱蚕网、蚕筷、切桑刀等可用煮沸消毒，即在 100℃沸水中煮沸 30 min 后晒干即可用于养蚕。

三、小蚕共育技术

（一）小蚕生理特点

生产上用的蚕品种幼虫期是四眠五龄，要蜕皮 4 次、经过 5 个龄期上蔟结茧。一般称 1～3 龄为小蚕期，4～5 龄为大蚕期。小蚕期是充实体质和促使群体发育整齐的重要时期，养好小蚕是蚕茧丰收的基础。

(1)小蚕对高温多湿环境的适应性强，对冷湿的抵抗力弱。在适当的高温(27～28℃)多湿(80%左右)条件下蚕儿发育齐一，在低温干燥条件下生长发育不良。

(2)小蚕生长发育快,单位时间内体重增加的比例大。特别是1龄蚕生长最快,因此必须精选桑叶,使桑叶营养满足蚕的要求。小蚕期要求水分较多和蛋白质较丰富、碳水化合物适量、比较柔嫩的桑叶。蚕座要及时扩座,防止蚕儿拥挤和食桑不足。

(3)蚕体表面积增加倍数大、增长速度快,同时还有趋光、趋密的现象。因此要及时扩座、匀座,防止蚕头过密食桑不足,生长不良。

(4)蚕体小,呼吸量少,适当换气就能满足气体交换要求。

(5)小蚕移动范围小,一次食桑时间短,因此喂桑要求均匀,桑叶不要离蚕太远,便于小蚕就食。

(6)小蚕就眠快、眠期短,因此要做到"三早",即早加眠网、早止桑、早饷食。

(7)小蚕对有毒气体和蚕病病原的抵抗力弱。小蚕期对一氧化碳、煤烟、二氧化硫、氨气等敏感,容易中毒。要注意防止蚕儿接触有毒气体,蚕室不要直接用煤加温,更不能在蚕室或储叶场所附近放农药。

(二)小蚕饲养形式

稚蚕饲养形式有多种,常见的有塑料薄膜覆盖育、塑料薄膜帐育、叠式蚕框育等。

1. 塑料薄膜覆盖育

塑料薄膜覆盖育就是在收蚁前,把一张塑料薄膜垫在蚕匾的蚕座纸下面,收蚁、定座、给桑后,在蚕座上再盖一张塑料薄膜,与下垫的薄膜重合,沿蚕座边缘折叠的饲育方式。1～2龄蚕采用上盖薄膜、下垫薄膜的全防干育,3龄蚕采用只盖薄膜不垫薄膜的半防干育。蚕就眠时揭开薄膜。塑料薄膜覆盖具有保温保湿的作用,有利于保持桑叶新鲜,使蚕儿充分饱食、发育齐一。

2. 塑料薄膜帐育

塑料薄膜帐育是在蚕架上用塑料薄膜搭成帐形,在帐架内养蚕。每次喂蚕前30 min揭开薄膜散气换气,眠中也要将薄膜打开,以降低蚕座湿度。塑料薄膜要经过清洗干净后才能使用。

3. 叠式蚕框育

采用叠式蚕框育饲养稚蚕,不用搭建蚕架,占地面积小,养蚕操作方便,也利于蚕室、蚕具的清洗消毒。叠式蚕框制作材料为木、竹,来源广泛,制作工艺简单,成本低,适合在农村推广使用。

（三）小蚕饲养技术

养好小蚕应掌握“温湿宜、叶质优、蚕座匀、眠起齐、防病严”的技术要求。目的是增强蚕的体质，保足蚕头数。

1. 温湿宜

温度、湿度对蚕儿生长发育有直接影响。温度要求：1～2 龄 28℃，3 龄 27℃。湿度要求干湿差 2～3℃。春期低温多湿以补温为主，夏期高温多湿以通风降温为主。

2. 叶质优

小蚕期采叶要在桑树上选准叶位采叶。选叶应以叶色为主，手感、叶位为辅，1 龄用叶嫩绿色、黄中带绿，有光泽叶肉厚，顶芽下第 3 片叶；2 龄用叶绿色、绿中带黄，有光泽叶肉厚，顶芽下第 4 片叶；3 龄用叶浓绿色，有光泽叶肉厚，第 5～6 片叶或三眼叶。天旱干燥的秋季，叶位可适当向上移一位，即春夏适熟叶，秋采适熟偏嫩叶。桑叶要贮藏好。一般采叶边采边叠整齐，到蚕室可放在低温的地方，放在用消毒过的蚕匾中上盖下垫湿纱布，再盖薄膜，防止桑叶发热变质，保持新鲜备用。

3. 蚕座匀

蚕座内蚕头分布疏密均匀，蚕与蚕之间有 2～3 头活动位置。每次给桑前先行匀座、扩座，然后再给桑，每天给桑 3～4 回。1 龄给桑 1.5～2.5 层，2 龄给桑 2～2.5 层，3 龄给桑 2.5～3 层。

4. 眠起齐

蚕儿眠和蜕皮是生理上的转折点，必须做好以下五个方面的工作。

(1)眠前除沙。1 龄蚕体色由青灰色转变成炒米色，体发亮，身粘蚕粪粒为催眠。应加网给桑，进行眠前除沙。若蚕座内残桑较薄可不眠除，将残桑摊薄，使蚕座干燥。2 龄体色由青色转白色，体缩短并有蚕叠蚕现象(蚕背蚕)，体发亮；3 龄体色乳白色，体肥短，发亮，这些均为将眠的特征，即可加网进行眠前除沙。

(2)饱食就眠。各龄蚕眠定后不吃不动，主要靠眠前体内贮藏的营养维持生命，因此眠前除沙后，不能过早停桑，一般加眠网前 1～2 回桑量要足，眠除后二回桑仍有未眠青蚕，应再加网或切条桑引未眠蚕收集到另一匾中饲养，这称为提青分批。

(3)眠中保护。眠定后在蚕座上撒石灰粉进行蚕座消毒吸湿，避免强风直吹，阳光直晒，保持凉爽。

(4)起蚕饷食。当批蚕中95%以上已蜕皮,头部由灰色转成淡褐色,蚕儿爬动,身体左右摇动进入求食状态,就可以饷食(喂新龄期的第一回桑)。饷食用桑要新鲜、适熟偏嫩,量宜偏少,以八成饱为度。饷食前先用稚蚕专用"防病一号"进行蚕体消毒,然后再加网给桑,在给第二回桑前进行除沙(起除)。

(5)控制日眠。①收蚁时间在上午8～9时进行,10时前要收完。②选用适熟偏嫩桑叶喂蚕,保持桑叶新鲜。③温度、湿度控制在适温适湿范围。④调节饷食时间,2龄、3龄饷食时间在下午3～5时,温度适宜,一般均能达到日眠。

5. 防病严

养蚕过程中随时有可能带入病原物,造成蚕病发生。一定要严防病原入室,必须将消毒防病措施贯穿在养蚕全过程。要做到:

(1)"三洗手"。入蚕室要洗手,采桑、切桑、给桑前要洗手,除沙后要洗手。

(2)"二换鞋"。进蚕房要换鞋,进贮桑室要换鞋。

(3)"一消毒"。蚕体蚕座、地面、蚕具要用药物定期消毒。未经消毒的用具不要进蚕室,采桑箩、给桑箩和蚕沙(蚕粪)箩要严格分开,发现病蚕后不随地乱丢或喂鸡鸭,应集中石灰缸深埋土中。

四、大蚕饲养技术

(一)大蚕生理特点

1. 大蚕对高温多湿、闷热抵抗力弱

4～5龄蚕体表的蜡质层明显增厚,相对体表面积小(体重与体面积的比例),气门与体重之比小,因此体内水分不易发散,散热困难。蚕体大,呼吸量也大,耗氧量多,相应呼出的二氧化碳和水蒸气也多。给桑量大,相应的桑叶的呼吸与放出的二氧化碳也多,加上蚕大量排出的蚕粪放出的不良气体,互相混合,很容易造成蚕室中的空气污浊。如果不注意通风换气,即使正常的湿度也有不良的影响。在30℃以上高温、相对湿度85%以上多湿的环境,不利于蚕的各种生命活动的正常进行,容易诱发蚕病。因此壮蚕应在较低的温度(23～26℃)下饲养,同时加强通风换气,蚕座多撒新鲜石灰,防止多湿。

2. 绢丝腺成长快

1～4龄绢丝腺的重量约为蚕体重的5%,到了5龄,绢丝腺急剧增长,到熟蚕时已占体重的40%,丝蚕物质的70%是在5龄第3天以后到上蔟之间形成的,因此5

龄的营养条件直接影响丝蛋白的形成。为保证壮蚕正常生长常发育，促使绢丝腺的发达，充分形成丝蛋白，应给予丰富蛋白质、较多碳水化合物、含水量较少的桑叶（充分成熟桑叶），使蚕饱食，以利于提高蚕茧产量。

3. 对 CO_2 抵抗力弱

壮蚕期对 CO_2 抵抗力较弱，因此要经常换气。同时由于食桑量大、排粪量多，空气容易污浊，要经常开门窗，勤除沙，以保持蚕室空气新鲜。

4. 食桑量大

壮蚕食桑量大，占全龄的 90%～95%，其中 5 龄期食桑量占全龄的 80%～85%，因此要做好用叶计划，采足桑叶，保证蚕充分饱食。同时，在饱食的基础上节约用桑。另外壮蚕需用的工具、劳力、蚕房也较多，必须事前做好计划，妥善安排。

5. 对农药、毒气抵抗力较弱

壮蚕对农药、有毒气体抵抗力弱。接触微量农药、毒气，就会发生中毒症。严重时发生死蚕、不结茧蚕等，影响蚕茧产量。因此要尽量避免接触农药和毒气等。特别要注意防止桑园喷农药未过残效期就采叶养蚕，或周围农田喷药污染桑园，导致发生农药中毒而失收。

（二）大蚕饲养形式

根据饲育设施不同可分为蚕匾育、蚕台育、地面育及室外育，按给桑方式不同可分为片叶育和条桑育。

1. 片叶育

(1)蚕匾育。蚕匾育就是将蚕放在蚕匾内饲养。它的特点是每次给桑、除沙等操作必须搬动蚕匾，比较费工；蚕具投资大，容易损坏，但蚕室空间利用率高。在广西、广东常用的有竹制大圆匾（直径 1 m 左右）及椭圆匾等。

(2)蚕台育。蚕台的种类较多，常用的有绳索吊挂活动蚕台。其制作方法是用木材（或竹子）制成固定的 3～5 层的蚕架，每层间隔 0.5～0.9 m，蚕台长 4～6 m、宽 1.3～1.6 m（根据蚕室长度定）。每层先用数条木材或竹子扎成架子，然后铺上竹箔或用小竹片编成的竹帘即成蚕台。上面几层蚕台用绳索吊挂，可升降。蚕台育的特点是蚕箔（蚕座）面积大，给桑效率高，便于熟蚕自动上蔟。另外它还具有就地取材、制作成本低的优点。

(3)地面育。地面育就是将蚕放到地面饲养。地面育蚕房要求地面干燥，通风良好，利于防鼠防蚁。具体做法：提前做好蚕室消毒。蚕下地前地面要撒一层新鲜石灰，还可根据蚕座面积再铺一层稻草，然后将蚕(最好是5龄饷食第二口叶后)移到上面进行饲育。地面育是一种省力养蚕方法，节省用具投资和省力，节约用桑，有利于防病，饲育操作简单，技术容易掌握，高温季节地面育温度较低利于蚕生长发育。另外地面育采用条桑育，可大幅度减少5龄蚕用工。

2. 条桑育

条桑育是一种大幅度提高劳动效率的养蚕方法。条桑能保持桑叶新鲜，利于蚕的生长发育，提高蚕茧量，增加农民收入，值得在农村推广。

(1)条桑育适用于地面育和蚕台育，饲育环境要求在较低温度和干燥的环境中，若遇高温多湿要有一定气流。

(2)条桑育开始的适期，可以从4龄(第三口叶后)开始，也可以从5龄开始，以5龄饷食第2～3次桑后改喂条桑为宜。

(3)给桑方法和次数。首先将伐下的条桑根据蚕座宽度加以修剪，边修剪边给桑，一律顺放，即采取条桑的基部与顶端间隔成“川”字形的给桑形式，也可采取与蚕座平行的“三”字形给桑。给桑时要粗细、老嫩条桑搭配，保持蚕座平整。一般每天给桑2次，给桑要掌握蚕座内桑叶吃尽再给，防止层层有蚕，给处理带来麻烦，夜间时间长桑叶凋萎慢，给桑量可适当增加。

(4)蚕期的消毒防病做法对照地面育方法进行。要多撒新鲜石灰进行蚕体蚕座消毒，保持干燥，避免蚕座发酵发生蒸热。如果残条堆积过厚，应在5龄中期除去下层残条和蚕沙。

(5)注意气象环境的调节。条桑地面育，因不经常除沙，蚕座多湿，必须加强通风换气。切忌密闭饲养，但又要避免强风直吹，否则会引起桑叶凋萎快，致使蚕食桑叶不足和浪费。

(6)条桑育要选用节间密、发芽率高、枝条细直、耐剪伐的桑品种为好。广西目前多用“桂桑优12”“桂桑优62”等品种。

(7)条桑育的条桑应进行摘芯。摘芯就是将桑树新梢上的嫩头摘去。通过摘芯，抑制顶端生长，促使未成熟的桑叶增大、加厚，提早成熟，提高桑叶的产量和质量。摘芯在用桑前10～15天进行，以摘去燕口状的嫩头为度。摘芯要分批进行，顺次用叶，以便更好地发挥其效能。另外，稚蚕用叶桑园先不摘芯，要保证稚蚕用叶。

(8)蚕下地前，应注意堵塞鼠洞和蚁穴，最好能提早杀灭蚕室附近的老鼠和蚂蚁。在饲养期间要注意防蝇，一般可在4龄用灭蚕蝇"喷洒一次，5龄隔天喷一次。

(9)上蔟时因条桑育蚕座厚、蚕座内间隙很多，熟蚕易在桑条间隙结茧。因此上蔟前一天改喂片叶，使蚕座平整。老熟时选捉去早熟蚕，大批成熟时，一齐上蔟。

（三）大蚕饲养技术

养好壮蚕应掌握"15字"技术要点：通风好、良桑饱、蚕座稀、消毒勤、分批清。养好壮蚕的目的是增壮蚕体、保丰产。

1. 通风好

在高温多湿季节要加强通风换气，要充分利用门窗，蚕室安装排风扇，地角设计通风口，用遮阳网搭荫棚等来调节蚕室内温度、湿度及气流，不能造成室内闷热，因大蚕期食桑多，桑叶、蚕体的水分蒸发加之空气潮湿闷热，造成蚕体水分排泄困难，生理活动受阻，易诱发蚕病。

2. 良桑饱

5龄食桑量大，占全龄用桑的80%～85%，这段时间要使蚕儿吃饱吃好，但又不能浪费桑叶。通常采取"抓两头放中间"，5龄第1、第2天及临熟蚕严格控制给桑，5龄第3～5天及临熟前二回叶正是茧丝物质形成期，保证蚕儿良桑饱食是增壮蚕体、增产蚕茧的关键。

3. 蚕座稀

大蚕期蚕与蚕之间至少要有2～3头蚕的空隙距离，保持蚕儿食桑活动、排泄等生理活动需要。蚕座过密会造成蚕体皮肤创伤，水分排泄困难，蚕儿食桑不足，蚕座湿度增大，削弱抵抗力，诱发蚕病，降低蚕茧的产量和质量。

4. 消毒勤

地面养蚕，每天用新鲜石灰粉消毒蚕体蚕座一次，不要翻动残桑。发现病蚕及时用蚕筷拾起集中在石灰缸内然后深埋土中。蚕房内、走道蚕房入口处、贮桑叶的地面要保持清洁，经常用石灰粉或漂白粉液消毒。有细菌病发生的地方，4龄和5龄每2～3天添食抗生素一次。

5. 分批清

大蚕期还有一个眠期称"四眠"。四眠眠期长，有时出现入眠不齐，特别是夜眠。必须加网分批，将迟眠蚕(青蚕)和眠蚕分开，对迟眠蚕另外饲养，分批饷食。对迟眠的少数病弱蚕、不良蚕应予淘汰，为上蔟整齐做好技术处理。

（四）简易大棚养蚕技术

1. 简易大棚养蚕的优点

(1)简易大棚的大小可根据饲养数量建造，因而可以解决不同经营规模农户的养蚕用房，有利于促进蚕桑生产规模经营的发展。

(2)大棚建造容易，投资少、收效高，快捷方便。

(3)节省劳力，工效高，有利于提高蚕桑生产的经济效益。

(4)简房大棚通风透气性好，有利于壮蚕的饲养，可以提高养蚕成功率，从而提高蚕茧产量和茧丝品质。

2. 简易大棚的搭建

一般要选择地势平坦，排水通畅，远离稻田、菜地、果园，距桑园较近的地方。采用南北向，大小以养蚕多少和地势而定，高 2.5～3.5 m(棚顶高 3.5 m、四周高 2.5 m)，离地面 1 m 用塑料薄膜压实，以防蚁、鼠危害。其余地方安装防蝇纱窗网，以利于大棚的通风透气。棚顶先用彩条布封实，上面再覆盖一层草帘，隔热层的草帘尽可能要厚些，在草帘上面再放一层遮阳网，以避免阳光直射和调节室内温度、湿度。有条件的地面要求硬化，有利于消毒防病。

3. 简易大棚养蚕技术要点

(1)进棚时间。一般 4 龄第 2 天或 5 龄第 2 天进棚均可。

(2)温度、湿度调节。大棚内挂置 2 支干湿温度计，供随时观察，调节温度、湿度，一般利用草帘和两端的薄膜掀盖来调节。如温度、湿度高时可以盖上草帘和掀起薄膜进行通风。在多湿闷热的天气要揭去塑料薄膜，并打开棚的两端，以利于通风。

(3)给桑方法。春蚕期，可直接用条桑或新梢叶喂养，每天给桑 2～3 次；中晚秋蚕每日可增加一次给桑。尽量不喂湿叶，若喂湿叶则需薄饲，吃完再给，不留残叶。蚕座湿冷，可在蚕座上多撒一些干燥的短稻草后再喂蚕，也可在棚内放火炉加温排湿。

(4)桑叶保鲜。一是条桑饲育，蚕进棚给第二次桑叶后，即可采用条桑育，一般每天给桑 3 次，有 10%左右残桑时，给下一次桑，但还应根据蚕的发育及天气变化，合理调节给桑量和给桑次数；二是薄膜覆盖，给桑后盖上薄膜，以减少桑叶水分散失。

(5)防病防害。养蚕消毒前，先铲除约 10 cm 厚的表土，消毒后在地面先撒一层氯丹粉，再撒一层新鲜石灰粉，蚕期中多撒干燥材料。4 龄进棚饲养的，应在 5

龄饷食后及时除沙,清洁蚕座。若一旦发生蚕病,要及时捡出病蚕,加强蚕体、蚕座消毒。

(6)适时上蔟。在见熟前一天改喂片叶,并用短稻草填平蚕座,同时用灭蚕蝇体喷一次,在放蚕蔟前撒一层新鲜石灰粉消毒,再喂一次片叶。见熟5%左右时开始放蚕蔟,要注意避免过熟上蔟,还要注意遮光,以避免过熟及光线过强而造成损失。

(7)售茧后的消毒。每期蚕结束后,要揭除草帘和薄膜,利用日光曝晒消毒。要对场地及所有用具进行清理、刷洗、消毒,下次壮蚕进棚前,再进行一次系统消毒。

五、熟蚕上蔟技术

养蚕的第三阶段也是最后一个阶段,上蔟采茧,这个时期一般为4～5天。这时期是决定蚕茧质量和产量的关键时期,也是决定养蚕最终经济效益的重要时期。这时期蚕儿停止食桑,身体缩小,体色变半透明,排出软粪,对高温多湿抵抗力弱,避光。该时期应掌握“15字”的技术要点:适熟上,蔟具优,上蔟稀,排湿好,见蛹采。

1. 适熟上

一般到5龄第6天大部分蚕成熟要上蔟营茧。见有10%蚕熟就可以减少给桑量,准备蔟具上蔟。未熟蚕儿称“青头”过熟称“老熟头”,过早过熟上蔟,对茧丝产量和质量都有不良影响。老熟蚕易结双宫茧、薄皮茧、畸形茧,青头蚕上蔟来回爬动排粪尿,污染早结成的蚕茧,增加黄斑茧、薄皮茧。

2. 蔟具优

方格蔟为最优良,上茧率高,解舒好,茧色白,下茧少,茧形整齐,采茧方便,茧质优良。

3. 上蔟稀

熟蚕有寻找适合营茧场所的习性,可利用这个特性,采用自然上蔟以减少人力。在熟蚕整齐的情况下,盛熟的当天上午,蚕座内出现10%蚕熟时,薄薄撒一层桑叶,然后把方格蔟铺在蚕座上,当有相当数量的蚕爬上蔟片,把蔟片挂搁。每个蔟片投放熟蚕以80%蔟孔数为宜,及时把迟结茧的“游山蚕”及吐平板丝蚕拾出另外上蔟,见熟蚕分布不匀应调换方向。

4. 排湿好

蔟室中空气湿度很大,必须打开门窗,安装排风扇,地角设计通风口,加强通风排湿，防止强光直射，温度要保持 26℃左右为好。温度过高要想法降温，温度过低要加温。

5. 见蛹采

从上蔟到化蛹 4～5 天。蚕儿吐丝结茧后，很快就要化蛹。待蛹皮呈黄褐色时，即可采茧。低温季节(春季第一批和晚秋)一般上蔟满 6～7 天，高温季节满 5 天为采茧适时。采茧时要先将蔟中死蚕和烂茧剔除，然后边采茧边选茧，按上茧、次茧、双宫茧、下茧(黄斑茧、重柴印茧、蛆孔茧、畸形茧等)分开放置。采下的茧应薄摊(2～3 厚粒)放置于蚕匾上或小茧箩中，不能堆积过厚。更不能采“毛脚茧”(未化蛹的幼虫)。售茧时，应用竹箩等通气好的用具装运，禁用塑料薄膜袋装运蚕茧。售茧途中应注意防止日晒雨淋和剧烈振动。

实验实训一　桑叶产量预测

一、目的要求

学习桑叶产量预测方法，在不影响桑树生长的情况下做好以叶定种、种叶平衡工作。

二、材料用具

成林桑园一块、皮尺、秤等。

三、方法步骤

1. 枝条长度测产法

根据桑树不同品种和长势，将桑园分成几类，在不同类型桑园中，分别抽样测定。用随机抽样或对角线抽样法，抽取有代表性的样本桑 10～20 株，调查总条数和总条长，然后算出每株平均条数和条长，乘以每米条长产叶量，即得单株产叶量。再乘以全园实际产叶株数，即得全园产叶量。

平均每株总条长(m)＝调查株数总条长(m)÷调查株数

单株产叶量(kg)＝平均每株总条长(m)×每米条长产叶量(kg/m)

全园产叶量(kg)＝单株产叶量(kg)×全园实际产叶株数

注：桂桑优 12 号每米条长可采叶 17 片，重 0.1 kg 左右。

2. 叶数测产法

(1)调查每株叶片数。用随机抽样法选取有代表性的样本桑10～20株,调查现有叶片数,加上从估产到5龄蚕最大用叶时可长出的叶片数,然后减去计划留叶数,即为调查株可采叶的叶片数,并算出平均每株叶片数。

(2)调查每千克叶片数。在样株上选有代表性的枝条若干,除梢端应保留的叶片外,全部采下,混合随机抽取称量,调查1 kg叶的片数。最好多称几次,求其平均数较为准确。据调查,桂桑优12号每千克叶有170片左右。

(3)计算单株产叶量。每千克叶片数确定后,即可算出每株产叶量,从而算出每公顷产叶量,计算方法如下:

调查株可采叶片总数=调查株现有叶片数+可能增长叶片数－计划保留叶片数

$$\text{平均每株可采叶片数(片/株)}=\frac{\text{调查株可采叶片总数(片)}}{\text{调查株数(株)}}$$

$$\text{平均每株产叶量(kg/株)}=\frac{\text{平均每株可采叶片数(片/株)}}{\text{每千克叶片数(片/kg)}}$$

每公顷产叶量(kg/hm^2)=平均每株采叶量(kg/株)×每公顷株数(株/hm^2)

四、作业

写出桑叶产量预测的实验报告。

实验实训二　杂交桑苗培育

一、目的要求

掌握杂交桑苗培育的整地、播种方法及苗期管理技术。

二、材料用具

锄头、铲、桑种子、皮尺、桶、洒水壶等。

三、方法步骤

1. 苗地选择

要求前作没有检疫性病虫害。选土层较厚、水源方便、泥土疏松、不易板结、不易积水的土地作苗地。

2. 苗地整理

土地翻耕两遍，耙平，起畦，畦高 10～15 cm，宽 120 cm，要求畦面泥土充分打碎，做到土碎地平。

3. 播种

播种方法有撒播和条播，两种方法任选一种进行。

(1)撒播。把种子均匀撒在畦面上，稍压紧让种子浅埋泥粉中，盖上稻草或阙草，淋水使泥土湿润。也可用遮阳网遮盖苗地。每亩播种量为 700～800 g。

(2)条播。在畦面上开浅小沟，间距 10～20 cm，淋水至小沟，使小沟泥土湿润呈浆状，然后点播种子，撒上泥粉或草木灰遮盖种子，盖上稻草或阙草，再淋水一次。也可用遮阳网遮盖苗地。每亩播种量 500～650 g。

4. 苗期管理

(1)灌溉、排水。播种以后，要注意灌水或淋水补湿，保持苗床土壤湿润，有积水时要及时排除。

(2)分次揭草。当大部分桑苗长出 2 片子叶时，就要分次揭去盖草，使桑苗露出表面。揭草宜选择阴天或晴天傍晚进行，以防晒死幼苗。

(3)间苗补苗。分 2～3 次进行。

(4)施肥。以腐熟人畜粪尿为主、化肥为辅，由淡到浓分次施用。

(5)除草、松土。根据土壤、气候、杂草生长情况分次进行。

(6)防治苗期病虫害。注意观察，发现病虫害，及时防治。

四、作业

记录整地、播种及苗期管理各环节的操作过程及技术要点，写出实训报告。

实验实训三　桑树种植

一、目的要求

理解桑园规划设计、畦向道路布局、株行距配置等建园要求，掌握桑树种植的方法、技术。

二、材料用具

石灰、皮尺、绳子、锄头、桑剪、桶、肥料等。

三、方法步骤

1. 实地察看

组织学生察看栽桑田块的地形和环境。

2. 划线打样

按预定畦向和行距，用皮尺和石灰在地面打样。单行种植的，行距 65～80 cm，株距 13～18 cm；双行种植的，宽行行距 90～120 cm，窄行行距 35～50 cm，株距 13～18 cm。

3. 深挖种植沟

按行距开种植沟，沟深、沟宽各 30～40 cm，表土和心土分开堆放，沟壁保持粗糙，沟底土要挖松。

4. 施足基肥

要求每亩施入有机肥 1 500～3 000 kg，每施一层基肥，填上一层表土，填到距地面 10～15 cm 时，即行踏实。

5. 栽种适期

广西以冬季及早春栽植较好，时间为 12 月份至翌年 2 月份；也可在秋季栽植，时间为中秋节以后。

6. 苗木选择和处理

选用合格苗木，要求没有检疫性病虫害。如发现有青枯病苗应停止使用，有根结线虫要把根瘤剪除，并用药物处理。冬春种桑可适度修剪根系，用桑剪剪去过长、卷曲和受伤的根，以便栽植。种植前用混有磷肥的泥浆蘸根，利于发根成活。

7. 桑树栽植

按预定的株距进行栽植，广西杂交良种桑为 5 000～7 000 株/亩。把桑苗根部埋入桑行线土中，盖土，轻拉使根伸展，踩实，再壅一层松土，要求壅过根颈部 3 cm。淋足定根水。种后 2 天内进行植株剪定，留植株高 10～20 cm，剪去梢端，达到统一高度。

8. 栽植后管理

(1)覆盖。用稻草、杂草覆盖地面或桑行。

(2)及时淋水防旱，排除积水。保持土壤适宜水分，干旱时及时淋水，多雨时注意排水，防止积水。

(3)松土除草。结合除草进行松土，防止土壤板结，增强土壤通透性。

(4)施肥。新桑发芽开叶后，淋施粪水或0.5%尿素液一次，以后根据新桑生长情况，追施肥1～2次，施肥量为尿素5～10 kg/亩或复合肥10～15 kg/亩。

(5)补植缺株。发现有缺株，应及时补种。在种桑时应留一些预备株，或在密植处间出部分植株用来补缺。补种的植株要加强管理，使其跟上群体生长。

四、作业

写出桑树种植实训小结。

实验实训四　桑园管理

一、目的要求

掌握桑园施肥、耕耘、除草、治虫、剪伐等基本操作技能，加深对桑园各种肥培管理方法、技术的理解。

二、材料用具

桑剪、锄头、铲、肥料等。

三、方法步骤

1. 桑园施肥

根据需要采用造桑造肥施肥法或一年二回施肥法，并进行施肥操作。

2. 桑树剪伐

(1)冬伐。在冬至前后，剪留夏伐长出的健壮枝条30～60 cm。

(2)夏伐。在6月中旬至7月中旬进行，在距地面25～30 cm处剪伐。剪除病枝、枯枝、细小弱枝。

3. 抗旱灌溉与排除积水

连续干旱、土壤干燥要及时灌溉。桑园有积水，要设法排除积水。地下水位高的桑园应设法开通四周排水沟，降低地下水位。

4. 桑园耕翻、除草、清园

桑园冬伐后冬翻一次，全面除草清园。夏伐后除草、清园，结合除草进行中耕。

四、考核

将桑园分畦或分行到人，落实责任，根据季节和桑园生产要求，分散在每周劳动课中进行。桑树生长前、中、后期，分别根据长势长相情况评定成绩。

思考与讨论

1. 简述桑树根系的组成及其在土壤中的分布状况与栽培的关系。
2. 简述广西近年主要推广的优良桑树品种有哪些？
3. 简述桑苗培育的方法。
4. 简述杂交桑苗培育的最佳播种时间。
5. 简述杂交桑苗培育的播种方法。
6. 简述高产桑园需具备的基本条件。
7. 简述嫁接育苗的方法和嫁接的适宜时期。
8. 简述广西种植桑树的最佳时期是什么时候？适宜种植密度每亩是多少株？
9. 简述桑树催芽肥的施用方法。
10. 简述桑树一年两次施肥法如何进行。
11. 广西对桑树如何进行剪伐？
12. 采叶有什么要求？
13. 桑园田间管理怎样进行？
14. 如何确定桑园施肥量？
15. 简述桑树枝条形态特征与桑品种及栽桑、养蚕的关系。
16. 简述顶芽、腋芽(侧芽)、冬芽和休眠芽的区别及性质。
17. 简述桑树一生各发育阶段的主要特征。
18. 简述桑树的年生长周期——生长与休眠。
19. 简述各种生态因素对桑树生长发育的综合作用。
20. 简述桑叶采收的特点与方法。

参考文献

[1]白景彰．节本高效种桑养蚕技术．南宁:广西科学技术出版社,2006.

[2]梁秀玲．种桑养蚕技术问答．南宁:广西科学技术出版社,2007.

[3]张明沛．桑蚕技术．南宁:广西人民出版社,2008.

[4]浙江大学．农蚕病理学．北京:中国农业出版社,2000.

[5]曹深泉．桑树栽培与桑园管理。北京:中国水利水电出版社,2000.

[6]柯益富．桑树栽培及育种学．北京:中国农业出版社,1995.

[7]谢东．贯彻五大发展理念落实中央一号文件开创新推动广西蚕桑产业兴旺发展——在全区蚕业工作会议上的讲话．广西蚕业,2018,55(1):1-4.

[8]毛景山,朱淑杰．桑树的生长特性及适生条件．农业与技术,2013,33(2):46.

第九章

油 菜

第一节 概 述

一、油菜生产的意义

油菜是我国最主要的油料作物,油菜产业对于国家食用油供给安全、农业增产和农民增收发挥着重要作用。油菜不仅是主要的食用油来源,而且在现代工业、食品、医药保健、生物能源以及生态旅游、土壤改良等方面都具有重要意义。

菜籽榨油后得到约60%的饼粕,其成分与大豆饼粕相近,油菜产业每年为养殖业提供600万t以上优质饲料蛋白质原料。油菜不与粮食作物争地,通过与水稻等作物轮作,可提高土壤有机质和水稻等后茬作物产量,是有效利用南方稻区冬闲田、促进全年增产增收的优良作物,可为中国1亿多种油农民提供600亿~700亿元的农业生产收入,占种植业收入的30%左右,在优势产区产值超过小麦。高芥酸(>55%)品种的油菜籽可以用来生产高级润滑剂和脱模剂。以低芥酸菜油为原料生产的生物柴油是矿物柴油的理想替代品。另外,大面积的冬油菜花可以美化环境,可作为旅游资源进行开发利用,如云南罗平、江西婺源以及广西南丹、阳朔、三江等县,已将油菜作为旅游区景观作物大力发展。

二、油菜生产概况

中国是油菜生产大国,2015年中国油菜播种面积达730万hm^2,位居世界第二,油菜总产量为1 430万t,位居世界第三。

中国油菜分为冬油菜(9月底播种,次年5月底收获)和春油菜(4月底播种,9

月底收获）。冬油菜面积、产量均占90%以上，主要集中在长江流域。华南地区位于亚热带区域，日照时数和油菜主产区的长江中下游相近，属于冬油菜区。

第二节　油菜生物学特性

一、油菜的分类及形态特征

油菜是十字花科(Cruciferae)芸薹属(*Brassica*)植物中种子含油的多个物种组成的一个农艺学上的统称。油菜是一年生草本植物，直根系。南北广为栽培，四季均有供产。

根据我国油菜的植物形态特征、遗传亲缘关系，结合农艺性状和栽培利用特点等，将油菜分为三个类型，即白菜型油菜、芥菜型油菜和甘蓝型油菜。其中，我国生产上油菜品种90%以上为甘蓝型油菜。

白菜型油菜：易感染病毒病和霜霉病，产量较低，适宜在季节短、低肥水平下栽培。国内至今无大面积推广白菜型杂交油菜，仅有少数引进品种进行小面积试种。

芥菜型油菜：产量不高，耐瘠、抗旱、抗寒，适于山区、寒冷地带及土壤瘠薄地区种植。

甘蓝型油菜：又称洋油菜、番油菜等。植株中等或高大，枝叶繁茂。叶色似甘蓝，蓝绿色。薹茎叶无柄半抱茎着生，基部叶有琴状裂片或花叶。花瓣大，花色黄色，花瓣平展或皱缩，侧叠，花药内向开裂或半转向开裂。自交亲和性高，自交结实率70%以上，异交结实率较低，属常异花授粉作物。角果较长，种子较大，种皮黑褐色，千粒重3.5～4 g，种子含油量35%～40%，高的达50%以上。生育期较长，170～230天。抗霜霉病、病毒病能力强。耐寒、耐肥、适应性广。杂交油菜如华杂3号、秦油2号、油研7号、贵杂2号等均属此类型。

二、油菜的生长发育

（一）油菜的器官和功能

1. 种子

油菜种子为球形，粒小、千粒重1～4 g，以褐色和黑色为主。种子外被种皮，比较坚硬，种皮内通称种仁或称为胚，是种子的主要成分，胚由胚根、胚轴、胚芽和两片子叶组成，含有丰富的油脂和蛋白质。

2. 根

油菜的根由主根、侧根、细根和不定根组成强大的圆锥形根系。根系具有支撑、吸收和储藏三大功能。一般主根入土 50 cm 左右，与侧根一起支撑植株挺立不倒。根系除了吸收水分、矿物质营养外，还能吸收生长素、部分农药等。油菜根系生长有三个时期：一是扎根期。自出苗至越冬前、根系往下扎，垂直生长快于水平生长；二是扩展期。越冬后至盛花期，根系加快生长，尤其水平生长加快；三是衰老期。盛花期至成熟期，根系基本停止生长。

3. 茎

油菜的茎可分为主茎和分枝。冬油菜主茎在冬前一般不延伸，各节密集，春天开始伸长，主茎达 10 cm 时开始抽薹并逐渐木质化和产生分枝。主茎着生 30 多片叶子，每片叶子基部都有一个腋芽，并萌发成分枝，但一般只有上部约 10 个腋芽可成为有效分枝。有些分枝很粗壮，可再发生分枝，在肥水条件良好时，还能产生 3～4 次分枝。油菜有 2/3 以上的角果着生在分枝上，因此分枝越多，角果数越多，产量就会相应提高。茎秆粗壮，既支撑整个植株挺立，又对角果重量能有较大的抵抗力，后期不易倒伏。

4. 叶

油菜的 2 片子叶在进行短期光合作用后逐渐枯黄脱落，营养物质主要靠后生出的真叶制造，真叶着生在主茎及分枝上，每节都有一片真叶，不同部位的真叶有长柄，短柄及无柄叶 3 种。叶片是进行光合作用，制造养分的主要器官，也是进行呼吸和蒸腾作用的器官，长柄叶制造的养分主要供应根和茎的生长；短柄叶则供应茎和分枝的养分；无柄叶供应分枝和角果的养分。

5. 花

油菜花按照一定顺序着生在花轴上，着生在主茎上的主花序首先开花，然后各分枝花序陆续开花，同一花序的花蕾从下向上逐个开放。花由花柄、花萼、花冠、雄蕊、雌蕊和蜜腺 6 部分组成，花冠展开时 4 瓣呈“十”字形，故称为十字花科。雄蕊有 6 枚，顶端着生花药，俗称花粉，能借昆虫或风力传布。雌蕊位于花朵中央，基部略膨大称作子房，受精后发育为角果。蜜腺有 4 个，分泌蜜汁，引诱昆虫采蜜并传粉。

6. 角果

油菜开花授粉后，花瓣凋谢、子房膨大形成角果，角果由两片狭长类似船形的壳状果瓣构成，成熟时易开裂。甘蓝型品种角果较长，其绿色角皮是生育后期进行光合作用的重要器官，提供种子贮存养分的40%左右，因此使角果发育良好，对丰产有重要意义。

（二）油菜的阶段发育特性

1. 苗期

油菜从出苗(2片子叶平展)到现蕾的这一段时期称为苗期。当轻轻拨开油菜2～3片心叶时，用肉眼能明显见到花蕾时称为现蕾。其中，从出苗到开始花芽分化称为苗前期，从开始花芽分化到现蕾称为苗后期。油菜的苗期时间较长，甘蓝型杂交油菜苗期80～140天，是油菜一生中积累光合产物，建造营养体的营养生长时期。苗前期主要是生长根系、茎秆和叶片等营养器官，为营养生长期。苗后期除进行营养生长外，主根膨大，并进行花芽分化。

2. 蕾薹期

油菜从现蕾至始花称为蕾薹期。现蕾以后主茎加快生长，节间明显可见，从子叶节到主茎顶端高约10 cm时称为抽薹。全田有25%以上植株主花序开始开花称为始花。油菜在蕾薹期营养生长和生殖生长同时进行，但仍以营养生长为主，表现在主茎生长、增粗，分枝陆续抽生，叶片数增多，叶面积增大，根系继续扩大，活力增强。生殖生长表现为花蕾发育长大，花芽数迅速增加，至始花期达最大值，但现蕾后分化的花芽多为无效花。

3. 开花期

油菜从始花到终花的一段时间称为开花期。一般25～30天。全田有75%的花序完全谢花称为终花。开花期是油菜营养生长和生殖生长都很旺盛时期，表现在花序不断伸长，大量开花、授粉、受精、形成角果，边开花边结角果。根、茎、叶的生长到盛花期已基本停止。油菜开花期是决定角果数和每果粒数的重要时期。

4. 角果发育成熟期

从终花到角果成熟为油菜的角果发育成熟期，一般经历30天左右。这一时期油菜叶片逐渐衰亡，光合器官逐渐被角果取代，角果的光合产物是种子中干物质和油分累积的重要来源。这一阶段生殖生长占绝对优势，表现在角果的发育，种子的形成，种子中油分和干物质的积累等。因此，角果发育成熟期是油菜充实高产架子，形成产量的重要时期。

三、油菜的温光反应特性

1. 油菜的春化作用

油菜的春化作用又称感温性，是指油菜一生中必须经历一个较低的温度时期才能进行花芽分化，否则会长期停留在只生长根、茎、叶等营养器官的苗期阶段。不同品种类型对温度条件的要求有所不同，据此可将油菜分为以下 3 种类型：①冬性型。这一类品种对低温要求严格，一般需要在 0～5℃的低温条件下，经历 30～40 天，才开始花芽分化。这一类型多为冬油菜中的晚熟或中晚熟品种。②春性型。此类型对低温的要求不严格，一般 15～20℃的温度条件下，经历 15～20 天就开始花芽分化。一般为极早熟、早熟和部分早中熟品种。③半冬性型。该类型对低温的要求介于以上二者之间，菜苗一般在 5～15℃的温度条件下，经历 20～30 天才能进入花芽分化。大多数甘蓝型油菜的中熟和中晚熟品种均属此类型。

2. 油菜的光照作用

油菜的光照作用又称感光性，是指油菜在生长发育过程中要求一定长度的光照条件，菜苗才能现蕾的特性。根据不同类型品种对绝对光照时数长度的要求可分为强感光型和弱感光型两类。①强感光型：北美和加拿大西部、欧洲北部和我国西北部的春油菜多为此类型。②弱感光型：所有的冬油菜和极早熟春油菜均为此类型，其花前所经历的日长为 10～11 h。油菜感光最敏感的时期为春性冬播油菜和春播春油菜在 9～10 叶期，偏冬性和半冬性油菜在 11～12 叶期。

四、影响油菜生长发育的外界环境条件

1. 纬度与海拔对油菜生长的影响

由于温度随着海拔和纬度的升高而下降，因此纬度与海拔影响到油菜的生育期、产量和品质。油菜的生育期随着海拔和纬度的升高而延长，我国同一品种的生育期由南向北延长，例如甘蓝型油菜品种矮架早，在湖北武汉（北纬 30°38′）全生育期 194 天，而在广西南宁（北纬 22°48′）全生育期为 169 天。高纬度和高海拔地区，其昼夜温差明显较大，有利于提高油菜产量和种子含油率。

2. 光照对油菜生长的影响

日照的长短、光照强度的高低直接影响油菜各器官的物质积累。光照不足时根量少、扩展范围小，易于倒伏，严重制约矿物质和水分的吸收，后期则容易早衰。光照充足有利于叶片生长，叶面积大且健壮，提高叶片的光合效率，花芽分化提早，

花芽分化多和分枝多，有利于提高油菜产量和种子含油率。

3. 温度对油菜生长的影响

(1)苗期。适宜温度为10～20℃，高温持续时间长分化快，遇短期0℃以下低温不会受冻，若持续时间长则易受冻害。

(2)蕾薹期。冬油菜一般在开春后当气温稳定在5℃以上时开始现抽薹，气温达10℃以上时抽薹加快。若气温过高，抽薹速度过快，茎组织疏松，易出现茎薹弯曲现象，不利于产量的形成。

(3)花期。油菜在花期影响产量的主要因素为低温，低温会导致开花、受精不良，结实率明显降低或不能结实。

(4)角果发育期。气温15～20℃是油菜角果发育的适宜温度范围，在此范围内，温度越低，灌浆时间越长，愈有利于籽粒的增重饱满，提高产量，改善菜籽品质，温度过高或过低都不利于籽粒的灌浆。在15℃以上的温度下成熟的油菜，其种子中芥酸含量较低，油酸含量较高；而在较低温度下芥酸含量增加。

4. 水分对油菜生长的影响

(1)苗期。田间最大持水量以80%～85%为最佳。土壤水分过低或过高均会对油菜生长造成不良影响。

(2)蕾薹期。田间水分达最大持水量的80%最为有利。若田间水分不足，导致主茎变短、叶片变小、幼蕾脱落等现象发生。土壤水分过多，根系易受损早衰，也易造成植株徒长、倒伏，并招致冻害、病害发生严重，对产量形成极为不利。

(3)花期。花期是油菜一生中对水分最敏感的时期，土壤水分达田间最大持水量85%最为适宜。田间缺水时个体生长受到抑制，使开花提早结束，分枝与花序明显缩短，植株早衰，花蕾大量脱落，有效角果少，减产严重。

(4)角果发育成熟期。要求田间持水量不低于60%为宜。缺水会使秕粒增加，粒重和种子含油量降低。但水分过多又会使植株贪青迟熟，严重渍水时还导致根系衰败，出现严重倒伏，也会形成大量秕粒，或引起病害的严重发生，造成减产和降低菜籽品质。

五、油菜产量构成因素和形成过程

（一）产量的构成因素

油菜单位面积产量由单位面积上的角果数、每果粒数和粒重3个因素所构成。

油菜产量(kg/公顷)＝每公顷有效角果数×每果粒数×千粒重(g)×10^{-6}

1. 单位面积角果数

单位面积角果数的增加依赖于单位面积株数和单株角果数提高。单位面积的株数即密度,通过增加密度来提高产量,效果比较明显。单株角果数主要由主花序角果数、一次分枝角果数及二次分枝角果数构成。增加单株角果数以增加一次分枝数与每个分枝上的角果数为主。

2. 每果粒数

每果粒数与每角胚珠数多少、胚珠受精率和结合子发育率有关。每角胚珠数与品种特性、胚珠分化期间的植株长势和栽培条件有很大关系,整株花的胚珠数约在现蕾前至开花期决定。每果结合子发育率与油菜后期长势和栽培条件好坏有关。

3. 粒重

油菜籽粒养分来源:薹枝叶绿色部分的光合产物,绿色角果光合产物和植株体内贮藏的物质。要增加粒重,必须保证油菜开花后叶片、茎枝和角果皮有较旺盛的光合能力,并保持根系的活力,使籽粒获得充足的营养。

(二)产量的形成过程

油菜各产量构成因素是在生育过程中按照一定的顺序形成的。角果数在前,粒数随后,粒重最迟。各产量构成因素在数量的消长上具有阶段性:①花芽开始分化至开花前为角果数、粒数奠定期;②始花和终花后 15 天左右为角果数、粒数定型期;③始花后 15～20 天至成熟为粒重的决定期。

第三节　油菜栽培技术

一、选择优良品种

了解品种特性,选择优质油菜品种。根据育种方式不同,习惯将油菜品种分为常规油菜、杂交油菜两大类型。杂交油菜由于存在杂种优势,产量相对较高,但因其制种困难,种子价格相对较贵。广西栽培的油菜品种主要是白菜型常规品种,如胜利油菜、川油 2 号和大坡油菜等,还有少量初期选育的杂交品种,如中油 821、秦油 2 号等。根据油菜品种的品质特性,又将其分为优质油菜与普通油菜两大类。

优质油菜不仅其菜油品质好，且其饼粕可直接用于饲料，其菜薹可做蔬菜，其直接经济效益与综合效益显著高于普通油菜。

选用经过当地试种且表现优良的油菜品种。气候、土壤和栽培习惯不同，农作物品种表现可产生较大的差异，因此在进行品种选择时应选择经当地农业主管部门试验示范、表现良好的、已审定的主推品种。

根据耕作制度与播种方式选择适宜品种。移栽油菜或稻油两熟制移栽油菜宜选择耐肥、耐稀植、株型高大、单株产量潜力较大、抗倒性好的品种，如华油杂系列、中油杂系列等。秋发栽培(单株越冬前主茎绿叶 12～13 片)宜选用冬性、半冬性的中晚熟油菜品种。

二、整地与施基肥

(一)整地

油菜种子较小，所以整地要求精细、平整，耕层深厚、上虚下实，以利于种子发芽出苗。同时不同类型、不同用途的田块其耕整的要求有所不同。

1. 水稻田的耕整

在双季晚稻收获前 15 天左右要开沟排水、晒田，晚稻收割后立即翻耕碎土。稻田整地力求做到沟深土细、田平、厢匀。

2. 旱作田块的耕整

前作物收获后，要根据土壤墒情及时翻耕晒垡，耙细耕平，使土疏松细碎。如果整地时天旱墒情不好，最好先灌水后整地，墒情适宜时及时翻耕整地播种。

大田整好后开沟做厢。土质黏重，地势低的田块，厢宽 2～3 m，沟深 30 cm；土质疏松，地势较高的田块，厢宽 3～4 m，厢沟 30～35 cm，沟深 18～20 cm。开厢的同时，要开好腰沟和围沟，做到“三沟”配套，沟沟相通，明水能排，暗水能滤，雨停田干。

(二)施基肥

基肥在总肥量中的比例一般约占 40%。施足底肥有利于促进油菜苗期生长良好，打下丰产架子，避免后期因追肥过多而贪青、返花、倒伏等。另外，硼是油菜必不可少的微量营养元素，缺硼会导致油菜出现“花而不实”的现象。因此，油菜基肥应以无机肥与有机肥相结合，还要施些硼肥。在有机肥较多时，可结合整地使用。在有机肥较少时，可集中施于移栽行或穴中，但必须与土拌匀，使土肥相融，要避免与根系直接接触，以免烧根。例如，在广西桂林种植双低早熟油菜阳光2009，基肥一般施腐熟有机肥15 000～22 500 kg/hm^2，施氮磷钾复合肥（养分含量45%）600 kg/hm^2、颗粒硼肥（硼含量12%）7.5 kg/hm^2，结合整地进行施肥。

三、播种技术

（一）选择合理的播种方式

1. 直播

直播油菜的特点是根系发达，抗逆能力强，省工省时。

2. 育苗移栽

油菜育苗移栽可以适时早播，有利于培育壮苗，能较好地解决季节与茬口矛盾。

（二）确定适宜的播种时间

不同栽培条件下油菜播种时间弹性较大，但适宜播种时间范围较窄。在长江流域中上游地区"秋发栽培"（单株越冬绿叶12～13片）宜于9月上旬播种；"冬发栽培"（单株越冬绿叶10～11片）宜于9月中旬播种；"冬壮栽培"（单株越冬绿叶8～9片）宜于9月中旬后期播种。直播时间可按上述育苗播种时间推迟7～10天。

（三）种子处理和播种量

1. 种子处理

播种前将当年收获的种子放在太阳下翻晒2～3天，再经过筛选、风选，除去部分夹杂物和秕粒，然后播种。另外，盐水选种可以淘汰菌核及提高种子质量，其方法是把种子放在10%盐水中及时搅拌5 min，不断除去漂浮水面的菌核和秕粒，然后捞起种子，立即用清水冲洗数次以免盐分影响发芽力，最后将选出的种子推开晾干，准备播种。

2. 播种量

根据杂交种子大小确定播种量，一般每亩苗床只需留苗11万～12万株，油菜种子千粒重以3.8 g，出苗率按75%计，每亩苗床用500～600 g种子。广西地区最适播种量在3 750 g/hm^2 左右。

（四）育苗技术

1. 选好苗床地

油菜苗床应选择没有种过大白菜等十字花科作物，土壤肥沃，质地带沙性，地势较高，排灌方便的地块，苗床面积按 1∶5 的比例留足。

2. 精耕细作，施足基肥

苗床要求要做到平、细、实，畦宽 1.5 m，沟宽 0.25 m，沟深 0.25 m，施足基肥，每亩施 2 500 kg 土杂肥、25 kg 复合肥和 0.5 kg 硼肥。

3. 苗床管理

(1)早间苗、定苗。间苗要做到五去五留：去弱苗留壮苗，去小苗留大苗，去杂苗留纯苗，去病苗留健苗，去密苗留匀苗。一般苗床间苗 2～3 次，齐苗时一次，间去丛生弱苗。第一片真叶时一次，要求叶不搭叶，苗不挨苗。三叶时定苗，每平方米留 110～120 株，苗距 8～10 cm，每亩留苗 70 000 株为宜。

(2)适时浇水和施肥。播种后要浇好出苗水，以土面不干燥、不发白为宜。齐苗后少浇水，促进根系下扎，1～2 叶期结合间苗浇施粪水或稀尿素。5 叶后减少浇水施肥，移栽前一周施好送嫁肥，苗肥用碳铵 5 kg 左右兑水浇施，移栽前一天浇一次透水，以利于拔苗。

(3)早治虫。油菜苗期主要害虫有蚜虫、菜青虫等，要早防治。

4. 化学调控，培育壮苗

化学控制最好在幼苗 3 叶期，每亩用 15%多效唑 100～130 g 兑水 1 000 倍，均匀地喷施在幼苗叶片上，切勿重复喷施。

四、适时移栽或大田直播

（一）选择合理的种植方式和种植密度

1. 种植方式

(1)正方形种植。行距和株距相等，或株距稍小于行距，一般在密度较低的情况下采用，植株受光均匀，各个方向的分枝大小较一致。

(2)宽行密株。行距较宽，株距缩小。在密度较大的情况下，这种方式既保证了较高的密度，又发挥了宽行通风透光的优点，便于田间管理，增产显著。

(3)宽窄行。这种方式采用宽行与窄行相间种植，由于调整了行距，在密度较高的情况下，比宽行密株更有利于协调个体与群体的关系，更有利于田间管理，有利于后季作物适时套作，解决前作后作的季节矛盾，增产显著。

(4)穴植。在土壤黏重潮湿、整地困难的水稻田，以及土质条件差的山区、丘陵坡地，干旱严重的地区，条播条栽较困难，采用穴植则简便易行，有利于集中施肥、抗旱播种，易于管理，利于全面壮苗。

2. 种植密度

种植密度要以油菜品种的生育特性当地气候、土壤、肥料、播期及管理条件来确定。①土壤和肥水条件：一般在土壤肥沃、深厚，土质好，施肥较多的条件下，油菜植株生长繁茂，种植密度宜小些，相反则种植密度宜大些。②播种时期：早播早栽的油菜密度以稍低为宜，迟播的则应适当加大密度。③品种特性：品种特性影响油菜种植密度是最大的。植株高大的品种宜稍稀，植株矮小的品种宜稍密。型紧凑的宜稍密，株型松散的宜稍稀。早熟品种宜稍密，晚熟品种宜稍稀。在甘蓝型杂交油菜品种中，早、中熟品种比晚熟品种的密度宜大些。如秦油2号生育期长，个体较大，育苗移栽每亩以6 000～8 000株为宜；油研7号植株较矮，生育期又较短，每亩以8 000～10 000株为宜；贵杂2号属中、早熟品种，每亩以8 000～9 000株为宜。

（二）移栽技术

1. 起苗

起苗时土壤湿度要求较大，起苗少伤根系。若苗床土壤坚硬，应在起苗的前一天浇透水，使土壤湿润。水分充足，早上露水大时取苗，容易断柄伤叶，应在露水干后进行。起苗时要力求少伤根，多带护根土。用手扯苗时，手要捏紧根颈，轻轻起苗，或用锹起苗。起苗时除去弱苗、病苗、伤苗和杂苗。苗按大小分级、分田块移栽，以保证同一田块内秧苗整齐，生长一致有利于田间管理。

2. 移栽方法

要做到“三要三边”和“三栽三不栽”。即行要栽直、根要栽正、棵要栽稳，并做到边起苗、边移栽、边浇定根水。要栽直根苗、不栽弯根苗，栽紧根苗、不栽吊根苗，栽新鲜苗、不栽隔夜苗。栽时土要压紧，不歪不倒。油菜移栽方式有条栽和穴栽两种，条栽又可分为等行距条栽及宽窄行条栽两种。条栽有利于通风透光及便于田间管理，适合于疏松的土壤，方法是先按规定的行距开好沟，将底肥施入沟中，再按株距规格将菜苗紧靠行沟的陡坡一侧摆直，使根自然伸长不弯曲，然后用开第二条沟的土覆盖压实。在土壤黏重，雨水较多，土壤湿度大的情况下，可采用穴栽，方法是先按规定的行株距开穴，施入底肥，再在穴中移栽。开沟、开穴要达到 10 cm 左右，不能太浅太小。

3. 壮苗的标准与移栽时间

壮苗的标准，即在移栽时达到绿叶 7 片，根茎粗 0.6～0.8 cm，苗高 22～24 cm，苗龄 30 天为好。具体来说，甘蓝型油菜在移栽时(10 月中下旬)，要求达到“三个七”：绿叶 6～7 片，苗高 6～7 寸(20～23 cm)，根颈粗 6～7 mm。如果移栽时期较晚(11 月上旬)则要求达到“三个八”。如果茬口允许，正常时实行中苗(5～6 叶)早栽效果也较理想。移栽时间应以适时早栽为原则，移栽的适宜时间一般在 10 月中下旬，迟至 11 月上旬，再晚移栽，产量会明显下降。

（三）直播技术

1. 正确选用播种方法

目前的播种方法有 3 种：①撒播。用种量大，出苗多，苗不匀，间苗、定苗工作量大，管理不方便，因而很少采用。②点播。在水稻田土质黏重，整地困难，开沟条播不方便的地方较为适用。将种子与人畜粪、过酸钙、硼肥等肥料和适量的细土或细沙充分拌和、分厢定量点播，播后用细土粪盖籽。③条播。播种时每厢应按规定行距拉线开沟播种，沟深 3～5 cm，条播要求落籽稀而匀，最好用干细土拌种，顺沟播下。

2. 确定直播油菜密度

直播油菜每亩密度要比移栽密度增加 30%左右，即每亩 1.1 万～1.2 万穴，每穴可留苗 2～3 株，苗总株数 2.5 万～3.5 万株。

3. 及时间苗、定苗、补苗

直播油菜常因播种不匀造成幼苗密度过大，出现苗挤苗，或出现断垄缺苗现象。所以，要及时间苗、定苗、补苗。一般第一次间苗在第一片真叶期，第二次间苗在 2～3 叶期，4～5 叶期开始定苗，同时补苗。

4. 加强肥水管理，及时进行病虫害防治

油菜苗期间常遇秋旱，所以要立足灌水育苗。同时对于干旱年份、瘠薄田块还应及时补充养分。另外，油菜苗期主要是虫害较重，如蚜虫、菜青虫，要及时控制害虫危害，培育健壮幼苗。

五、田间管理

（一）不同生育时期的施肥技术

追肥以氮肥为主，配合施用有机肥（苗期）。

1. 苗期

油菜苗期历时120～150天，占整个生育期50%～60%，油菜苗期生长好坏直接影响到后期产量。此时的管理重点之一是早施苗肥和重施腊肥（冬至前后施用的肥料）。早施苗肥使菜苗充分利用冬前有效积温和光照，重施腊肥增强菜苗抵御低温冻害的能力，使菜苗安全越冬，保证油菜春后生长对养分的需要。苗肥一般分二次施用，第一次在移栽成活时（直播油菜间苗时），约在10月下旬至11月上旬，每亩施尿素5～6 kg，兑水浇施雨前或雨后撒施。第二次在12月上中旬，以农家肥为主（或称腊肥），每亩采用人畜粪1 000～1 500 kg，施于油菜行间或培于根旁，或每亩3～5 kg尿素。

2. 蕾薹期

蕾薹期施肥要做到看苗（菜苗长势、生育进程）、看地（前期施肥情况）、看天（天气状况）合理施肥，以实现早发稳长，不早衰、不贪青为原则，做到三个“少施、迟施或不施”，三个“早施、巧施、多施”。前者包括：油菜长势强，叶片大，顶低于叶尖的；土壤肥沃，腊肥充足的；气温高，菜苗生长快的。后者包括：油菜长势弱，薹茎紫红色且有早衰趋势的；土壤肥力差，腊肥不足的；气温低，菜苗生长慢的。另外，干旱少雨时要肥水结合，以水调肥；多雨地湿时要穴施或结合中耕条施。蕾薹肥一般在薹高10 cm左右时，每亩施用尿素7～10 kg。

3. 开花成熟期

油菜进入开花成熟期后，土壤施肥极为不方便。因此，此时施肥一般采用叶面喷施1%～2%尿素、2%～3%过磷酸钙和（或）0.2%磷酸二氢钾溶液。

（二）不同生育时期的水分管理技术

1. 苗期

苗期水分管理应以“浇水保苗、灌水发根、以水调肥、以水调温”为重点，适时灌溉培育壮苗。具体来说播种出苗期遇到干旱，整地时灌水整地，播种后浇施稀薄粪水，保证安全出苗和出全苗、齐苗。移栽时和移栽后浇施稀薄粪水或尿素水，确保存活、尽快成活。移栽苗开始生长后,或直播苗三叶期以后,引水沟灌促进根系生长,促进根系对养分的吸收。入冬前灌水提高土壤温度,缩小土壤昼夜温差,防止或减轻冻害死苗现象。

2. 蕾薹期

蕾薹期是油菜需水的敏感时期,日需水量增加。此时缺水会导致花芽分化数减少,单株角果数减少。此时,南方地区降雨增多,油菜对水分的需求基本能得到保证,因此应开好“四沟”(厢沟、腰沟、围沟、排水沟),以防降水过多发生渍害。而北方地区气候干燥,常发生早春干旱,因此应根据土壤墒情适时灌水,保证水分供应。

3. 开花期

油菜最大需水期,日需水量达到全生育期最大值。此时水分过多或过少都会导致结实率下降,单株有效角果数减少,每果粒数减少。油菜开花期,长江流域地区时常阴雨绵绵,低温寡照,造成土壤含水量过高,通气不良,不利于油菜根系发育;同时田间湿度过大,有利于病害的发生。因此疏通“四沟”,防止发生渍涝灾害十分重要。

4. 角果发育成熟期

此时常有高温艳阳、干热风劲吹的天气,造成高温逼熟,千粒重降低,产量和品质下降。因此后期酌情灌水不能忽视。

(三)中耕除草技术

中耕的作用在于疏松表土,破除板结,改善土壤通气状况,提高地温,消除杂草,促进土壤微生物活动,加速养分转化,以利油菜发根发棵。稻田栽种油菜,中耕松土尤为重要。中耕可结合追肥进行。移栽活棵后或直播田间苗时结合施苗肥进行第一次浅中耕,深 3~5 cm。第二次中耕在 12 月上中旬结合施腊肥进行深中耕 7~10 cm。

(四)病虫害防治技术

油菜的主要病害有菌核病、病毒病、霜霉病、白锈病等。油菜的主要虫害有蚜虫、菜青虫、潜叶蝇、小菜蛾等。病虫害的防治过程中,应以农业防治和生物防治为主,以化学防治为辅,才能减少农产品中农药残留,减轻环境污染,保护生态平衡,实现油菜生产的良性循环和持续发展。例如,在广西桂林种植双低早熟油菜阳光

2009，合理轮作，科学管理水肥，在苗期用10%吡虫啉300 g/hm^{2}兑水450 kg/hm^{2}防治蚜虫，用菊酯类农药防治菜青虫；菌核病主要在花期防治，用40%多菌灵悬浮剂1.5 kg/hm^{2}兑水420～450 kg/hm^{2}在盛花期和终花期各喷1次。

六、适时收获

1. 收获时期

终花后30天左右，当全株2/3角果呈黄绿色，主轴基部角果呈枇杷色，种皮呈黑褐色时，为适宜收获期。因此，油菜产区就有“八成熟，十成收；十成黄，两成丢”和“角果枇杷黄，收割正相当”等说法。

2. 收割方法

无论是冬油菜产区还是春油菜产区，油菜收获均应在早晨带露水收割，以防主轴和上部分枝角果裂角落粒。收获过程力争做到“四轻”(轻割、轻放、轻捆、轻运)。油菜收割时，边收、边捆、边拉、边堆，不宜在田间堆放、晾晒，以防裂角落粒。

3. 堆垛后熟

由于油菜在八成熟时收获，往往需要经过一个从收获成熟到生理成熟的过程。种子在脱离植株后仍然进行生理代谢过程称之为后熟作用。为促进部分未完全成熟的角果的后熟，应将收获后的油菜堆垛7天左右。正确的堆垛方法是选择在地势较高、不积水的地方，第一层角果向外，上部各层角果向内，顶上加盖防雨层，避免雨水渗透发生霉烂。在堆放后熟过程中，要注意检查堆内温度，防止高温高湿导致菜籽霉变。堆放7天后，应当及时迅速散堆，并在晒场上及时铺开，迅速晒干。

4. 脱粒入库

经过堆放7天左右的油菜，角果经果胶酶分解，角果皮裂开，菜籽已与角果皮脱离。这时可选择晴朗的天气，抓紧时间摊晒、碾打、脱粒、扬净，当水分降到9%～10%以下时即可入库。

实验实训　油菜主要植物学形态特征观察及三种类型识别

一、目的要求

了解油菜的植物学形态特征，掌握识别油菜类型的主要依据。

二、材料用具

(1)材料:油菜三大类型的新鲜植株标本及干标本;各种叶形的蜡叶标本,不同类型的果实;三大类型油菜各生育时期的特征总结表;挂图等。

(2)用具:手持扩大镜、解剖镜。

三、方法步骤

1. 油菜植物形态特征的观察

(1)根的观察。

(2)茎的观察包括主茎和分枝。

(3)叶的观察。

(4)花的观察。

(5)果实的观察。

(6)种子的观察。

2. 识别油菜三种类型的形态特征

(1)根系发育情况。

(2)子叶形状,基叶和基叶的大小、形态、厚薄、附着物(蜡粉、刺毛等的有无和多少),叶柄叶翅的有无。

(3)花的大小和颜色,花瓣皱缩和折叠情况。

(4)角果着生状态,角果的大小和粗细。

(5)种子大小和颜色,辛辣味的有无。

(6)植株高度,分枝的多少及部位,株型。

四、作业

列表说明油菜三大类型的主要形态特征。

思考与讨论

1. 简述油菜三大类型及其主要形态特征。

2. 简述油菜移栽技术。

参考文献

[1]胡立勇．油菜优质高效栽培技术．武汉:湖北科学技术出版社,2006.

[2]刘成,黄杰,冷博峰,等．我国油菜产业现状、发展困境及建议．中国农业大学学报．2017,22(12):203-210.

[3]张永霞,赵锋,张红玲,等．中国油菜产业发展现状、问题及对策分析．世界农业,2015.4(总 432):96-99.

[4]谭冠宁,韦本辉,李丽淑．广西油菜产业发展的现状、问题及对策探讨策．广西农业科学,2007,(5):582-584.

[5]刘成,黄杰,冷博峰,等．我国油菜产业现状、发展困境及建议．中国农业大学学报,2017,22(12):203-210.

[6]甘功勋,李其义．杂交油菜高产栽培技术．贵阳:贵州科技出版社,2007.

[7]刁操铨．作物栽培学各论(南方本).北京:中国农业出版社,1998.

[8]曹立耘．油菜秋发栽培与管理．科学种养,2016(7):18.

[9]钟丽,张宗急,明日,等．广西直播双低早熟油菜阳光 2009 高产栽培技术．现代农业科技,2017(7):39.

第十章

大　豆

第一节　概　　述

大豆通称黄豆。为双子叶植物纲豆科大豆属的一年生草本植物。

大豆原产中国，中国各地均有栽培，亦广泛栽培于世界各地。大豆是中国重要粮食作物之一，已有五千年栽培历史，古称“菽”，中国东北为主产区，是一种其种子含有丰富植物蛋白质的作物。大豆最常用来做各种豆制品、榨取豆油、酿造酱油和提取蛋白质。

一、大豆生产的意义

大豆是我国重要粮油兼用作物。世界各国公认，大豆是具有较高营养价值的农作物，籽粒中蛋白质含量约占 40%，比玉米、大米等高 3～4 倍，并含有人体所必需的 8 种氨基酸，特别是动物本身不能制造的赖氨酸和色氨酸的含量分别占 2.4% 和 1.4%。

大豆籽粒含油量 20%左右，每 50 kg 大豆可榨油 7.5～8.0 kg。大豆油属于半干性油，含有维生素 A、维生素 D，营养价值高，特别是豆油富含人体所必需的亚油酸，比花生油和菜油分别高 1 倍和 4 倍。豆油含不饱和脂肪酸达 60%以上，有防止因胆固醇增高而引起血管硬化的功能。目前，大豆油在世界植物油脂中的比重逐年增加，远比其他植物油增长速度快。

大豆榨油后的饼粕除制造大豆蛋白外，又是畜禽的蛋白质饲料来源，在提高畜禽产品率，降低饲料消耗中起着显著作用。据报道，每只产蛋母鸡，在一昼夜内，增加 10 g 大豆粉碎饲料，可提高产卵(蛋)率 40%～45%。

大豆根部生长根瘤,根瘤内的大豆根菌具有固定空气中游离氮素的作用,其中约有30%的氮素遗留在土壤中。收获时的豆叶、茎秆、荚壳和秕粒,不仅含有丰富的氮素,还可增加土壤中的纤维素和有机质,改善土壤团粒结构,因此在轮作中大豆既能用地,又能养地,具有重要地位。

二、大豆生产概况

我国大豆栽培遍及全国,近年来我国大豆种植面积和产量如表10-1所示。

表10-1 近年来我国大豆种植面积和产量

年份	2012	2013	2014	2015	2016	2017	2018
面积/khm^2	—	6 790.5	6 799.9	6 506.1	7 202.3	8 384.5	8 400.0
产量/万 t	1 301.1	1 195.1	1 215.4	1 178.5	1 293.7	1 528.0	1 600.0

数据来源:国家统计局,中国统计年鉴。

我国大豆的集中产区是东北平原、黄准平原、长江三角洲及江汉平原。华南地区平均气温较高,可种春大豆、夏大豆、秋大豆。

第二节 大豆生物学特性

一、大豆的形态特征

(一)大豆的根

1. 根的组成

大豆的根属于直根系,由主根、侧根和根毛3部分组成。主根较粗,直接由种子胚根发育而产生,垂直向下生长。侧根是由主根产生的分枝,初期呈横向生长,以后向下生长。直接来自主根的为一级侧根,一级侧根上产生二级侧根,依此类推。幼嫩的根部有密生的根毛,它是吸收养分的主要部分。

2. 大豆根系的特征

大豆根系的一般特征:一是根的大部分集中于20 cm表土耕层;二是在8 cm范围主根不仅粗大,而且主要侧根也集中在这里;三是粗大的侧根自地表8 cm处的主根上分生后,向周围平行扩展远达50 cm,并与其他侧根交织,其后就急转向下，深度和形状与主根类同。

3. 大豆根的生长

大豆根的生长在整个生长期呈一单峰曲线。正常条件下，播种 5～6 天后开始发芽，胚根伸长，突破种皮入土，形成一个锥形主根，根端具生长点，一直向下生长。不久，在近地表的主根由上而下顺序发生 4 列小突起，按先后生长，形成侧根发芽达一个月以后，除主根继续伸长外主要从一级侧根上产生二级侧根。苗期大豆根系生长，比地上部分要快 5～7 倍。由分枝到开花，根的生长最旺盛，从开花末期到豆荚伸长期，根量达最高峰，以后逐渐衰败，到种子开始形成时，根的延长与生长停止。

4. 大豆根瘤

大豆的根瘤是由大豆根瘤菌在适宜的环境条件下侵入根毛后产生的大豆扎根后，根系产生一种能诱使根瘤菌趋向根尖的分泌物，使带鞭毛的根瘤菌，趋集于根毛附近，然后根瘤菌从根毛尖端侵入根部，被侵入的根部皮层细胞因受刺激而加速分裂，细胞数量增多，组织膨大，形成根瘤。当根瘤长成以后，根瘤合成的铵态氮通过维管束输送给大豆，约有 3/4 的铵态氮供大豆生长发育，1/4 供给根瘤本身生长，这时根瘤与大豆是共生关系。

（二）茎和分枝

大豆茎秆强韧，茎上有节，一般主茎有节 14～20 个。幼茎有紫、绿两种颜色，紫茎开紫花，绿茎开白色。成熟后茎呈黄褐色。茎高一般 50～100 cm。有限结荚习性品种植株矮壮，无限结荚习性品种植株高大。茎上有分枝，分枝的多少与品种、环境、栽培条件有密切关系。

（三）叶和花序

大豆的叶分为子叶、单叶和复叶。子叶两片，富含养分。子叶出土前为黄色或绿色，出土后经阳光照射变为绿色，能进行光合作用。保护子叶是实现壮苗的重要条件。

子叶展开后 2～3 天即长出两片对生真叶，以后每节长出由 3 片小叶组成的复叶。每一复叶由托叶、叶柄、小叶组成。研究表明，大豆光合速率与小叶厚度、单位面积叶片干重的相关性极显著，这两个性状可以作为选育高光效大豆品种的间接根据。

大豆为总状花序，着生于叶腋间或植株顶部。花朵簇生在花柄上，每个花簇一般有 15～20 朵花。大豆落花落荚率较高，一般达 30%～40%。每一单花由苞叶、花萼、花冠、雄蕊和雌蕊组成。大豆花为白色或紫色，自花授粉。

（四）荚果和种子

大豆果实为荚果，一般含种子 2～3 粒。荚果被有茸毛，成熟时为黄、灰、褐等固定色泽，为品种特征。荚果开裂的难易，常因品种不同而异，不开裂性品种有利机械化收获，损失小。每簇花着生豆荚通常 3～5 个，每株结荚因品种、类型和栽培季节不同而异，一般 20～30 个荚，每株结荚数的多少，是丰产性能高低的表现。

大豆种子的形状有圆形、椭圆形、长扁椭圆形等形状。种子大小通常用百粒重（即 100 粒种子的克数）表示。百粒重 14 g 以下为小粒种，14～20 g 为中粒种，20 g 以上为大粒种。栽培品种多为中粒种。

二、大豆的生长发育

（一）大豆的类型

大豆的结契习性一般可分为无限、有限和亚有限三种类型。基本上是前两种类型。大豆的结荚习性是重要的生态性状，在地理分布上有着明显的规律性和地域性。从全国范围看，南方雨水多，生长季节长，有限品种多；北方雨水少，生长季节短，无限性品种多。从一个地区看，雨量充沛、土壤肥沃，宜种有限性品种：干旱少雨、土质瘠薄，宜种无限性品种。雨量较多、肥力中等，可选用亚有限性品种。当然，这也并不是绝对的。

（二）大豆的光温反应特性

大豆是喜温而较耐寒冷的短日作物，短日照对大豆发育有促进作用，必须经历一定的温度和短日照光周期诱导后，才能进入生殖生长阶段，进而正常花芽分化和开花结荚。

大豆花芽分化的最适温度为 20～25℃，大豆也不耐高温，温度超过 40℃会严重影响坐荚率。

大豆在光照阶段要求短日照条件。大豆对光照的要求以 9 h 为界线，即大体在 9～18 h，光照越短，越促进生殖器官的发育，抑制营养生长，表现为植株矮小，提早开花成熟;光照越长,越促进营养生长,抑制生殖器官的发育,表现为开花和成熟延迟。一般在主茎第一片复叶出现时,开始进入光照阶段,通常是4～12天短日照处理,完成光照阶段而进入花芽分化。

不同类型的大豆品种对光照的敏感性也有差别。一般来说,早熟品种对光照的敏感性较弱,对短日照条件要求不太严格,达到一定的积温就可以开花结荚;晚熟品种对光照的敏感性较强,要在一定的短日照条件下才能开花结荚;中熟品种对光照的敏感性介于早熟品种和晚熟品种之间。

(三)大豆的一生

大豆从播种到新种子成熟所需的天数称为全生育期。

1. 发芽和出苗

大豆要吸足相当本身重量100%～150%的水分,在有适宜温度和充足氧气的条件下即可正常发芽,贮藏在子叶里的营养物质,在酶的作用下,将蛋白质水解成氨基酸,脂肪水解成脂肪酸和甘油,淀粉水解成草糖,供种子萌发需要。胚细胞利用这些营养物质进行旺盛的代谢作用,形成新的细胞,开始生长。首先胚根从珠孔伸出,当胚根与种子等长时就叫发芽。其次胚轴伸出,种皮脱落,子叶随着下胚轴的伸长包着幼芽露出地面,称为出苗,子叶出土见光后由黄变绿,进行光合作用,合成有机物质,供幼苗生长需要。

2. 幼苗期

从出苗到分枝出现称为幼苗期。大豆出苗后,幼苗继续生长,上面两片对生的单叶(即真叶)随即展开,此时称为真叶期,接着长出第一个复叶称为“三叶期”。三叶期根瘤开始形成,根系生长快,地上部的生长日渐加快,这个阶段一般需要20～25天。

3. 分枝期

从形成第一个分枝到第一朵花出现的时期。此期植株开始旺盛生长,一方面形成分枝,加速花芽分化,扩展根系;另一方面植株增加养分积累,为下阶段生长准备物质条件。此时是营养生长与生殖生长并进时期,但仍以营养生长为主。

大豆的分枝是复叶叶腋内的分枝芽发育而来,植株下部芽大部分能发育成分枝,一般有4～5个,中、上部的腋枝多发育成花序。第一次分枝还能长出第二次分枝,第三次分枝……大豆枝芽的分化能力与栽培条件有关,在环境条件不良或密度过大时,枝芽呈潜伏状态,分枝少,结荚部位提高。大豆分枝多少与单株生产力密切相关，分枝多，单株产量高。

4. 开花期

大豆 2/3 以上植株出现两个以上花朵的时期。大豆从花芽分化到开始开花的天数比较稳定，一般 20～30 天。全田开花株数达 10％为始花期，达 50％为开花期，达 90％为终花期。大豆从出苗到开花的天数，因品种和栽培季节不同而异，一般为 34～60 天。

5. 结荚期

大豆授粉、受精后，子房发育膨大，形成幼荚。当长达 1 cm 时叫“结荚”。全田有 50％植株已结荚，叫“结荚期”。大豆结荚顺序与开花顺序相同，在此不再赘述。豆荚的生长是先长荚的长度，后长荚的宽度，最后长荚的厚度。

6. 鼓粒期

大豆鼓粒期是从荚内豆粒开始鼓起到体积与重量最大时止。大豆开花前，花粉即散落在柱头上，一般在 24 h 完成受精过程。荚果的发育至开花后 20 天达最大值。当荚果伸长达最大值时，籽粒就迅速膨大，此时叶片的有机物质不断转移到籽粒中去，是决定每荚粒数、粒重和化学成分的重要时期。籽粒的发育最先长宽度，然后增长长度和厚度。

（四）大豆对环境条件的要求

1. 大豆对土壤条件的要求

大豆是深根作物，具有强大根系，一般主根入土 35～50 cm，有时可深达 80～100 cm，因此以土层深厚、排水良好、高含钙质、腐殖质、结构良好的壤土或沙质壤土最为适宜。最适宜的土壤 pH 为 6.8～7.5。但大豆根系多集中在 20 cm 左右的土层中，一般土壤均能种植。

2. 大豆对养分的要求

大豆是需要养分较多的作物。大豆制造一个单位干物质所需养分与水稻、小麦比较，氮素多 2 倍，磷、钾素多 0.5～1.0 倍。其一生需肥的情况是，从出苗至始花，三要素吸收量占总吸收量的 25％～35％，从始花到鼓粒需氮量占总需氮量的 54％左右，需磷量占 52％左右，需钾量占 62％左右，生育后期对氮钾的吸收大为减少，但对磷的吸收仍未终止。在苗期至开花阶段适量追施氮肥料，有利于分枝、花芽分化和开花结荚。

大豆除需要较多的氮、磷、钾外，还需要一定量的钙、锌、铜、钼等多种元素。

钙可促进磷和氨态氮的吸收。大豆种子钼素含量较高，一般认为种子含钼素少于 26 mg/kg 时，施钼肥能增产。

3. 大豆对水分的要求

大豆是需要水分较多的作物。从出苗到开花每株大豆平均每昼夜需耗水 100～150 g，从开花到灌浆每株平均每昼夜需耗水 300～540 g。

大豆一生需水规律是“少、多、少”，即前 1/3 时期需水少，中间 1/3 时期需水量最多，后 1/3 时期需水量也少。农谚称：“湿花干荚，亩收百八”“大豆开花，沟里摸虾”，正反映了大豆中期大量需水的规律。

4. 大豆对温度的要求

大豆是喜温作物，种子发芽的适宜温度为 18～20℃，气温达到 25℃以上 4 天就能出苗。大豆幼苗期能耐短期低温，随着苗龄的增长，耐低温的能力逐渐减弱。

大豆生长期间，最适温度为 15～20℃，开花期要求 20～25℃，如果温度低于 15℃，有碍于开花结荚。春大豆播种期间，如遇寒潮阴雨天气，往往出苗缓慢，甚至烂种缺苗。秋大豆播种过晚，易遭寒潮稻害。因此，在茬口安排上要趋利避害，满足大豆生长发育对温度的需要。

5. 大豆对光照的要求

大豆是喜光作物。光合面积、光合能力及光合时间的长短直接影响大豆的产量。因此，合理密植、适时早播或育苗移栽，延长叶片寿命，防止叶片早衰，增加叶片光合能力，是大豆获得高产的关键。

大豆是短日照作物，缩短日照能促进花芽分化，提早开花成熟。大豆幼苗长出第一片复叶时，开始对光照起反应。当大豆植株出现花原基时，标志着光照阶段已经完成。但品种不同对光照长短的反应也不相同，南方低纬度地区品种对光照反应较敏感。

第三节　大豆的栽培技术

一、选择优良品种

大豆原产我国，分布地域辽阔，各地都有不少适宜的良种。华南地区近年来经省级审定推广的主要良种有：桂夏 7 号、桂春 18 号、桂夏豆 109、华春 12 号、华夏 20 号、桂春豆 108、桂夏 6 号、华夏 10 号等，各地可因制宜选用这些良种。

二、整地与施基肥

1. 整地

大豆要求的土壤状况是活土层较深，既要通气良好，又要蓄水保肥，地面应平整细碎。平播大豆的土壤耕作。无深耕基础的地块，要进行伏翻或秋翻，翻地深度18～22 cm，翻地应随即耙地。有深翻基础的麦茬，要进行伏把茬。玉米茬要进行秋耙茬，拾净玉米茬子。耙深12～15 cm，要耙平、耙细。春整地时，因春风大，易失墒，应尽量做到耙、耢、播种、镇压连续作业。

垄播大豆的土壤耕作。麦茬伏翻后起垄，或搅麦茬起垄，垄向要直。搅麦茬起垄前灭茬，破土深度12～15 cm，然后扶垄，培土。玉米茬春整地时，实行顶浆扣垄并镇压。有深翻基础的原垄玉米茬，早春拾净茬子，耙平达到播种状态。

2. 施肥

大豆是需肥较多的作物。它对氮、磷、钾三要素的吸收一直持续到成熟期。长期以来，对于大豆是否需要施用氮肥一直存在某些误解，似乎大豆依靠根瘤菌固氮即可满足其对氮素的需要，这种理解是不对的。从大豆总需氮量来说，根瘤菌所提供的氮只占1/3左右。从大豆需氮动态上说，苗期固氮晚，且数量少，结荚期特别是鼓粒期固氮数量也减少，不能满足大豆植株的需要。因此，种植大豆必须施用氮肥。据松嫩平原的试验结果，在中等肥力土壤上，每公顷施尿素97.5 kg和磷肥300 kg，比不施肥对照增产16.8%。大豆单位面积产量低，主要是土壤肥力不高所致。产量不稳，则主要是受干旱等的影响。

大豆对土壤有机质含量反应敏感。种植大豆前土壤施用有机肥料，可促进植株生长发育和产量提高。当每公顷施用有机质含量在6%以上的农肥30～37.5 t时，可基本上保证土壤有机质含量不致下降。大豆播种前，施用有机肥料结合施用一定数量的化肥尤其是氮肥，可起到促进土壤微生物繁殖的作用，效果更好。

种植大豆，最好以磷酸二铵颗粒肥作种肥。在高寒地区、山区、春季气温低的地区，为了促使大豆苗期早发，可适当施用氯肥为“启动肥”。经过测土证明缺微量元素的土壤，在大豆播种前可以挑选微量元素肥料拌种。大豆开花初期氮肥是国内外公认的增产措施。为了防止大豆鼓粒期脱肥，可在鼓粒期进行根外(即叶面)追肥。

三、适时播种，合理密植

（一）播前准备

1. 种子质量要求

品种的纯度应高于98%，发芽率高于85%，含水量低于13%。挑选种子时，应剔除病斑粒、虫食粒、杂质，使种子净度达到98%或更高些。

2. 根瘤菌拌种

每公顷用根瘤菌剂3.75 kg、加水搅成糊状，均匀拌在种子上，拌种后不能再混用杀菌剂。接种后的豆种要严防日晒，并需在24 h内播种，以防菌种失去活性。

3. 药剂拌种

为防治大豆根腐病，用50%多菌灵拌种，用药用量为种子重量的0.3%。大豆胞囊线虫为害的地块播前需将3%呋喃丹条施于播种床内，用药量为每公顷30～97.5 kg。要注意先施药后播种。呋喃丹还可兼防地下害虫。

（二）播种期的确定

春播大豆，当春天气温通过8℃时，即可开始播种。除地温之外，土壤墒情也是限制播种早晚的重要因素。一个地区，一个地点的大豆具体播种时间，需视大豆品种生育期的长短、土壤墒情好差而定。早熟些的品种晚播晚熟些的早播；土壤墒情好些，可晚些播，墒情差些，应抢墒播种。

（三）播种方法

1. 精量点播

采用机械著上单、双行等距精量点播。双行间的间距为10～12 cm。

2. 垄上机械双条播

双条间距10～12 cm，要求对准垄顶中心播种，偏差在±3 cm。

3. 窄行平播

行距45～50 cm，实行播种、镇压连续作业。

无论采用何种播法，均要求覆土厚度3～5 cm。过浅，种子容易落干；过深，子叶出土困难。

（四）种植密度

种植密度主要根据土壤肥力、品种特性、气温以及播种方法等而定。肥地宜稀，瘦地宜密；晚熟品种宜稀，早熟品种宜密；早播宜稀，晚播宜密；气温高的地区宜稀，气温低的地区宜密。这些便是确定合理密度的原则。在同一地点，大豆品种的株型不同，适宜种植密度也各异。植株高大、分枝型品种宜稀；植株矮小、独秆型品种宜密。

四、田间管理

1. 间苗

间苗是简单易行但不可忽视的措施。通过间苗，可以保证合理密度，调节植株田间配置，为建立高产大豆群体打下基础。间苗宜在大豆齐苗后，第一片复叶展开前进行。间苗时，要按规定株距留苗，拔除弱苗、病苗和小苗，同时拔除苗眼杂草，并结合进行松土培根。

2. 中耕

中耕主要指铲趟作业，目的在于消灭杂草，破除地面板结。中耕的另一目的是培土，起到防旱、保墒、提高地温的作用。

3. 化学除草

目前，用的除草剂类型多，更新也快。一些土壤处理剂易光解、易挥发，喷药后要立即与土壤混合，可用钉齿耙耙地，耙深 10 cm，然后镇压。

4. 防治病虫害

大豆病虫害主要有蚜虫、斜纹夜蛾、豆芫菁、蛴象、霜霉病、锈病、豆秆蝇等，各地可根据实际情况，综合防治。

5. 灌溉

大豆需水较多。苗期至分枝期土壤湿度以 20%～23%为宜，如低于 18%需小水灌溉。开花至鼓粒期 0～40 cm 的土壤湿度以 24%～27%（占田间持水量的 85%以上）为宜，低于 21%（占田间持水量 75%）应及时灌溉。播种前后灌溉仍以沟灌为宜，以加大水量，减少蒸发量，满足大豆出苗对水分的要求。

五、收获和留种

1. 收获

当大豆茎秆呈棕黄色，杂有少数棕杏黄色，有7%～10%的叶片尚未落尽时，是人工收获的适宜时期。当豆叶全部落尽，籽粒已归圆时，是机械收获的适宜时期。

目前，生产上往往收获时期偏晚，炸荚多，损失大，是值得注意的问题。

机械联合收割时，割茬高度以不留荚为度，一般为5 cm。要求综合损失不超过4%。人工收割时，要求割茬低，不留荚，放铺规整，及时脱打，损失率不超过2%。脱粒后进行机械或人工清粮，使商品质量达到国家规定的三等以上标准。种用大豆机械干燥时，只能在40～45℃进行干燥。经过5～6 h，种子含水量可降到12%～13%。经过检重、检质，将纯度、净度、水分、百粒重和病粒率等记入表内，然后入库贮藏。

2. 留种

大豆本身属于自花授粉的品种。正常来讲，只要是自花授粉的品种，一般最多可以种三年时间。如果今年种植的是大豆新品种，在收获时感觉这个品种的抗病性，以及抗逆性都比较强，高产又抗倒伏，可以选择某一地块进行留种。种子使用到第三年，就不建议再使用了，因为种子在抗病性，抗虫性，还有产量上会有很大的衰弱。种子选择是大豆高产种植过程中很重要的一个环节。建议一定要把一些生病植株或者是杂品种植株先拔掉，把花色不一样的大豆植株也挑选出来，来保证种子的纯度。在种子成熟以后，不用着急对大豆种子进行脱粒，可以等到秋收过后，或者有时间再进行脱粒。由于大豆本身有外壳的包裹，这样更有利于豆种的饱满度。

实验实训　大豆开花、结荚习性观察

一、目的要求

认识不同类型大豆的植株特征和开花、结荚习性。

二、材料用具

不同开花结荚习性大豆植株、米尺、铅笔等。

三、方法步骤

大豆结荚习性分为有限结荚习性、无限结荚习性和亚有限结荚习性。

(1)有限结荚习性。这种类型花轴长，在开花不久主茎和分枝顶端出现一个大花簇，即不再向上生长。结荚较密，豆荚多集中在植株中上部。开花顺序是由上中部开始，逐渐向上向下开放。花期较短，多集中在15～20天内开放。主茎粗壮，分枝短于主茎。叶柄一般较长，叶片肥大。株型紧凑，耐肥抗倒，适宜在肥水较高的田土栽培。

(2)无限结荚习性。这种类型花轴较短，主茎和分枝顶端无明显花。结荚分散，一般每节只着生2～5个荚，多数在植株中下部，顶端只着生1～2个荚。开花顺序是由下而上，由内而外开放，花期较长。植株高大，叶片越上越小。对肥水要求不高，在肥水过高条件下容易徒长倒伏。

(3)亚有限结荚习性。这种类型的特征特性介于两者之间，开花顺序与无限结荚习性相似，但茎、枝顶端也可形成一簇荚果。

取上述不同开花、结荚习性大豆植株，观察其形态特征和开花、结荚习性，并将观察的情况记入到下表1中。

表1　大豆形态特征和开花、结荚习性记载表

项目和类别	有限结荚习性	无限结荚习性	亚有限结荚习性
植株高度/cm			
节间长度/cm			
茎基粗度/cm			
豆荚分布情况			
顶端花序大小			
开花顺序			
结荚习性			

四、作业

1. 在实习农场或附近农村观察、记录大豆有限开花结荚习性和无限开花结荚习性。

2. 简述大豆的整地播种和田间管理。

思考与讨论

1. 简述大豆生产的重要意义。
2. 简述大豆生长发育对环境条件的要求。
3. 简述大豆落花落荚与秕粒的成因。
4. 简述大豆主要栽培技术。

参考文献

[1]李振陆．作物栽培．北京:中国农业出版社,2008.

[2]董钻,沈秀瑛,王伯伦．作物栽培学总论．北京:中国农业出版社,2010.

[3]湘、鄂、赣、桂、琼、粤农业中专教材编审委员会．作物栽培学．北京:气象出版社,1999.

[4]于翠梅,谢甫绨．大豆良种化栽培技术．北京:中国农业大学出版社,2016.

第十一章

剑　麻

第一节　概　　述

一、剑麻生产的意义

剑麻，又称龙舌兰麻，全世界龙舌兰科植物有21属670种，我国引进的有40多种，常见的有剑麻、灰叶剑麻、马盖麻、番麻等数种。剑麻主产品是从叶片中抽取的纤维，其生产的纤维是当今世界用量最大、范围最广的一种硬质纤维。随着对剑麻产业开发的深入，剑麻的用途将更加广泛，其经济价值也更高。

1. 纤维材料

传统应用主体剑麻纤维制品以其坚韧耐磨，质地刚柔，富有弹性，不霉变，耐腐蚀等特点，越来越受到人们的重视。剑麻纤维具有拉力强、耐摩擦、耐腐蚀、耐低温、耐海水浸泡、收缩系数小、无静电等特性，被广泛用于航海、石油、煤矿行业的缆绳以及制作地毯、麻布、墙纸等。另外，剑麻纤维所特有的天然环保、无毒、无过敏、洁净、无污染、阻燃、无静电、防蛀等特性，使其成为家居生活装饰的重要组成部分，如剑麻地毯、内墙装饰、衬垫等，越来越受到人们青睐。

2. 新型复合材料

现代工业应用新领域作为天然纤维素纤维，剑麻纤维表面具有一定的羟基基团，易与高分子聚合物发生共聚，形成复合材料，具有传统单一材料所不具备的复合优势，如剑麻纤维增强聚丙烯复合材料，既有剑麻纤维高比强度、高比模量、环保、可回收等特点，又具有聚丙烯密度低、强度好、价廉等特点，整体上韧性、隔热性好，重量又轻，大量用于门板、轿车衬里、扶手等零部件。另外，可利用剑麻纤维和玻璃纤维，混合制作增强酚醛模塑料，通过一定的改性，将剑麻纤维应用于摩擦材料，如刹车片的制作。一些特殊领域的高性能特种纸张，具有良好的通透性、高抗撕裂性和高耐折度，可生茶袋纸、包装纸、钞票纸、新闻纸和绝缘纸等特种纸张，也是从剑麻中提取出来作为主要原料的。

3. 医药食品新宠

剑麻纤维中含有多种天然产物，目前，可从剑麻纤维中高效提取的有食品添加剂、剑麻核酸、果胶、医药原料、剑麻皂素等，并从剑麻皂素合成出具有抗癌活性的衍生物，其科学应用价值不容小觑。经研究发现，剑麻含有多种皂苷元、蛋白质、多糖类化学成分，其叶具有神经肌肉阻滞药理作用，另有降胆固醇、抗炎、抗肿瘤等药理作用。剑麻皂素是合成甾体激素类药物的医药中间体和重要原料，广泛应用于肾上腺皮质激素、性激素及蛋白同化激素三大类 200 多种药物的制造，以及治疗某些炎症和消化不良等疾病。还可利用剑麻的下脚料开发研制剑麻干酒，用其浸提液发酵制成的剑麻保健酒保留了剑麻原有香味，而且营养丰富，品质优良。

4. 生态修复

研究表明，剑麻根系发达，在高达 15 900 mg/kg 的 Pb 浓度下仍能存活，说明剑麻对 Pb 有很强的吸收性。该植物的根系对重金属污染具有极强的抗性，因而可用于重建生态环境，从而阻止 Pb 进入食物链、消除对人体健康的影响。园林观赏：剑麻具有环境适应能力强、美化绿化效果好、抗污染和净化空气能力强、经济价值好的特点，因此，被广泛用于道路绿化、公园、街区景点绿化、工厂绿化和家庭绿化等方面。剑麻常年浓绿，花、叶皆美，树态奇特，数株成丛，高低不一，叶形如剑，开花时花茎高耸挺立，花色洁白，繁多的白花下垂如铃，姿态优美，是良好的庭园观赏树木和鲜切花材料。目前，主要的观赏剑麻品种有：金边番麻、银边假菠萝麻、银边东 1 号麻、银边龙舌兰、假菠萝麻、千寿兰、丝兰、凤尾兰、东 109 杂种等。

二、剑麻生产概况

1. 世界剑麻生产

剑麻原产于美洲、非洲、亚洲及太平洋、印度洋一些岛屿等热带亚热带的高温干旱的半荒漠地带。20 世纪 50 年代初，剑麻生产开始崛起，并由单一野生品种逐渐变为杂交优质品种。随着剑麻的不断发展，目前，世界上最大的剑麻生产国是巴西，年产剑麻纤维量为 12.5 万 t，占全世界产量的 45%，其次是中国和墨西哥，剑麻纤维产量分别保持在 4.5 万 t 和 3.1 万 t 左右。其他传统的剑麻纤维生产国有坦桑尼亚、莫桑比克、肯尼亚、墨西哥、马达加斯加与海地等国家，虽具有一定的生产保有量，但是单产明显偏低，一般保持在 0.2～1.7 t/hm^2。

2. 我国剑麻生产

中国的剑麻生产发端于 20 世纪初，到了 20 世纪 50 年代，剑麻的种植与世界其他国家一样，规模小，仅限于少数野生品种。60 年代初，我国引进 H.11648 剑麻杂交品种后，剑麻种植规模持续扩大，总产量不断增长。近年来，我国剑麻种植主要分布在广东、广西、海南、福建和云南 5 个省、自治区，种植面积约 20 万亩，年产纤维约 4.5 万 t，平均亩产 260 kg，是世界平均产量的 3.5 倍。现有剑麻种植面积分别为广东占全国的 46.1%、广西占全国的 27.7%、海南占全国的 16.8%、云南占全国的 5.8%、福建占全国的 3.6%，从国内各地区的发展情况看，广东省由于气候适宜、资金雄厚、劳动力市场活跃、生产技术领先，一直在国内保持剑麻种植的领先地位。目前，广东省年产剑麻纤维 2 万～3 万 t，占全国总产量的 52.6%～78.9%。目前，海南和福建剑麻各保存约 1 500 hm^2 种植面积，纤维总产分别在 1 500 t。

3. 广西剑麻生产简况

广西地处亚热带季风气候区，是我国剑麻生产的第二大产区，种植面积保持在 7 000 hm^2，主要分布在南宁、玉林、崇左、钦州、百色等地，纤维总产达 1.6 万 t 左右，仅次于广东省。其中，85%集中在广西农垦，以农垦系统为基础组建的广西农垦剑麻集团公司，成为集生产与加工为一体的经营主体。2017 年，广西剑麻种植面积占到全国的 50%以上，已成为广西农民脱贫的重要产业。

第二节　剑麻生物学特性

一、剑麻植物学特征

剑麻(*Agave sisalana* Perr. ex Engelm.)，龙舌兰科龙舌兰属，是一种多年生热带硬质叶纤维作物。剑麻适应性广，容易栽培，且耐干旱，抗风侵，无论是丘陵、缓坡还是浅滩盐碱地、山地都能正常生长，是我国华南地区大面积栽培的热带作物之一。

1. 根

剑麻的根属须根系，须根好气、浅生，在土壤中呈水平分布，根幅一般在 1.5～3.0 m，分布深度多集中在 0～40 cm 的土层中，往下逐新减少。剑麻根具有浅生、分散、强大以及耐瘦瘠耐干旱等特点。无性繁殖和大田定植种苗长出的根都是次生根，次生根可分为次生固定根和次生营养根两种。幼苗定植后 7～10 天，从茎基部长出的不定根就是次生固定根，白色，直径 0.2～0.4 cm，其前部（长 15～40 cm）长出许多根毛，专门吸收水分养分作用。成熟时其表皮和皮层脱落，没有吸收功能，主要起固定植株的作用。次生营养根从次生固定根的中柱鞘长出，直径 0.1～0.2 cm 是次生固定根的一级支根，接着其上可长出二级支根，在二级支根上又长出三级支根，其主要功能是吸收水分、养分及固定作用。

2. 茎、地下走茎及吸芽

剑麻具有短而粗的茎，没有分枝。剑麻的茎近似圆形，为螺旋状排列的叶片所环抱，茎端呈锥形，尖端是生长点。成龄植株茎的纵剖面是圆柱形，最外面为皮层，起保护作用。皮层以内为白色的基本组织，其中散生许多维管束。基本组织是贮存淀粉的器官，而维管束主要起输导、支持和固定作用。

剑麻地下走茎是茎的延续，其内部构造与茎部相同。剑麻的地下走茎是从埋在地下的茎的芽发育而成，为条状、圆形，呈白色或淡黄色，遇光后变成绿色，肉质柔软。

走茎的顶芽露出土面就生长发育成为吸芽，一个吸芽具有叶片、幼茎和不定根三部分，可以用作繁殖材料。

3. 叶片

剑麻的叶片是剑麻生长最旺盛的器官，在未开展时是互包卷着，形成心叶，展开的叶片螺旋状簇生在短茎上，像莲花座。叶片无叶柄，剑形、肉质、硬而狭长，叶腋中有一个腋芽，呈休眠状态，叶缘无刺，叶尖上有 1～2 cm 的顶刺。叶面上有白色蜡粉，叶色呈灰绿。初被白霜，后渐脱落而呈深蓝绿色，通常 1～1.5 m，中部最宽 10～15 cm，表面凹，背面凸，叶缘无刺或偶尔具刺，顶端有 1 个硬尖刺，刺红褐色，长 2～3 cm。剑麻的叶片外层富含 20%的蜡质层，上下表层均有许多深陷气孔，气孔昼闭夜开，具有保水防旱的生理机能。剑麻叶片中间的海绵组织中着生许多强化纤维束和带状纤维束，占叶片总重量的 4%～5%。剑麻的叶序数是 13，即“逢 13 展叶线”。麻株上的展叶线容易看得清楚，在生产上经常用来估计麻株的叶片数及单位面积产量。

4. 花、种子及珠芽

剑麻属多年生植物，一个生命周期仅开一次花，开花结果至珠芽脱落，便结束了整个生命周期。剑麻拥有巨大的圆锥花序，花着生在小花梗上，一个花序有数百至2 000朵花，甚至更多。花轴高可达5～9 m，黄绿色，有浓烈的气味，花被裂片卵状披针形，雄蕊6，着生于花被裂片基部，花丝黄色，长6～8 cm，花药长2.5 cm。我国主栽品种——剑麻H.11648，定植后10～13年即抽轴开花，群体花期在每年的6～8月份，植株从抽轴到开花一般需要2个月时间，每株花序花期30～40天。开花时，雄蕊先熟，雌蕊后成熟，为异花授粉植物。

蒴果长圆形，成熟时呈黑褐色，长、宽分别约4.5 cm和3 cm。内有种子100～200粒，受精的种子黑色，有光泽，呈扁平状；未受精的种子呈灰白色，约占全数的1/2。剑麻开花结果后位于花柄离层下的潜伏芽逐渐萌发成珠芽，一株剑麻可产生数百乃至2 000个珠芽，珠芽可作为繁殖材料。

二、剑麻的一生

剑麻作为多年生草本植物，其一生是从种子发芽或从珠芽萌发出的幼苗，生长发育到幼龄、壮龄、老龄直至开花、结果（有的种类只开花不结果）、长出珠芽至生命结束，称为生命周期。因品种、气候、管理水平等条件不同，剑麻的生命周期长短有所差别，一般8～10年，有些甚至长达20年。

1. 苗期

种于发芽适宜温度为22～25℃，在适宜的水分和温度下7～10天便开始萌发。一般以3～5月份播种较好，剑麻苗期较长，在苗床上从种子萌发到第一片真叶出现，约需30天时间。到长出5～6片真叶、高约10 cm时需180天左右，此时应移栽到苗园进行培育。培育成35～45叶片，高60～70 cm的剑麻定植苗，需12～18个月。

2. 幼龄期

从定植到第一次割叶需2～3年。这阶段的麻株营养生长突出，植株吸收能力强，生长旺盛，叶片数增加最多，营养生长消耗大。此时，要增施有机肥，并调节营养元素间的比例。使之平衡，促进速生，提高麻株抗性。

3. 壮龄期

一般从开割至割后第6年。这个时期的麻株营养生长旺盛，单产逐年增加，应及时追肥。否则，会因割叶带走了养分，直接影响产叶量。

4. 老龄期

定植后约8年至抽出花轴，麻株增叶数将逐年下降，营养生长转为生殖生长并逐渐加强，最后导致抽轴、开花，待开花结籽再发育成珠芽至珠芽脱落，剑麻的一生便结束了。

三、剑麻生长所需要的环境条件

1. 温度

剑麻具有喜高温、耐旱的生态习性，剑麻在年平均气温 19℃以上，极端低温多年平均高于 0℃的地区都能生长。最适宜生长的气温为 27～30℃，上限气温 40℃，下限气温 16℃，昼夜温差不宜超过 7～10℃，耐寒力较低，易发生生理性叶斑病。

2. 水分

剑麻叶片具有旱生型的构造和耐旱的生理机能，植株保水力强，贮存水分多，能耐长期干旱。剑麻适生的降雨量为 800～2 000 mm，最适宜的年降雨量为 1 200～1 500 mm。若雨量多而过于集中，剑麻易感染斑马纹病。

3. 光照

剑麻为阳性植物，充足的阳光，麻株生长发育好，纤维含量高，拉力强，抗性强。反之，生长在荫蔽处或种植过密，光照不足，长叶少，叶细而薄，纤维含量少，拉力弱，抗性差。

4. 土壤

土壤要求不严，能适应较宽的土壤酸碱范围。研究表明，剑麻在疏松、排水良好及中性到微碱性沃土中栽培，更能茁壮生长，纤维产量更高。排水不良的低洼地不宜种植。

第三节　剑麻栽培技术

一、选用良种

剑麻的繁殖方法很多，主要分有性繁殖和无性繁殖两种方式。有性繁殖主要以种子繁殖，但剑麻的种子收获较难，且种子发育种苗时间长、植株变异性大。所以，生产上常常采用无性繁殖，主要采取破坏生长点繁殖法繁育剑麻种苗，但由于该方法占用的土地面积较大、用工多，所以，近年来主要采用珠芽和吸芽繁殖法进行剑麻育种。

可采用大田健壮的吸芽，也可选正常开花、健壮、无刺、无病虫害的珠芽。选择生长 12 年以上，抽叶 600 片以上，产量性状优良，高 25～30 cm，麻头茎围 8 cm 以上，嫩壮、无病虫害的苗作为母株，珠芽在母株上长至 10～15 cm 时，其基部产生离层而自然脱落，可摇动花轴，使成熟珠芽落地，这样可使母株的养分集中供小珠芽生长，以获得健壮的珠芽。

二、育苗

1. 有性繁育

有性繁育又称种子繁育。剑麻一生只抽轴开花一次，是异花授粉作物，不同植株花期很不一致，所以获得种子较难，并且种子育苗所需时间长，植株变异大。目前，生产上不采用剑麻种子育苗，仅在研究中采用选育种。

2. 无性繁育

无性繁育指不通过生殖细胞的结合，由根、茎、叶等营养器官形成新的植株。剑麻种苗的无性繁殖方法，通常是利用地下走茎自然长出来的吸芽和开花后花轴上萌发的珠芽作种苗来源，通过培育形种苗。每株成麻平均每年才抽 2～3 个吸芽，剑麻定植后 8～12 年抽轴开花，开花后每株花轴萌发 1 000～2 000 个珠芽。种苗来源广，生长快，生长周期长、纤维产量差异不大，故生产上广为应用。

种苗无性繁殖的途径：吸芽、珠芽繁殖法，吸芽、珠芽本身就是一株小苗，采下后，珠芽先在密植圃内培养，待幼苗高 20～25 cm 时再移到疏植圃。经过疏植培育后达到苗高 60～70 cm，存叶 35 片以上，株重 4 kg 以上，无病虫害的大、壮、嫩麻苗作定植材料。目前，广西区主要繁育品种为 H. 11648(东一号麻)，出苗标准为叶片 30 片以上，株高 40 cm 以上，单株重 2.5 kg 以上。

剑麻苗的质量标准，主要包括种苗的存叶片数、麻苗重量、高度及植株健康状况等。《剑麻栽培技术规程)N/Y 22—2004 中规定了用于大田种植的剑麻种苗分级标准(表 11-1)。

表 11-1　剑麻种苗分级指标

级别	分级标准
特级	苗高 70 cm 以上，存叶 45 片以上，株重 8 kg 以上，无病虫害，苗龄 14～18 个月
1	苗高 60～70 cm，存叶 40～45 片，株重 6～8 kg，无病虫害，苗龄 12～18 个月
2	苗高 55～60 cm，存叶 35～40 片，株重 4～6 kg，无病虫害，苗龄 12～18 个月
3	苗高 35～55 cm，存叶 25～35 片，株重 2.5～4 kg，无病虫害，苗龄 12～18 个月
4	苗高 35 cm 以下，存叶 20～25 片，株重 1.5～2.5 kg，无病虫害，苗龄 8～24 个月

三、剑麻种植园选地、规划

园地选择：宜选地势坡度小于15°，土层深厚在80 cm以上，有机质含量2%以上，地下水位在1.0 m以下，排水良好的园地。选择土壤肥沃、土质疏松、排水良好、阳光充足、靠近水源的土地为佳。要做到水土保持，提早整地，机耕深度不少于40 cm，不漏犁、不漏耙、地块平整、土壤细碎。

麻园规划：要适应机械化、园林化、交通运输方便、布局合理的原则。剑麻对自然环境适应性强，在地形开阔、利于机垦的地方，应尽量规划为植麻区，包括苗园用地的配置、轮作制规划的用地等。剑麻田块的划分，可结合防护林带、道路和其他水土保持工程防冲刷沟、排水沟等建设进行。平地5°以下缓坡地采用正方形或长方形设计，坡度为5°～15°丘陵地要环山等高设计，且适当集中连片，便于管理。还要考虑水源，因为剑麻鲜叶加工过程需要一定的水冲洗纤维。根据麻田的规模、布局和田块道路情况来选定厂址，在满足水源条件下，原则上选择麻叶运输较集中的地址为宜。

四、整地与施基肥

在育苗前整好地，要求二犁三耙，耕深土层20～30 cm，做到土块细碎，土地平整，除净恶草。苗床设置应依地形而定，长度一般10～20 m，苗床高度依排水和冲刷情况而定，排水不良、易冲刷的地方应适量高一点，一般10～20 cm较好，株距80 cm。

剑麻是多年生作物，其根系发达，生长期长，生长量大，需肥量多。生产实践证明，定植时施足基肥是促进剑麻速生丰产的重要措施。应以有机肥为主，一般每公顷施有机肥45～75 t，钙镁磷肥750 kg，氯化钾或硫酸钾450～600 kg，土肥混合均匀，采用沟施或穴施。穴施的穴长50 cm，宽50 cm，深25～30 cm，沟施的沟宽50 cm，深25～30 cm。一般施肥后覆土10～15 cm。基肥一定要和土壤充分拌匀，上盖表土3～5 cm，避免幼苗直接与肥料接触，施肥后应将床面整成水平或龟背形，避免床面积水，造成腐根。

五、适时定植，合理密植

定植时间以3～5个月为好，低温干旱季节及高温天气不宜定植，严禁在易生斑马纹病的地区、雨季和雨天定植。定植时勿使泥土埋入叶片基部，麻头不要直接接触肥料，要覆土压实。覆土深不超过绿白交界处 2 cm。种苗定植要做到“浅、稳、正、直、齐”。

株距一般根据气候、土壤肥力、地形地势、栽培管理水平和机械化的要求而定。一般为 0.9～1.2 m，每公顷 4 500 株左右。若气候条件差、土壤肥力低的地区可适当密植。密植苗圃是过渡性苗圃，一般株行距 10 cm×15 cm、15 cm×15 cm 和 20 cm×20 cm 3 种规格，苗床宽 1.2 m。每床育 300 株以上，每公顷育苗 13.5 万～36 万株。

六、田间管理

（一）定植

定植 3 个月内要及时查苗，对缺株、弱苗、病株及时补换，以保证麻田生长整齐一致。对当年新种麻和暴风雨后的麻田要进行全面巡查，对倾斜、倒伏植株及时扶正培土，对被淤泥涌入叶片基部的麻株要及时清理。

（二）除草及培土

及时除草，或用除草剂控制杂草的蔓生，保持麻行无荒草，但严禁使用草甘膦除草剂，坡度大而冲刷严重的麻田不要犁翻土层进行松土除草，培土应结合中耕、除草、施肥进行，防止伤害麻叶。培土一般以麻根不裸露、小行畦不积水且畦面明显高出地面为宜。

（三）施肥

应选择在春季施肥，定植后第二年起每年施肥 1 次。以有机肥为主，化肥为辅，穴施或沟施，麻田每年或隔年在割叶后中耕 1 次，及时除草和铲除吸芽。

（四）病虫害防治

生产中为了追求高利润，高产、耐寒和干纤维含量高的剑麻品种 H.11648 号成为我国的当家种植品种，然而长期种植单一品种加快其种质退化，剑麻病害普遍发生，遇到天气变化异常的年份甚至大面积流行，剑麻病害的发生直接影响剑麻纤维的品质和产量，给剑麻生产造成损失。同时，剑麻叶片表面具有蜡粉和蜡质层的原因，药剂不易附着在叶片表面，也不易被植物吸收，无法达到预期的防治效果。

因此,病虫害的防治重点在于预防,采取综合防治措施。

1. 斑马纹病

斑马纹病是真菌引起的一种传染性病害,病原菌主要是烟草疫霉菌。可感染麻株的各个部分以致逐渐溃烂,茎和叶感病后会整株死亡,造成麻田严重缺株,损失严重。

防治:搞好以"治水"为主的麻田基本建设。做好种苗防病工作。雨天不育苗、不起苗、不定植、不除草、不割叶。雨后及时做好麻田的排水工作。每年从4月开始,经常检查易发病麻田,及时发现病株并根据病情轻重妥协处理。对发病较轻的1～2级病株要将病叶割除并进行药剂防治。对发病3级植株要彻底清除,运出麻园集中烧毁,病穴要挖松暴晒或加用80%的疫霜灵药液消毒。

2. 茎腐病

茎腐病是真菌引起的一种传染性病害,病原菌为黑曲霉菌。病原菌主要从割叶后的叶基新伤口入侵,使叶基感病腐烂,扩展至茎部、叶轴。

防治:高温期少割或不割叶,要经常检查病田,及时发现病株。处理病株后的病多菌灵400倍药液喷病穴、割口和切口,做到不漏喷,每公顷用药量要达到600 kg以上,病田割叶后和新种麻(含补植麻)起苗2天内要喷40%灭病威200倍。如喷药4 h内遇雨应在雨后补喷。

3. 炭疽病

其病原菌为兼性寄生菌,借风雨传播,病情发展迅速,多发生在老叶上,感病组织腐烂,纤维变褐色,易折断,影响纤维质量。一般在台风雨和寒害后发生,高温多雨季节发生较为严重。

防治:在有台风和常风大的地区麻田周围增设防护林带,以减少风害造成的叶片伤口,结合中耕除草、割除老病叶,以减少田间病菌源。在雨季喷施1∶1∶100波尔多液或30%氧氯化铜600～800倍液等杀菌剂防治。

4. 黑斑病

黑斑病是由兼性寄生菌引起的,由被丢弃的病叶生长传播引起,多在雨季发生,感病植株叶片变黑、变皱,纤维拉力降低,影响纤维质量。

防治:要及时割除病叶并集中烧毁,或深埋和间种绿肥,重病时喷1∶1∶100波尔多液或30%氧氯化铜600～800倍液即可防治。

5. 红蜘蛛

红蜘蛛是剑麻的主要虫害,为"朱甲螨"类害虫,主要为害叶片。

防治：割除虫叶，对为害严重的麻田适当提前割叶，缩短割叶间距；对虫害麻田采用50%硫悬浮剂500倍防治。

七、制定剑麻合理割叶制度

收割麻叶片是种植剑麻的最终目的，剑麻是多年生作物，一次种植收割多年，割叶操作的熟练与否，割叶制度是否合理将直接影响到麻株的生长和麻园的后期收益。因此，熟练掌握割叶操作与制定合理割叶制度是实现麻园高产、稳产的关键。

1. 割叶要求

工具用镰刀，规格要求刀口锋利不缺口，刀长适中。提前准备好绑麻带和割麻刀，麻带质量要求半干、半新鲜、不发霉、不变质。视麻株大小、麻龄合理割留叶，下刀要准、要稳，割口要平滑、不破裂，割叶时做到不反刀、不复刀、不漏割、不伤叶。麻株周围留叶要平衡，麻株间留叶多少要均匀，叶片基部留长2～3 cm。叶片要分级捆扎，割下的叶片要削去干尾叶，将完好叶片和青叶长80 cm以上的捆在一起，青叶长60～79 cm的另外捆扎。捆扎要求坚实，随割随运。

具体操作规则：要割好麻要求做到“三会看”，一会看麻株大小割叶，二会看麻龄（幼、壮、老），三会看麻株叶片重量捆绑。割麻行刀要掌握“三步骤”“五要领”，达到“五要求”。“三步骤”是割开缺口，从左到右，转身割后。“五要领”是正刀割麻，两手配合，从上割下，压带拉刀，一刀几片，按以上步骤要领，蹲一个位置割前后两株麻。“五要求”是一要下刀准；二要稳，安全操作，忙而不乱；三要割口平，不破裂，麻株周围留叶平衡；四要匀，即株间留叶多少要均匀，叶基留长2～3 cm；五要割麻刀快，捡麻绑麻快。

2. 开割标准

麻种植后第一次割叶称为开割，麻株在整个生长周期历次割叶中，第一次割叶对麻株生长的影响较大，所以必须注意开割标准。开割标准一般定植后2.5～3年，麻株存叶100片以上，叶长90～100 cm时，就可开割麻株，过早过迟都不适合。

3. 割叶周期

原则上1年割1次，若土壤肥沃、营养充足、生长旺盛的麻田，剑麻叶片生长快，可8～10个月割1次，即2年割3次，但要按标准留叶。

4. 割叶强度

第1次割叶后留叶55～60片。以后留叶不少于50片，原则上高产麻田可以多留叶，但最多不超过70片，低产麻田留叶不少于45片。

5. 割叶时间

一年四季均可割叶,原则上是雨季少割、冬季和旱季多割、雨天不割。但具体时间则因种植品种、地区、长势和加工等条件来确定,根据一年中剑麻叶片的生长规律,以叶片增长为依据,冬季割叶最好,因为割叶后麻株会失一部分水分,并抑制剑麻的生长,观测割叶后约 20 天停止生长。因此,冬季长叶少,对户量影响也小。在生产实践中由于加工等原因,不可能都集中在一个季节割叶,尤其面积较大的植原场,现代化加工设备需要春、夏、秋、冬季部分进行测叶。割刀前,麻田要求在雨季前割叶,防止感染斑马纹病、茎腐病。

八、剑麻园更新

当剑麻停止分化叶片,从营养生长转向生殖生长,麻田有 50%以上开花或麻田因植株开花、死亡等造成缺株达 50%以上时即可进行淘汰,淘汰麻田不提倡连作,应轮作 2~3 年其他经济作物后再种剑麻。轮作作物要结合本地区情况而定,忌种与斑马纹病的交替寄生主作物,新植麻的第一、第二年,麻田大行间可间种豆科作物或矮生绿肥,但必须距离麻株 1 m 以上,并要求及时收获,避免影响剑麻生长和防止病虫害发生。

实验实训　剑麻鲜叶产量预测

一、目的要求

掌握剑麻鲜叶产量预测方法,为编写剑麻加工计划、准备或购置加工设备作重要的参考。

二、材料用具

皮尺、计算器、台秤、铅笔等。

三、方法步骤

(1)选取样点。在田中按梅花形五点取样法选取有代表性的样点。

(2)平均株距。在每个样点用皮尺量 20 个株距,求出 5 个样点的平均株距。

(3)平均行距。在每个样点量 10 个行距,求出 5 个样点的平均行距。

(4)计算每亩株数。

$$\text{每亩株数}=\frac{667\ \text{m}^2}{\text{平均行距(m)}\times\text{平均株距(m)}}$$

(5)计算单株平均叶片数。在每个样点中选有代表性5株,共25株,分别数出每样株从麻头向上的叶片轮数。

该样株单株叶片数=该样株叶片轮数×叶片序数(剑麻每轮叶片为13片)

求出25株平均单株叶片数。

(6)决定留叶数和可割叶片数。

(7)计算平均单叶鲜重。分别对每个样株决定割叶数后,每轮割1片叶,然后用台称称重,即求得平均单叶鲜重。

(8)计算单株鲜叶重。

单株鲜叶重=拟割叶片数×平均单叶鲜重

(9)计算每亩鲜叶重。

每亩鲜叶重=每亩株数×平均单株鲜叶重

四、作业

根据预测步骤,演算结果并对剑麻鲜叶结果进行分析。

思考与讨论

1. 剑麻的用途有哪些?

2. 谈谈剑麻的田间管理方法。

3. 如何更好地开发广西的剑麻?

参考文献

[1]李俊廷．剑麻肥皂生产方法．辽宁:CN101475886,2009-07-08.

[2]农业部劳动人事司,农业职业技能培训教材编审委员会．剑麻栽培工．北京:中国农业出版社,2007.

[3]黄昌治．剑麻种苗繁育技术——广西农垦国有山圩农场经验介绍．农业研究与应用,2018,31(03):54-56.

[4]王会芳,芮凯,曾向萍,等．剑麻病害调查及其主要病原种类鉴定．南方农业学报,2018,49(10):1988-1994.

第十二章

甘　薯

第一节　概　　述

甘薯又称番薯、白薯、红薯、山芋、地瓜等，属于旋花科甘薯属甘薯种一年生蔓生草本植物。原产于美洲的秘鲁、墨西哥一带，是我国主要粮食作物之一。

一、甘薯生产的意义

1. 高产稳产，收益较高

甘薯具有高产稳产的特性，适应性广，抗逆力强，抗风、耐旱、耐瘠，遇到严重干旱时生长暂时受到抑制，干旱过后仍可恢复生长，这是禾谷类作物所不及的。甘薯主要收获物为营养器官，即生长在地下的块根。由于产品器官形成简单，经济系数比较高。

2. 营养丰富，食饲兼用

甘薯块根富含淀粉，含有人体必需的八种氨基酸和多种维生素，胡萝卜素及抗坏血酸含量较丰富，鲜、干茎叶的粗蛋白质比稻草约高 2 倍。甘薯粮饲兼用。

3. 轻工原料，产品丰富

除主要用作粮食、饲料外，还用来制造淀粉、酒精、葡萄糖、果糖、粉丝、罐头、味精、酶制剂、抗生素和各种淀粉衍生物等产品，是重要的工业原料和能源作物。

二、甘薯生产概况

甘薯属喜光的短日照作物，喜温，不耐寒，较耐旱。主要分布在北纬 40°以南。栽培面积以亚洲最多，非洲次之，美洲居第 3 位。根据联合国粮食及农业组织统计，2013 年我国甘薯种植面积和产量居世界首位，种植面积 351.5 万 hm^2，占世界甘薯种植面积的 42.65%，总产量为 7 887.5 万 t，占世界总产量的 71.22%，平均鲜薯单产 22.44 t/hm^2，单产比世界平均单产高 67%。

我国甘薯种植区域主要分布在淮海平原、长江流域和东南沿海各省，种植面积较大的有四川、河南、山东、重庆、广东、安徽等地区。2015 年，广西甘薯种植面积为 29.42 万 hm^2、总产量为 70.63 万 t，广东省甘薯种植面积 30.44 万 hm^2，产量 142.26 万 t。据 2014 年国家统计，我国甘薯直接用作饲料的占 50%，工业加工占 15%，直接食用占 14%，用作种薯占 6%，另有 15%因贮藏不当而发生霉烂。

第二节 甘薯生物学特性

一、甘薯的形态特征

（一）根

甘薯根可分为须根、柴根和块根 3 种形态。

1. 须根

须根呈纤维状，有根毛，根系向纵深伸展，一般分布在 30 cm 土层内，深可超过 100 cm，具有吸收水分和养分的功能。

2. 柴根

柴根粗约 1 cm，长 30～50 cm，是须根在生长过程中遇到土壤干旱、高温、通气不良等原因，以致发育不完全而形成的畸形肉质根，没有利用价值。

3. 块根

块根是贮藏养分的器官，也是供食用的部分。分布在 5～25 cm 深的土层中，先伸长后长粗，其形状、大小、皮肉颜色等因品种、土壤和栽培条件不同而有差异，分为纺锤形、圆筒形、球形和块形等，皮色有白、黄、红、淡红、紫红等。肉色可分为白、黄、淡黄、橘红或带有紫晕等。皮色和肉色是鉴别品种的主要特征。

（二）茎

甘薯的茎是输导和繁殖的器官。甘薯蔓的长度因品种而异。长蔓型品种，春薯蔓长在 3 m 以上，夏薯在 2 m 以上。中蔓型品种，春薯蔓长为 1.5～3 m，夏薯为

1～2 m。短蔓型品种，春薯蔓长在1.5 m以下，夏薯在1 m以下。蔓的长度又因土壤肥力、栽植密度、栽植时期及环境条件不同而有差异。茎色因品种而异，可分为绿、紫、褐或绿中带紫色等。光照强或生长速度缓慢时茎色较深。反之，则较浅。甘薯顶芽含植物生长激素较多，顶端生长优势强，所以用蔓尖栽植有利增产。

（三）叶

甘薯的叶着生在茎节上，是主要的光合作用器官。品种间叶形有差异，可分为心脏、三角与掌状等。叶缘分全缘、带齿、浅单缺刻、浅复缺刻和深复缺刻。但有些品种在植株上有两种或两种以上的叶形。叶色有绿、浅绿和紫色等。顶叶色是识别品种的主要特征之一，分为绿、紫、褐或绿带紫色等。叶片背面的叶脉颜色，分淡红、红、紫、淡紫和绿色等。叶柄基部色分为紫、褐、绿色等，叶脉色和叶柄基色都是识别品种的标志。

（四）花、果实、种子

甘薯是异花授粉作物，花单生或若干朵集成聚伞花序，花形如漏斗状。有雄蕊5个，花丝长短不一，花粉囊分为两室。雌蕊1个，柱头球状分二裂。果为蒴果，球形或扁球形，每果有种子1～4粒，种皮褐色。

二、甘薯的类型

根据甘薯的品质特点和用途，将甘薯品种分为3个类型。

1. 高淀粉型

块根高产量、高出干率、高淀粉，淀粉白、加工品质好。这类品种的主要用途是生产淀粉、柠檬酸、酒精、甘薯粉丝等。如桂薯131、桂薯96-8、广薯79和农林41号等。

2. 高糖、高维生素型

薯型美观，薯块大小适中，高营养，高糖量，高产量，食味好，具有较高的营养价值和良好的保健功能。主要用于鲜食、速冻罐装、烘烤和加工成甘薯脯、甘薯虾片、膨化薯片，提取食品用色素、化妆品用色素等。如红姑娘、桂粉2号、桂薯96-8、台农65、农林43号等。

3. 高淀粉、高饲料转化率型

茎叶再生能力强，高生物产量，高块根产量，高淀粉。干茎叶中粗蛋白含量高于 15%，主要用作牲畜饲料。如广薯 62、鲁薯 3 号等。

三、甘薯的一生

从栽插到收获的生长发育过程，称为甘薯的一生。

1. 发根还苗期

薯苗栽插后，在适宜的温度和水分条件下，从入土的茎节部两侧和薯苗切口部位，先后长出一批不定根。当新根吸收水分与养分，薯苗地上部开始抽出新叶或新腋芽时，称为还苗，此期大量发生的吸收根是生长中心，地上部也开始缓慢生长。生产上要求栽插后迅速发根和还苗。

2. 分枝结薯期

从出现分枝到封垄始期。植株生长中心由根系逐渐转向茎叶生长和块根形成。生产上要求地上部早发快长，分枝又早又多，但地上部生长不能过旺，达到提早结薯和增加结薯数。

3. 茎叶盛长、块根膨大期

从封垄到茎叶生长高峰。此时地上部重量达到最大值，同化物质向地下部运送量增多，薯块相应膨大，但黄叶与落叶陆续出现，形成新叶与老叶交替的现象。生长上要求茎叶生长适当，茎叶生长量不足或生长量过旺，不有利于块根膨大。

4. 块根盛长、茎叶渐衰期

从茎叶生长高峰期开始到收获为止，此期以薯块生长为中心。生产上要注意防止茎叶早衰，以促进块根迅速膨大。

四、甘薯生长发育与环境条件关系

1. 温度

甘薯喜温暖，对低温反应敏感，最怕霜冻。在 15～30℃，温度越高生长越快，以 25℃为最适温度，超过 35℃生长缓慢，低于 15℃生长停滞，10℃以下植株因受冷害而死亡。20～25℃是块根膨大适宜温度。较大的日夜温差有利于块根膨大。

2. 水分

甘薯是耐旱作物，其蒸腾系数在 300～500。甘薯田间耗水量与产量呈正相关。生长前期土壤水分以土壤最大持水量的 60%～70%为宜，生长中期以保持土壤最大持水量的 70%～80%为宜。生长后期保持土壤最大持水量的 60%。土壤严重干旱，易形成柴根或块根出现裂缝。

3. 土壤

甘薯耐瘠薄，对土壤要求不严格，但以土层深厚疏松，排水良好，含有机质较多，富含钾素，具有一定肥力的壤土或沙壤土为宜。

高产甘薯田的土壤肥力指标是有机质1%～2%，全氮约0.6%，水解氮约50 mg/kg，全磷约0.1%，速效磷20 mg/kg以上，全钾2%以上，速效钾120 mg/kg以上。甘薯对土壤的酸碱度要求不严格，pH从4.5～8.5范围内均能生长，而以pH 5～7较适宜，酸性过大结薯有减少的趋势。土壤含盐量如超过0.2%，则对甘薯生长不利。

4. 光照

甘薯是喜光短日照作物，其光合作用的光饱和点为30 000～40 000 lx。充足的光照有利于甘薯块根膨大，块根的膨大也与每天受光时间长短有关。每天受光12.5～13 h，比较适宜块根膨大。

第三节　甘薯栽培技术

一、选用良种，尽量选用脱毒种薯繁殖

根据不同用途，选择高产、优质、抗病脱毒的适宜品种，种薯块要均匀无斑点、疤痕。脱毒甘薯种苗成活快、成活率高、生长势强、分枝数多、叶片浓绿、发根快、结薯早、薯块膨大期长等特点。为生产出高产、优质的甘薯打下良好基础，生产中尽量选用脱毒种薯繁殖。

二、育苗

甘薯为异花授粉作物，自交不孕，用种子繁殖的后代性状很不一致，产量低。因此，除杂交育种外，在生产上很少采用有性繁殖。由于甘薯块根、茎蔓等营养器官的再生能力较强，并能保持良种性状，故在生产上采用块根、茎蔓等无性繁殖。

（一）甘薯育苗方式

华南地区甘薯一般采用塑料薄膜冷床育苗方式，冷床5～10 cm土层床温比露地的提高5.5～7.5℃，膜内平均气温比膜外高15℃。

（二）种薯处理

1. 种薯精选

选择薯形端正，薯皮鲜亮光滑，薯块大小适中，单薯重100～200 g，生命力强，无受伤、无受冻、无病害的具有原品种特征的薯块作为种薯。

2. 种薯消毒

(1)温水浸种。将经过精选的种薯装入箩筐，置于58～60℃温水中，上下轻缓运动2～3 min，使薯块受热均匀，水温降至51～54℃，浸种10 min，取出降温。

(2)药剂浸种。25%多菌灵可湿性粉剂兑水200倍，或50%甲基托布津200倍液，浸种10 min，防治黑斑病。

（三）种薯上床

1. 适时育苗

当气温稳定在7～8℃时，可开始育苗。种薯上床后约经40天即可开始采苗栽插。

2. 填好床土

用无甘薯病害的肥沃沙质壤土2份与腐熟有机肥1份混合均匀后过筛，填入苗床，厚度以8～10 cm为宜，填入床土后，撒施尿素50 g/m^2 以促使秧苗生长。

3. 排种技术

在排种薯前加盖薄膜，使床土温度上升到32℃左右时排种。种薯采用斜排法。排种密度一般为20～25 kg/m^2，分清头尾，保证头背向上，薯头压薯尾1/4～1/3。大、小薯分排，大薯宜密排，小薯宜稀排。掌握“上齐下不齐”的原则。排种后，用40℃左右的温水浇透床土，盖细沙4～5 cm厚，加盖塑料薄膜，以利于升温、保温。

（四）苗床管理

1. 出苗前管理

保持32℃的床温，约4天后种薯开始萌芽，再使床土温度上升到35～36℃，最高不宜超过38℃，保持3～4天，目的是使种薯产生抗病物质（甘薯酮），抑制黑斑病病菌的侵染，然后把床温降到31℃左右，直至出苗。

一般在幼芽拱土前不要浇水，如床土干旱，可少量浇水。若种薯出苗前气温较低，要封严薄膜。刚拱土的幼芽易受烈日灼伤，可利用早晨和傍晚的弱光晒床，当叶片发绿时，才可全日晒苗。

2. 出苗后管理

种薯出苗后，把床温降到28℃左右。当苗高约10 cm时，根系比较发达，叶片开始增大，秧苗生长加快，把床温降到25℃左右，促使秧苗生长粗壮。出苗以后，膜内气温可能超过35℃，要注意通风降温，防止烈日烤苗。若此时夜间气温较低，应盖膜保温。随着秧苗生长，叶片增多，蒸发量提高，一般每天要浇1次水，以保持床土湿润。

3. 采苗前管理

采苗前2～3天要进行炼苗，把床温降到20℃左右，停止浇水，进行蹲苗，并注意逐渐揭膜炼苗，防止引起嫩叶枯干。

4. 采苗和采苗后管理

当苗高达20 cm以上时，要及时采苗，以免影响下一茬的采苗数量。采苗当天不要浇水，以利种薯伤口愈合，为了防止小苗萎蔫，采苗后可少量喷水。在采苗后一天浇水时结合施尿素50 g/m^2 催苗。再盖上薄膜，把床温升到32～35℃，促使秧苗生长，经过3～4天后，又转入低温炼苗阶段。

三、整地起垄，施足基肥

1. 整地起垄

深耕是甘薯取得高产的基础。耕翻深度以25～30 cm为宜。结合耕地施足有机肥料，还要注意保墒。

甘薯宜垄栽，其优点是加厚松土层，加大昼夜温差。有利于排水，改善土壤通气性，促使块根膨大。夏薯茎薯较短，垄宽65 cm左右、垄高23 cm左右为宜。春薯茎蔓较长，垄宽75 cm左右、垄高30 cm左右为宜。但在排水不良的田地，可采用大垄栽双行的方法，垄宽120 cm、垄高50 cm，垄顶宽40 cm，以利于排水防涝。

2. 施足基肥

据分析，每生产鲜薯1 000 kg，约需吸收N 3.5 kg，P_2O_5 1.8 kg，K_2O 5.5 kg。其中以钾最多，氮次之，磷最少。氮、磷、钾比例约为2∶1∶4。甘薯多种在贫瘠的土壤上，施肥量也较少，但为了提高甘薯的产量，必须增施有机肥，配合施用磷钾化肥。产量在30～37.5 t/hm^2 的地块，基肥应施有机肥30 t/hm^2、过磷酸钙750 kg/hm^2、硫酸钾300 kg/hm^2。

四、适时栽插，合理密植

1. 适时栽插

春薯以 5～10 cm 地温稳定在 16～17℃时为栽秧适期。华南地区各季甘薯适宜栽插期，春薯 5 月份栽完，夏薯 5～6 月份，秋薯 7 月中旬至 8 月上中旬，冬薯为 10 中旬至 11 上中旬。地膜覆盖栽培可提早 10～15 天栽插。

2. 合理密植

合理密植可以协调甘薯产量构成因素间的关系。合理密植原则是肥地、早栽或长蔓的品种可稍稀些。反之，则稍密些。甘薯行株距的确定既要使植株分布合理，又便于田间管理。春薯的行距一般为 70～80 cm，株距一般以 20～25 cm 为宜。综合各地经验，夏薯(5.25～6.0)$\times 10^4$ 株/hm^2，套作时比净作降低(0.75～1.5)$\times 10^4$ 株/hm^2。

五、田间管理

（一）中耕除草、培土

薯田中耕除草，在生长前期封垄前进行，一般 2～3 次。第 1 次中耕在活棵后结合施苗肥进行，10～15 天后再中耕 1 次，末次在封垄前结合促薯肥进行，中耕深度由深到浅，株旁宜浅，垄脚深锄。

（二）科学施肥

1. 促苗肥

在栽插后 1 周左右至半个月内，薯苗活棵时追施速效氮肥，每亩用尿素 3～4 kg 或硫酸铵 7～8 kg。

2. 壮株肥

栽后 1 个月左右进行穴施，每亩追尿素 3～4 kg 或硫酸铵 8～10 kg。

3. 促薯肥

栽插 50～60 天时进行，以氮钾肥为主。每亩追尿素 3～4 kg 或硫酸铵 3～4 kg。也可采用根外喷施的方法用 0.5%的尿素，2%～3%的过磷酸钙，5%的草木灰，0.2%的磷酸二氢钾溶液等。每 7 天喷 1 次，连续 2～3 次，每次喷液 100～120 kg/亩。

（三）灌水及排涝

适宜的土壤水分为田间持水量的60%～80%。薯苗栽插后，晴天应浇水护苗，连续进行2～3天，直至成活。分枝结薯期，干旱时灌浅水，有利于分枝及结薯。生育后期薯块盛长阶段，遇干旱应及时灌水，每10天灌一次，直至旱情解除为止。灌水深度为垄高的1/3，收获前15天应停止灌水。生育后期，及时排涝降渍，否则影响薯块膨大和造成田间烂薯。

（四）适时收获

食用甘薯应根据市场需求，薯块长到适宜大小时分批收获上市或收获贮藏。加工甘薯宜在寒露至霜降之间，薯块充分膨大、淀粉积累充分后收获，在适期收获范围内，先收春薯，后收夏、秋薯。先收留种薯，后收加工薯的原则。

六、甘薯安全贮藏

（一）甘薯安全贮藏条件

1. 温度

温度过低，甘薯会发生冻害。超过15℃，甘薯易发芽，并且呼吸作用加强，更有利于病菌的繁殖与感染。温度在10～15℃是甘薯安全贮藏的基本条件之一。

2. 湿度

甘薯安全贮藏的湿度，一般以相对湿度的85%～90%为宜。过高，易导致湿害；过低，会发生干害，造成烂薯。

3. 空气

正常条件下，甘薯的安全贮藏以氧气含量不低于18%为宜。通风条件差，氧气不足，常造成缺氧呼吸、酒精中毒而烂薯。

4. 病害

凡受损，带病、水渍和受冷害的薯块都应尽早剔除。引起甘薯腐烂的病害主要是软腐病、黑斑病，其次是茎线虫病等。

（二）甘薯贮藏技术要点

要选择避风向阳、排水良好和运输方便的地方。入贮房前，贮房内要打扫清洁,可用50%多菌灵可湿性粉剂兑水100倍喷洒杀菌,还要严格精选健全的薯块贮藏。贮藏量约占贮房容积的70%,每立方米体积可贮藏500 kg的薯块。

(三)甘薯贮藏期间的管理

1. 贮藏初期

甘薯入贮房约25天内,贮房温度可能达到18℃以上,薯块容易发芽,应通气降温。如遇寒流要注意保温防寒。

2. 贮藏中期

甘薯入贮房约25天后到翌年2月上旬的气温较低,应注意保温防寒,温度控制在12～14℃。以减少甘薯呼吸热的散失。

3. 贮藏后期

2月上旬以后,气温回升,如果窖内温度偏高时,要通气降温,但遇寒流时,要注意保温。

实验实训 甘薯的形态观察

一、目的要求

识别甘薯地上部和地下部形态特征。

二、材料用具

1. 材料

甘薯完整植株(地上部及地下部),花果实、种子少量,甘薯3种根标本1套。

2. 用具

小刀每组2把。

三、方法步骤

取甘薯及完整植株(包括地下部块根和块茎),仔细观察其花、果实、种子等的形态特征。

四、作业

1. 绘制甘薯叶片的几种主要形态(心脏形、三角形、掌状形)各1片。

2. 绘制甘薯块根系(块根、梗根、细根)外形及横切面图。

思考与讨论

1. 简述甘薯三种根的形态特征及作用。
2. 讨论什么样的环境条件适合甘薯生长。
3. 简述甘薯茎叶生长与块根膨大的关系。
4. 讨论甘薯各个生育时期的主要管理措施。
5. 简述甘薯块根的形成与膨大的过程。
6. 试从甘薯不同生育时期的生长发育特点,谈谈田间管理的对策和措施。
7. 讨论甘薯施肥技术。
8. 简述甘薯安全贮藏条件和贮藏技术要点。

参考文献

[1]杨新笋,杨园园. 甘薯栽培的基础知识与技术. 武汉:湖北科学技术出版社,2017.

[2]张明沛. 广西冬季农业. 西宁:广西人民出版社,2012.

[3]刘翀,万忠,杨亚慧. 2015年广东甘薯产业发展形势与对策建议. 广东农业科学,2016,(3)17-20.

[4]王小欣,等. 广西甘薯生产现状调查及对策建议. 南方农业,2016,10(10):39-42.

第十三章

马 铃 薯

第一节 概 述

一、马铃薯生产的意义

1. 发展马铃薯产业可以有效增强我国粮食安全保障

马铃薯是冬作农业发展中潜力巨大的作物。据初步统计,目前全国耕地面积近 8 000 万 hm^2 处于冬闲状态。可以利用南方冬作区和中原二季作区的冬闲田发展马铃薯生产,提高耕地复种指数,有效地扩大农作物种植面积,起到缓解用地矛盾的作用。

2. 发展马铃薯产业可以有效增加贫困地区农民收入

据专家介绍,如果采用新品种、新工艺,我国马铃薯的单产水平可以提高 1 倍以上,这就意味着在总播种面积不变的情况下增加产量 1 亿 t 以上,仅此一项就可增加农民收入 1 000 亿元以上,经济效益非常可观。

3. 马铃薯产业具有较高的产业关联度

马铃薯变性淀粉广泛用于食品、造纸、纺织、制革、涂料、工业废水净化、农业、园艺、纺织、铸造、医疗、造纸、石油钻探及环卫等多个领域。马铃薯产品的加工具有较长的增值链条,是朝阳产业和贫困地区脱贫致富的支柱产业。

4. 马铃薯产业是我国具有国际竞争力的农业产业之一

随着人民生活水平和工业发展水平的不断提高,高品质的马铃薯淀粉的生产应用量将大幅度提高。中国马铃薯加工业,将会进军欧美等国际市场,形成具有国际竞争力的、不可多得的优势产业。我国马铃薯产业具有原料资源、成本价格、市场容量等多方面的优势，发展前景广阔。

二、马铃薯生产概况

1. 世界马铃薯生产

根据联合国粮食与农业组织统计，2014 年马铃薯的世界产量达 3.81 亿 t，种植面积为 1 909.83 万 hm^2，马铃薯主要生产国有中国、俄罗斯、印度、乌克兰、美国等。其中，中国是世界马铃薯总产量最多的国家，种植面积约 5 645.0 万 hm^2，产量将近 0.95 亿 t。

2. 我国马铃薯生产

全国马铃薯种植面积超过 33.3 万 hm^2 的地区有内蒙古、贵州、甘肃、四川、云南、重庆，占全国马铃薯种植面积的 65%。

华南冬作区包括广东、广西、福建、海南、台湾、香港、澳门全部，广东、福建是重要传统产区，广西、海南是新兴马铃薯产区，海南马铃薯播种面积很小，台湾马铃薯播种面积更小，其他省区几乎没有。2015 年广东省马铃薯收获总面积约 7 万 hm^2，总产量达 168 万 t，平均产量为 1 600 kg/亩，其中冬作马铃薯面积约占 85%。广西以冬作马铃薯为主，2015 年冬种马铃薯面积约 6.7 万 hm^2，总产量 131.2 万 t，平均产量约 1 300 kg/亩。

第二节　马铃薯生物学特性

一、马铃薯的形态特征

1. 根

马铃薯由种子繁殖所形成的根系是直根系。由块茎繁殖所形成的根系为须根系。大部分根系存在 0～30 cm 的土层内，一般不超过 70 cm，个别根系入土深度 150～200 cm。水平伸展 30 cm 左右。

2. 茎

马铃薯的茎包括地上茎、地下茎、匍匐茎和块茎。

(1)地上茎。种薯芽眼萌发的幼芽发育形成的地上枝条称地上茎。多数品种茎高为 30～100 cm。栽培品种中一般地上茎都是直立型或半直立型。

(2)地下茎。地下茎是种薯发芽生长的枝条埋在土里的部分。着生根系(芽眼根和匍匐根)、匍匐茎和块茎，地下茎长度为 10 cm 左右，节间短，有 6～8 个节。

(3)匍匐茎。马铃薯的匍匐茎由地下茎的节上腋芽长而成。匍匐茎一般在出苗后 7～10 天开始发生，发生后 10～15 天便停止生长，顶端开始膨大形成块茎。匍匐茎大部集中在地表 0～10 cm 土层内，长度一般为 3～10 cm。匍匐茎具有地上茎的一切特性，具有输送大量营养和水分的功能。

(4)块茎。马铃薯的块茎是由匍匐茎尖端膨大形成的一个缩短而肥大的变态茎。块茎最顶部的一个芽眼较大，里边能长出的芽也较多，叫作顶芽。块茎侧面芽眼中长出的芽叫侧芽，尾部的芽眼较稀，所长出的芽叫尾芽。块茎与匍匐茎连接的一头是尾部，也叫脐部。块茎每个芽眼内有三个或三个以上未伸长的芽，中央较突出的为主芽，其余的为副芽。

3. 叶

马铃薯的第一、第二个初生叶片是单叶，以后生长的叶子是奇数羽状复叶，叶表皮上有茸毛和腺毛，茸毛和腺毛能减少蒸腾作用，吸附或吸入空气中的水分，增强植株抗旱能力。

4. 花、果实和种子

马铃薯为自花授粉作物。花序为聚伞花序，每个花序有 2～5 个分枝，每个分枝上有 4～8 朵花。果实为浆果，果实内含 100～250 粒种子。种子很小，千粒重为 0.5～0.6 g。

二、马铃薯块茎休眠

马铃薯块茎收获以后，放到适宜发芽的环境中而长时间不能发芽，属于生理性自然休眠，是一种对不良环境的适应性。马铃薯休眠期的长短受贮藏温度影响很大，在 26℃左右的条件下，因品种的不同，休眠期从 1 个月左右至 3 个月以上不等。在温度为 0～4℃的条件下，块茎可长期保持休眠。马铃薯块茎的休眠过程，受酶的活动方向决定，与环境条件密切关联。

三、马铃薯的一生

1. 发芽期

从芽萌生至出苗是发芽期。发芽期生长的中心在芽的伸长、发根和形成匍匐茎，营养和水分主要靠种薯，按茎叶和根的顺序供给。生长的速度和好坏，受制于种薯和发芽需要的环境条件。生长所占时间就因品种休眠特性、栽培季节和技术措施不同而长短不一，从1个月到几个月不等。

2. 幼苗期

从出苗到第6叶或第8叶展平，即完成1个叶序的生长，称为“团棵”，为马铃薯的幼苗期。幼苗期经过的时间较短，不论春作或秋作只有短短半个月。

3. 发棵期

从团棵到第12叶或第16叶展开，早熟品种以第一花序开花，晚熟品种以第二花序开花，为马铃薯的发棵期，为时1个月左右。发棵期主茎开始急剧拔高，占总高度50%左右。主茎叶已全部建成，并有分枝及分枝叶的扩展。根系继续扩大，块茎膨大到鸽蛋大小，发棵期有个生长中心转折阶段，转折阶段的终点以茎叶干物质量与块茎干物质量之比达到平衡为标准。

4. 结薯期

结薯期即块茎的形成期。发棵期完成后，便进入以块茎生长为主的结薯期。此期茎叶生长日益减少，基部叶片开始转黄和枯落，植株各部分的有机养分不断向块茎输送，块茎随之加快膨大，尤在开花期后10天膨大最快。结薯期的长短受制于气候条件、病害和品种熟性等，一般为30～50天。

5. 成熟期

当50%的植株茎叶出现枯黄时，块茎内淀粉积累充分时，便进入成熟期。此时马铃薯地上、地下两部分均已停止生长。应注意天气变化，及时收获。

四、马铃薯生长发育与环境条件关系

1. 温度

马铃薯块茎的最佳贮存温度为0～4℃。马铃薯喜冷凉气候，块茎上芽的最适萌发温度为12～16℃，18～25℃时发芽迅速，但长成的幼苗苗体弱小。块茎发育的适宜土温是16～18℃，以不超过21℃为好，高于25℃时不利于块茎膨大。高温会使块茎停止生长。

2. 水分

块茎形成期是需水最多的时期，在结薯初期和盛期，土壤含水量为田间最大持水量的70%～80%比较适宜，结薯末期，土壤含水量为田间最大持水量的60%为宜。

3. 光照

马铃薯是喜光作物，在生育期间，光照强度不足或栽植过密，会使茎叶徒长，块茎形成延迟，抗病能力降低。日照长短直接影响植株生长和块茎的形成，长日照可促进茎叶生长和现蕾开花，短日照有利于块茎形成，在每天11～13 h日照下，茎叶发达，光合作用旺盛，块茎的产量也高。

4. 土壤

马铃薯最适宜于表土深厚、结构疏松、排水透气良好且富含有机质的水稻土（壤土）和沙壤土。土壤黏重影响根系发育和块茎膨大，使块茎畸形，芽眼凸出，薯皮粗糙。马铃薯适于在微酸性土壤中生长，在碱性土壤中马铃薯易得疮痂病。

第三节　马铃薯栽培技术

一、选用良种，尽量选用脱毒种薯

马铃薯是无性繁殖作物，由于病毒在体内积累容易引起种薯退化。因此，要根据当地生产条件和市场的需求，选择生育期适中、适销对路的高产、优质、抗病品种。目前，种植表现较好的有以下主要品种：

1. 菜用鲜食品种

薯形美观，表皮光滑，芽眼浅，薯块较大而整齐，产量高，食味优良，炒、煮、蒸口感风味好。耐贮藏，耐长途运输。如费乌瑞它，东农303，中薯2、3、4、5、6号，会-2，米拉，黄麻子，克新13等品种。

2. 食品加工及鲜食兼用型品种

炸片品种要求薯块圆球形，大小中等、均匀，炸片颜色浅，薯片食味好，块茎不空心，干物质含量高，淀粉分布均匀，较耐低温贮藏。炸条品种长圆形，薯块大而整齐，炸条色泽浅，薯条食味好，干物质含量高，淀粉粒结晶状，分布均匀，较耐低温贮藏。如大西洋、夏坡蒂、克新1号等品种适合加工。

3. 高淀粉品种

要求大小中等，芽眼浅，最好是白皮白肉，薯块淀粉含量高于18%，还原糖含量较低，块茎不空心，耐贮藏运输。如合作88、克新12、晋薯2号、春薯3号、陇薯3号等品种。

二、种薯处理

1. 赤霉素处理打破休眠

在南方地区一般不提倡用赤霉素(九二〇)处理来打破马铃薯种薯的休眠。种薯切块对打破休眠有一定的作用。早熟品种或休眠接近完成的种薯,可采用室温催芽、堆放催芽或沙床催芽来打破休眠。休眠性强或未接近休眠结束(收获不足 2 个月)的种薯可慎重考虑用赤霉素处理来打破休眠。赤霉素的浓度及处理时间因品种不同和种薯所处的状态不同应有所区别。休眠期短的或已休眠一段时间的浓度要低些。薯块裂痕或表皮擦伤未完全愈合,或者已经切块的薯块,使用浓度低些,处理时间要短些,建议采用 0.5 mg/kg 左右的赤霉素溶液浸种 15～30 min 或均匀喷湿种薯。整薯催芽使用浓度稍为大一些,处理时间可稍长一些,一般用 0.5～1 mg/kg 的赤霉素溶液浸种 20～30 min。赤霉素处理不当会出现弱苗。

2. 晒薯选种

种薯运回后,因秋季温度仍较高,不要集中堆放。应分散存放于有避风、防雨、干燥、通风条件较好、无阳光直接照射的地方。种薯经长途运输,会造成有坏薯、烂薯现象。催芽前开包晒种约 3 h,边晒边剔除坏薯、烂薯。这样可以起到打破休眠期和消毒的作用,防止烂薯进一步蔓延。不可长时间暴晒和在水泥地板上晒种。

3. 整薯消毒

用克露 100 g 兑水 50 kg 浸泡 15～20 min。或用 75%百菌清 400 倍或 600 倍的瑞毒霉锰锌溶液喷洒,并用薄膜覆盖闷种 2 h 后通风晾干,或用网袋放在消毒液中浸泡 2～5 min 捞起晾干。

4. 切块

20～30 g 小种薯整薯播种效果较好。大种薯应切块种植。每个切块不小于 25 g,至少要有一个以上健壮的芽,并且尽可能连结有顶端部位。切块形状以四面体(方形)为好,避免切成薄片。50 g 左右小薯,纵一刀,分二块。100 g 左右的中薯,纵切二刀,分 3～4 块。125 g 以上的大薯,先从脐部顺着芽眼切下 2～3 块,然后顶端部分纵切为 2～4 块。

准备种薯切刀 2～3 把(一般应专用为好),置于 75%的酒精或 5%的高锰酸钾溶液中浸泡消毒,在操作过程中,每隔一段时间轮换一把。特别是如遇病、烂薯种应将其全部剔除,立即更换切刀,防止病菌传递感染。

5. 消毒

薯块消毒用链霉素 150～200 U 或克露、多菌灵 600～800 倍液喷雾消毒，喷湿即可。也可自配消毒剂拌种薯消毒(每 100 kg 种薯拌双飞粉 1 000 g、甲基托布津 20 g、多菌灵 20 g 和 1 g 新植霉素 1 g 混合粉剂)。不主张传统的草木灰和熟石灰涂切口。种薯消毒后放置于通风见光处晾晒半天，使切口尽快干燥并形成新的愈伤组织，然后进行催芽。

6. 催芽

(1)沙床催芽。沙床催芽要在室内干燥、通风处进行。首先将消毒好的种薯(切块)密集平铺于经过消毒的地面，用清洁无污染的湿河沙覆盖，河沙覆盖厚度 3 cm，其次在河沙上密集铺放第二层小块茎，再在其上铺盖河沙，如此一层薯块一层湿河沙铺放 2～3 层，最后用麻袋或稻草盖好。6～8 天后，当大部分薯块萌发出芽(芽长出花生仁大小)时，适当晾种练芽(以芽变紫色为度)。催芽过程中，注意经常检查河沙湿润度，太干要及时喷水，但不宜淋水过多，切忌底部积水。催好芽后，根据种薯芽的长短、粗壮程度进行分级播种。

(2)稻草覆盖催芽。种薯量较大的可以在稻田将消毒好的种薯(切块)用稻草和黑膜覆盖，避雨催芽，分级播种。

7. 炼芽

将经催芽处理分批捡出的种薯置于散射光下炼芽数天，待芽变绿变粗到花生仁大小时，根据芽的长短、粗细程度进行分级播种。

三、整地与施足基肥

1. 整地

种植马铃薯地块要进行深耕细耙，耕地深度，一般以 20～25 cm 为宜，然后作畦。畦的宽窄和高低要视地势、土壤水分而定。地势高排水良好的可作宽畦，地势低，排水不良的则要做窄畦或高畦。

2. 施足基肥

马铃薯的基肥要占总用肥量的 3/5 或 2/3。基肥以腐熟的堆厩肥和畜粪等有肥机为主，配合磷、钾肥。一般施有机肥$(1.5\sim2.25)\times10^4$ kg/hm^2，过磷酸钙 225～375 kg/hm^2，草木灰 1 500～2 250 kg/hm^2，基肥应结合作畦或挖穴施于 10 cm 以下的土层中，以利于植株吸收和疏松结薯层。播种时，施用腐熟的畜粪尿$(1.5\sim2.25)\times10^4$ kg/hm^2，或氮素化肥 75～120 kg/hm^2 作种肥，使出苗迅速而整齐，促苗健壮生长。

四、适时下种，合理密植

1. 适时下种

确定马铃薯播种适期的重要条件是生育期的温度。原则上要使马铃薯结薯盛期处在日平均温度15～25℃条件下。而适于块茎持续生长的这段时期愈长，总重量也愈高，南方春播期为1月上旬至3月中旬，在此范围内随海拔高度或纬度的上升，播期逐渐延迟。秋薯通常以当地平均气温下降至25℃以下为播种适期，山区播种稍早，在7月中下旬至8月上旬，丘陵和河谷地区偏迟，以8月中下旬至9月上旬为宜。在冬、春两季无霜或基本无霜的地区，可冬播马铃薯，播期12月上旬至12月下旬，次年4月下旬至5月上旬收获。

2. 合理密植

南方地区种植马铃薯，二季作区种植密度较大，一季作区种植密度较小。早熟种与结薯集中的品种宜密，晚熟种与结薯分散的品种宜稀。一季作区的低山或半高山地区，气候良好，种植密度$(6\sim7.5)\times10^4$株/hm^2。高山地区气候寒冷，种植密度可增大至9×10^4株/hm^2左右。二季作区植株生育期较短，种植密度以$(27\sim9)\times10^4$/hm^2为宜。秋薯生长量比春薯小，播期越晚，差别越大，较春薯增加$(3\sim3.75)\times10^4$株/hm^2。繁殖无毒种薯应通过增茎以控制种薯大小，茎数在30×10^4茎/hm^2(每株2～3茎)以上。

五、田间管理

马铃薯在施足基肥的基础上，应及时抓好田间管理，突出一个“早”字，促进植株迅速生长，尽快达到适宜的叶面积指数，提前转入块茎形成膨大阶段，夺取高产。

1. 早灌水、除草、中耕培土

马铃薯苗期正值干旱季节，又是整个生长期需水量较大的时期，因此应先灌一次全沟“跑马水”以湿润土壤，同时每亩用乙草胺100 g兑水60 kg喷雾防治杂草，出苗后，如遇干旱再灌半沟“跑马水”保持土壤湿润。齐苗后至现蕾前结合中耕适当培土，防止块茎裸露，提高品质。现蕾至开花阶段，块茎开始形成和膨大需水量大增，占全生育期总耗水量的52%，因此，保持水分充足，使薯块迅速膨大是高产的关键，若遇干旱，要及时灌水，保持土壤湿润。成熟期，水分过多，易使土壤通气变差，导致烂薯，因此，进入梅雨季节要注意开沟排积水。

2. 施用速效肥，促早生快发

马铃薯整个生育期的施肥应掌握“攻头、保中、控尾”的原则，当幼苗出土 80%～90%（简称露青期）时，应重施一次速效肥提苗，每亩用碳铵 25 kg 加过磷酸钙 50 kg 兑水 1 500 kg 进行条施。在现蕾期（播后 70 天）再施一次结薯肥，每亩用复合肥 15 kg、尿素 5 kg 进行穴施。化肥要施在植株周围，不能直接接触植株基部，以防伤苗。由于马铃薯是喜钾作物，施用钾肥，特别在沙质土和有机质丰富的土壤施钾有良好的作用。

3. 及早防治病虫害

马铃薯苗期主要有地老虎、蚜虫等虫害，中、后期主要有晚疫病、霜霉病、青枯病。坚持预防为主，综合防治为原则。以农业防治措施为主，加强田间管理、药剂防治为辅的综合防治理念，及时使用生物农药防治，尽量减少农药残留和环境污染，达到无公害产品标准。

六、安全贮藏

1. 贮藏特性

马铃薯块茎收获以后具有明显的生理休眠期。休眠期一般为 2～4 个月。一般早熟品种休眠期长。薯块大小、成熟度不同休眠期也有差异。如薯块大小相同，成熟度低的休眠期长。另外，栽培地区不同也影响休眠期长短。贮藏过程中，温度也是影响休眠期的重要因素，特别是贮藏初期的低温对延长休眠期十分有利。马铃薯在 2℃以下会发生冷害。但专供加工煎制薯片或油炸薯条的晚熟马铃薯，应贮藏于 10～13℃条件下。

贮藏马铃薯适宜的相对湿度为 80%～85%，晚熟种应为 90%。如果湿度过高，会缩短休眠期、增加腐烂。湿度过低会因失水而增加损耗。

贮藏马铃薯应避免阳光照射。光能促使萌芽，同时还会使薯块内的茄碱苷含量增加。正常薯块茄碱苷含量不超过 0.02%，对人畜无害。若在阳光下或萌芽时，茄碱苷含量会急剧增加，如果误食对人畜均有毒害作用。

2. 贮藏方法

(1)沟藏。高山一季作的块茎于冬季贮藏，一般采用沟贮。贮藏沟深 1～1.2 m、宽 1～1.5 m，长度不限。薯块堆至距地面 0.2 m，上面覆土保温，以后随气温下降，分期覆土，覆土总厚度为 0.8 m 左右。薯块不可堆得太高，否则沟底及中部温度会偏高，很容易腐烂。

(2)通风库贮藏。一般散堆在库内,堆高 1.3～2 m,每距 2～3 m 垂直放一个通风筒。通风筒用木片或竹片制面栅栏状,横断面积 0.3 m×0.3 m。通风筒下端要接触地面,上端伸出薯堆,以便于通风。如果装筐贮藏,贮藏效果也很好。贮藏期间要检查 1～2 次。

(3)化学贮藏。南方夏秋季收获的马铃薯,由于缺乏适宜的贮藏条件,在其休眠期过后,就会萌芽。为抑制萌芽,约在休眠中期,可采用 α-萘乙酸甲酯(又称萘乙酸甲酯)处理。每 10 t 薯块用药 0.4～0.5 kg,加入 15～30 kg 细土制成粉剂,撒在薯堆中。还可用青鲜素(MH)抑制萌芽,用药浓度为 3%～5%,应在适宜收获期前 3～4 周喷洒,如遇雨,应再重喷。

不论采用哪种贮藏方法,薯堆周围都要留有一定的空隙,以利通风散热。以通风库的面积计算,空隙不得少于 1/3。

七、马铃薯的退化原因及防止措施

1. 马铃薯退化的原因

马铃薯退化的原因包括内因和外因两个方面。内因是指品种的抗逆性,即抗病毒、抗高温的能力。外因是指环境因素,即病毒、高温、营养等。其中导致退化的主要因素是品种的抗逆性不强和种薯的生活力降低,病毒与高温只是外因,引起马铃薯退化的直接外因是病毒,病毒是否能引起马铃薯退化,还必须通过内因起作用,高温是引起马铃薯退化的间接外因。高温直接影响到植株的生育和抗病耐病性,也直接影响到病毒的繁殖和侵染致病力。马铃薯在高温下栽培,生长势衰弱,耐病力下降。而且高温有利于病毒繁殖侵染和在植株体内扩散,加重病毒的危害,加速马铃薯退化。根据上述观点解决马铃退化问题,首先要选择抗病性强的品种,其次同时尽力创造一个有利于提高马铃薯种性又能削弱病毒侵染与致病力的栽培条件,才能延缓或防止马铃薯退化。

2. 防止马铃薯退化的措施

现代科学证明马铃薯退化是一种病毒病害,首先必须有侵染存在,即指在健康的马铃薯群体中有感染病毒病的个体。其次有传染媒介或传染途径(昆虫传毒,叶片摩擦或切口传期。再次要有不抗病毒的寄主。因此,防止病毒引起的退化,只要控制住以上三个环节中的一个或者同时考虑,综合防治,就会有效地防止退化。主要措施有以下 6 个方面:

(1)选择抗病强的品种。选用抗病性强的马铃薯品种,这是防止退化的有效措施。

(2)茎尖培养无毒种薯。种植户常用的马铃薯品种有的因种植年限长，退化严重，可以通过芽尖脱毒的方法，使种薯恢复品种的原生命力。经过研究，通过这种方法栽培的马铃薯，比退化了的种薯增产50%以上，有的成倍增产。

(3)避蚜留种。针对病毒传播主要是通过蚜虫传播的特点，在马铃薯种薯生产上采取防蚜、避蚜措施。如把种薯生产基地设在蚜虫少的高山、冷凉地区，或利用银灰色网避蚜虫等技术，断绝蚜虫传播病毒的途径，可收到良好效果。

(4)实生薯作种。马铃薯的病毒一般不会侵入花粉、卵和种胚，因而通过有性生殖可淘汰无性世代所积累的病毒，生产无病毒种子。用实生种子生产的块茎称实生薯，实生薯一般不带病毒。但并不等于在种植期间不感染病毒，因此实生薯种植三年后就无增产优势，三年后需重新育苗生产种薯，及时更换实生薯。

(5)改进栽培技术。采用适宜的栽培措施，如选沙壤土种植，高肥水，合理密植，加强田间管理，防治蚜虫和适时早收等都可促进植株健壮生长，增强抗退化能力，减少田间病毒，防止退化。

(6)改善贮藏条件。贮藏过程中要避免薯块受高温影响或低温冻害以及失水皱缩，过早萌芽，损耗养分，病虫危害等现象，以防止种薯老衰，降低生活力，引起退化。

八、马铃薯稻草覆盖免耕栽培技术要点

马铃薯免耕覆盖稻草栽培法是指在未经任何翻耕犁耙的土面上摆放马铃薯种薯，然后覆盖稻草，开沟成畦，配合适当的肥水管理，收获时将稻草扒开，在地上捡薯的栽培方法。根据马铃薯是由地下块茎膨大形成的生长发育规律，在温湿度合适条件下，只要将植株基部遮光就可以结薯的原理，研究改进而成的一种省工节本、增产增收的轻型栽培技术，改翻耕栽培为免耕栽培，改种薯为摆薯，改挖薯为拣薯，人们形象地把这种实用的马铃薯栽培技术总结为9个字："摆一摆、盖一盖、拣一拣"。

（一）种植季节

应在没有霜冻或霜冻很轻的地方免耕种植马铃薯，有霜冻的地区要调整播种时间避开霜冻的危害。种植时间宜在割完中稻、再生稻、晚稻后接茬进行秋种或冬种。广西适宜播种时期为桂南10月上旬至11月中旬，桂北12月中下旬。过早气

温太高，营养生长过旺，产量不高。过迟后期连绵阴雨，容易烂薯，也影响次年春耕。关键是避开前期高温和中期霜冻危害。

（二）田块选择

免耕栽培对土质没有严格要求，应选择涝能排、旱能灌、中等肥力以上的稻田免耕种植马铃薯。切忌在低洼、易涝（田）地种植。前作最好是大豆、玉米、水稻的田块。不要与蕃茄、烟草、茄子、辣椒等茄科作物和甘薯、胡萝卜等块根作物连作。

（三）备好良种

马铃薯是无性繁殖作物，由于病毒在体内积累容易引起种薯退化。因此，要根据当地生产条件和市场的需求，选择生育期适中、适销对路的高产、优质、抗病品种。

（四）科学摆种

(1)大畦种植。播种前先动用机耕或畜力挖松排灌沟。按沟宽 30 cm，沟深 15 cm，畦面宽 150 cm 左右的规格种植。每畦播 4 行，宽窄行种植，中间为宽行，大行距 40 cm，两边为窄行，小行距 30 cm，株距 25 cm，畦边各留 25 cm。按“品”字形摆种，每亩种植 6 000 株左右。将种薯摆放在土面上，芽眼向下或侧向贴近土面。排灌沟泥土一部分在播种施肥后覆盖种薯和肥料，一部分在覆盖稻草后镇压畦面，避免大风吹走稻草。施肥后均匀地盖上 8～10 cm 厚的稻草。

(2)小畦种植。同样先动用机耕或畜力犁松排灌沟。按沟宽 30 cm，沟深 20 cm，畦面宽 70 cm 的规格种植。每畦播 2 行，行距 30 cm，株距 25 cm 左右，畦边各留 20 cm。按“品”字形摆种，每亩种植 5 000～5 500 株。将种薯摆放在土面上，芽眼向下或侧向贴近土面，施肥后在厢沟取细土覆盖种薯和肥料，然后均匀地盖上 5 cm 左右厚的稻草，最后清理丰产沟，沟土覆盖在稻草上。

（五）科学施肥

按氮磷钾 2∶1∶4 的比例配方施肥。根据稻田肥力和产量要求在盖稻草前一次性施足肥料。按每亩产 2 000 kg 的目标要求，一般每亩施优质农家肥 1 000～1 500 kg，三元硫酸钾复合肥 70～100 kg，硫酸钾 20～30 kg。腐熟的厩肥作基肥，可在播种时适当兑土并直接分放在种薯上。化肥放在两个种薯之间，也可放在种薯附近，与种薯保持 5 cm 以上的距离，不能与种薯直接接触，以防烂种。播种施肥后用细泥盖种盖肥。生长后期脱肥的可用 0.2％磷酸二氢钾或 0.5％的尿素液进行 1～2 次根外追肥。后期徒长的用多效唑控苗（3～5 包/亩）。

（六）覆盖稻草

摆种施肥盖土后均匀地盖上稻草。大畦种植方式稻草厚度 8～10 cm，小畦种植方式覆盖稻草厚度 5 cm。不是将稻草压实后的厚度，而是“轻轻拍实，压而不实”的厚度。每亩需稻草 1 000～1 500 kg。覆盖稻草应整齐铺满整个畦面，不留空，保证种薯容易出苗，提高产品质量。否则会降低保温保湿作用，薯块易现青泛绿，如绿薯率高，产品质量下降。稻草交错缠绕，有时会出现“卡苗”现象，需要人工引苗。

（七）清沟管水

播种前先用动力或者畜力犁松畦沟，摆种施肥或覆盖稻草后人工清沟。特别要加深四周排水沟。抢时间播种的可先播种后清沟。出苗前土壤始终保持湿润，遇到干旱应及时灌水，水层宜浅（不浸过田面泡到种薯）。以润灌、喷灌为好，禁止漫灌，及时排水落干。生长中期遇旱要及时灌水，保持土壤湿润。生长后期稻草开始腐烂，保水性增强，遇到连绵阴雨天气要注意排水，防止渍水和贴近土面的稻草湿度过大，影响薯苗生长。在全生育期间，土壤湿度保持在田间最大持水量的 60％～80％，后期注意适当降低田间湿度，收获前 10 天不再灌水。

（八）适时收获

马铃薯一般生长期 3 个多月。当地上部大部分枯黄，达到生理成熟即可收获。马铃薯成熟时，地上秧棵尚未枯萎，地下块茎的皮相当嫩，稍不注意就会破皮。块茎破皮后，极易感染病菌，同时破皮处变褐，影响商品性。所以，收获时先掀开稻草，稍晾晒，使表皮木栓化，然后再把薯块捡起，装筐装袋运走。

实验实训　马铃薯块茎打破休眠处理及催芽

一、目的要求

掌握马铃薯块茎打破休眠处理和催芽的技术和方法。

二、材料用具

(1)材料:马铃薯块茎若干千克。

(2)用具:薄口利刀、砧板、塑料盘、100 mg/kg 的赤霉素液、生石灰粉、潮沙、塑料薄膜、10 mL 量筒、天平、台秤。

三、原理

马铃薯块茎打破休眠的原因,一是块茎内部有抑制芽眼萌发的激素,如脱落酸等。二是块茎外部有密致的栓皮影响块茎与外部的气体交换,使呼吸减弱,因而使块茎的生理代谢也微弱,影响发芽,因此必须通过切削和药物处理才能打破其休眠状态。

四、方法步骤

1. 打破休眠处理

把已消毒的种薯分为四个处理以检查打破休眠的效果。

处理一:用刀将块茎纵切为两半。

处理二:用刀将块茎纵切为两半,浸 1 mg/kg 赤霉素液 10 min。

处理三:用刀将块茎纵切为两半,浸 1%生石灰水 2 h。

处理四(对照):整个块茎不经处理。

(1)配制 1%石灰水。用台秤称若干清水于塑料盆中,然后按 1%的浓度用天平称生石灰溶于水中。

(2)配制 1 mg/kg 赤霉素液。用台秤称若干清水于塑料盆中,然后按 1 mg/kg 浓度用 10 mL 量筒量取 100 mg/kg 赤霉素液倒入清水中搅拌均匀即可。

(3)把块茎按处理要求进行处理。

(4)把经处理的块茎捞出晾干表面水分,使其伤口愈合。

2. 催芽

把经打破休眠处理的块茎进行催芽。

(1)沙床准备。选一个干燥温暖的地方,把潮沙铺于地面上形成宽约 1 m、厚度约 5 cm、长度适当的沙床。

(2)把不同处理的块茎分开放在沙床上排成厚约 5 cm 一层,然后垫一层潮沙至不见块茎为度,依次分层排放 2～3 层块茎,最后用潮沙覆盖约 2 cm 厚,并用塑料膜覆盖保湿保温。

(3)催芽 4～5 天后进行根、芽生长情况调查。

①芽眼的芽发芽率。各处理清点全部块上的芽眼部数及已萌发的芽眼数，求出芽眼的芽萌发率，以%表示。

②芽的壮弱评定。目测各处理测定的壮弱，以壮、中、差表示。

③芽长测量。用厘米尺测定各芽的长度，求出平均数，以 cm 表示。

④不定根（芽眼根）数调查。各处理清点长出的芽眼根条数，求出平均长出芽眼根数。

五、作业

1. 根据实验结果，把数据填写表 1 中。

表 1　马铃薯块茎打破休眠处理及催芽情况记载表

处理	催芽日期	检查日期	芽眼			芽的壮弱	平均芽长/cm	平均每芽发根数
			总数	已萌发数	萌发率/%			
CK								
处理一								
处理二								
处理三								

2. 分析打破处理的效果。

思考与讨论

1. 简述马铃薯生产的意义。
2. 简述马铃薯的形态特征。
3. 简述马铃薯生长发育与环境条件关系。
4. 叙述马铃薯不同生育时期的生育特点及栽培技术要点。
5. 根据马铃薯块茎芽眼分布的特点，说明选用种薯和切块的方法。
6. 简述马铃薯种薯处理的方法。
7. 简述马铃薯水肥管理技术。
8. 简述马铃薯的退化原因及防止措施。
9. 简述马铃薯稻草覆盖免耕栽培技术原理。

10. 简述马铃薯稻草覆盖免耕栽培技术要点。

参考文献

[1]张明沛．广西冬季农业．南宁:广西人民出版社,2012.

[2]王田利．现代马铃薯高效生产实用技术．北京:化学工业出版社,2017.

[3]徐文华,庞顺空,白爱红．脱毒马铃薯规模生产与经营．北京:中国农业科学技术出版社,2017.

[4]张永成,田丰．马铃薯高产优质生理特性研究．北京:中国农业科学技术出版社,2012.

[5]王迪轩,何永梅．马铃薯优质高产问答．北京:化学工业出版社,2012.

[6]李济宸,李群,唐玉华．主粮主食马铃薯．北京:中国农业科学技术出版社,2015.

第十四章

木 薯

第一节 概 述

一、木薯生产的意义

木薯有“地下粮仓”“淀粉之王”和“特用作物”之美誉。木薯是世界两大薯类之一，是继小麦、水稻、玉米、马铃薯、大麦之后的世界第六大粮食作物。世界上大约有8亿人口的主要粮食来源。2010年木薯被国务院确认为我国重点发展的重要热带作物之一。

二、木薯生产概况

1. 世界木薯生产

根据联合国粮食及农业组织统计，2016年全球木薯总产量约2.95亿t，其中非洲总产量为1.80亿t，亚洲总产量约0.90亿t，美洲总产量约0.25亿t。尼日利亚是世界木薯生产第一大国，年产约0.6亿t，约占非洲产量的1/3。尼日利亚、泰国、巴西、印度尼西亚和刚果是世界木薯总产量前五名的国家。

2. 中国木薯生产

根据国家统计，受到木薯原料价格连年偏低和部分地区种植结构调整的影响，2016年我国木薯种植比2015年略有减少，总面积约33.47万hm^2，鲜薯总产量785万t，平均单产23.4 t/hm^2。国内木薯种植主要集中在广西、广东、云南和海南等地区，其中广西木薯种植面积最大为18万hm^2，鲜薯产量432万t，种植面积和产量均占全国的50%以上；广东8.07万hm^2，鲜薯产量170万t；云南

2.67 万 hm^2，鲜薯产量 73 万 t；海南 2.13 万 hm^2，鲜薯产量 45 万 t；福建 1 万 hm^2，鲜薯产量 27 万 t；江西 0.80 万 hm^2，鲜薯产量 21 万 t，其他地区约 0.80 万 hm^2，鲜薯产量 17 万 t。

第二节　木薯生物学特性

一、木薯的形态特征

1. 根

木薯的根分为须根和块根两种，初生时无法区别，以后块根逐渐膨大，内贮丰富淀粉，而须根细长内含淀粉很少。木薯从种茎切口处长出有 20～60 条不定根，从粗根和块根上长出须根也称为吸收根。粗根是由不定根在分化膨大形成块根的过程中，受不良条件的抑制停止增粗膨大而形成，是已经分化的吸收根。块根一般有 5～6 条，多达 10 条以上。肉质是块根的主要部分，富含淀粉、色白、肥大质脆。薯心由维管束组成，坚韧，贯通薯的中心。

2. 茎

普通栽培品种多为灌木，直立或稍带弯曲，一年生植株高 1～3 m，直径 3～6 cm，多年生植株则更高大、茎粗。许多品种茎呈黄白色，有的呈青、黄、褐、暗褐、紫红等色，因品种而异。茎呈圆形，梢部则呈棱形。木薯的茎由节和节间组成，节上生有芽点，所以茎可作种。

3. 叶片

木薯叶片单叶互生，掌状深裂，裂片多为 7～9 裂，叶腋有腋芽，可萌发形成枝条。叶面绿色，叶背青白色，梢端嫩叶绿紫或红色，是鉴别品种特征之一。各裂片的中脉和小脉有紫色或绿色，因品种而异。叶柄在茎上脱落后遗留的痕迹，有中央凹陷、凸起或平面等形态，也是鉴别品种特征之一。

木薯叶片光合效率较低，叶面积指数的大小，对产量有很大的影响。因此，合理密植和水肥管理，对提高产量有重要作用。

4. 花、果实、种子

木薯花为总状花序，雌雄同序异花，为异花授粉作物。木薯果实为蒴果，种子扁长，似肾状，褐色。木薯用种茎栽培，是否开花与生产关系不大，只是杂交种育种时才需要其开花结果。

二、木薯的生长发育

1. 种茎萌发与出苗

木薯种茎经过消毒等处理，播种后，在气温达到 14℃以上，土温达到 16℃时，15～20 天即可开始萌芽、出苗。在适宜条件下，木薯种茎的腋芽开始萌动发芽，先出芽后发根。当木薯种茎播种后，其腋芽的芽点，长出不定芽，长到一定长度时，便从种茎的切口处分化出根系。当木薯幼苗露出地面后，生长到一定高度时，从种茎基部切口或叶腋两侧长出幼根，幼根数量 10～20 条。

2. 茎叶生长与分枝

木薯生长进入中期后，叶柄和叶片逐步长长、长大，早期生长的叶片，部分开始成熟，新分化形成的叶片开始增多，叶片颜色逐渐变得浓绿，叶绿素含量增多，光合能力逐步加强，形成的光合产物可供植株生长需要。植株的茎秆逐步长高变粗，茎秆高度可达 1 m 以上，并开始出现第一次顶端分枝，其茎叶量为苗期的 3～4 倍。植株地面以上的一部分开始发育成熟，其腋芽也会由下而上逐步发育成熟。植株上生长点以下部分茎秆呈青绿色，含有部分叶绿素，也能进行一定的光合作用。

木薯生长进入后期后，茎秆中下部的叶片大多已经脱落，茎秆中上部生长一段时间后，也自下而上逐步老熟。但顶端部分仍然正常生长，进行正常的光合作用。植株的茎秆逐步长到品种特性应有的高度，除了生长点以下部分主茎和分枝外，其他茎秆内皮和外皮的颜色已逐步能够体现品种特有的颜色，茎上的腋芽原基也逐步发育成熟，可收获作为第二年的种茎。

3. 块根的形成与膨大

木薯进入生长中期，一般都从幼苗期发生的根系中分化发育成块根，此时的块根形成了木薯块根的特征，并逐步伸长和膨大，其长度因品种、肥水条件不同而异，一般长的可达 50 cm 以上，块根数量有 5～10 条不等。这个时期的块根，表皮也会分化长出须根，但数量较少。

三、木薯生长发育与环境条件关系

木薯的生长发育与温度、光照、水分、空气、土壤等环境条件密切相关。在环境条件适合时，木薯生长发育正常。

1. 木薯生长发育与温度的关系

木薯原产南美洲，为喜温作物。木薯生长发育各个时期，对温度要求不同。

木薯播种后，种茎萌芽出苗的最低温度为14～16℃，最适温度25～28℃，块根膨大时，最适温度为22～25℃，木薯开花，由营养生长转为生殖生长，其植株生理活动最适温度为21～31℃。温度低于14℃时，木薯植株生长缓慢。低于10℃时，植株停止生长。0～4℃，植株容易受到寒害。0℃以下，植株体内细胞活动几乎停止，生长点被冻伤，发生冻害，持续时间4～7天，植株受害严重，甚至死亡。

2. 木薯生长发育与光照的关系

木薯属喜高温、短日照、不耐荫蔽的作物。

(1)光照长短对木薯生长发育的影响。日照长，对木薯光合作用和开花结实有利。一般在日照长度达13.5 h时，才能开花结实。日照短，对木薯结薯和淀粉积累有利，一般在日照长度10～12 h的条件下，块根分化数量多，结薯早，增重快，产量高。

(2)光照强度对木薯生长发育的影响。阳光充足，光照强度大，有利于光合作用，产量就高。低光照条件下，光合能力降低，植株生长缓慢，养分积累少，导致茎叶嫩弱，块根细小，产量低。一般认为，在种植条件及植株高度相同的情况下，阳光充足的地方比阴凉的地方增产明显。

3. 木薯生长发育与水分的关系

木薯是旱地作物。它具有很强的耐旱性，但也忌积水。木薯在年降雨量278 mm的地区可以生长，但木薯最适合在年降雨量1 000～2 000 mm，雨量分布均匀、土壤湿润的地区生长。在淹水状态下，容易受缺氧影响，造成根系腐烂。

木薯正常生长发育，特别是结薯膨大期，对水分要求，土壤持水量在50%～70%，生长良好。土壤持水量低于30%，生长受到影响。土壤持水量超过80%，土壤通透性差，影响结薯。

4. 木薯生长发育与土壤的关系

一般来说，木薯对土壤条件要求不高。在土质疏松、土层深厚、排水性好、富含有机质的沙质壤土种植的木薯，易获产量。木薯素有“先锋作物”之美称。在种植其他作物产量不高的新垦荒地种植木薯，其收益往往比种植其他作物要好。由于木薯对土壤的酸碱度反应不敏感，可以在pH 3.8～8.0的土壤中生长。因此，在中国南方地区大片的酸性红壤上种植木薯，产量比较高。由于木薯结薯伸长、膨大对土壤通透性有一定要求，因此，在石砾过多或积水的土地，一般不宜种植木薯。

5. 木薯生长发育与营养的关系

木薯对氮、磷、钾三要素的需求量，以钾肥最多，氮肥和磷肥次之。

(1)氮肥对木薯生长和产量的影响。氮肥对木薯植株茎的伸长和叶面积增大有重要作用。适当施用氮肥,能够促进木薯茎叶繁茂,叶色浓绿,有利于光合作用和养分积累,对提高块根产量和淀粉含量有很大作用。但是施用过量,不仅引起植株徒长、不抗风、易受病害侵袭、结薯延迟影响产量,而且高氮还会提高含氮化合物的积累,如蛋白质和氢氰酸,降低淀粉含量。如氮肥不足,则木薯植株生长不良,茎秆矮小,叶片小,叶色淡绿或淡紫色,分枝少,植株下部叶片早枯等,严重时叶片先从底叶褪绿,然后全株叶均匀褪绿,使植株生长势过弱造成产量降低。

(2)磷肥对木薯生长和产量的影响。磷肥在木薯生长过程中需要量较少,但却是植株健康发育不可缺少的重要肥料。磷肥既有促进木薯根系发育,使幼苗发育健壮,还有促进块根成熟和提高块根品质的作用。磷肥施放时要靠近植株,以防磷被土壤固定或杂草吸收,降低肥效。磷肥不足时木薯植株生长发育缓慢,茎秆矮小,叶面积小,光合作用差,生长势弱。缺磷时木薯块根外表同时伴有特殊病状,块根品质受到严重影响,缺磷特别严重时,底叶变橙色或稍微暗绿色,其后坏死并脱落。

(3)钾肥对木薯生长和产量的影响。钾肥是木薯生长过程中最重要的养分,对促进光合作用和淀粉形成有重要作用。钾肥充足时,植株生长健壮、茎秆坚实,叶片增厚,组织致密,抗病力强。缺钾时,木薯长势减弱,株高降低,节间缩短,茎细且分杈多,分枝平展,顶部叶细小淡绿,底叶的叶缘叶尖变黄坏死,甚至叶柄和叶片变小,植株下部根系不发达,块根小,品质差,产量低。

6. 木薯生长发育与灾害天气的关系

(1)风。微风有利于木薯生长。但木薯植株高大,忌台风,台风可造成叶片损伤和植株倒伏。叶片损伤叶后,容易被病原菌感染,细菌性枯萎病往往是因为台风才出现危害。因此,在台风频繁地区尤其是沿海地区,要注意选用矮秆品种和抗风品种,以减少台风的危害。同时,根据天气预报和传统栽培经验,可利用生产措施错开植株旺盛生长期与台风发生期。

(2)冰雹。冰雹一般发生在春、夏两季,这个时候是木薯生长前期向中期过渡的时期,植株生长旺盛,叶片嫩绿,遇到冰雹袭击,容易伤害叶片和木薯生长点。

(3)霜冻。霜冻是木薯生产上重要的自然灾害之一,也是木薯生育期最后界定的标志性天气。木薯受霜冻危害后,植株生长点和叶片细胞被破坏,茎秆上的腋芽受到冻害,植株地下部分的块根淀粉积累受到影响,严重时,植株死亡。

(4)水涝。水涝发生后,造成木薯地下部分受淹,根系容易腐烂,进而影响植株地上部分的正常生长，造成减产。

(5)干旱。一般情况下，干旱出现时木薯仍然能够生长。但是，由于缺乏水分，土壤干枯，木薯根系吸收和运输养分能力明显减弱，对产量产生不利的影响。

第三节　木薯栽培技术

一、选用适宜类型和优良品种

我国栽培的木薯品种，绝大多数都是从国外引进的，少数是国内选育的。栽培面积较大，分布较广的主要品种有华南205、华南124、华南6068、面包木薯、华南102、华南201、华南8002、华南8013等。

二、种茎的选择和处理

木薯种茎是木薯获得高产的关键因素之一。种茎质量不高，种茎参差不齐，导致木薯出苗不够整齐，个体植株间产量参差不齐，高低悬殊，如有的单株鲜薯产量达到10～15 kg，有的单株鲜薯重量却不足2～3 kg。这是目前中国木薯单产偏低的重要原因之一。必需加强木薯种茎选择和处理环节。

1. 木薯种茎选择

(1)选择成熟的木薯茎。要求木薯植株的茎要充分成熟，粗壮，节间短，茎皮完整，芽眼健壮完整，色泽鲜明，茎内的髓部充实并富含水分。未充分成熟植株的茎不宜做种茎。提倡选用木薯植株的大茎作种茎。其长出的新植株，不论株高、枝叶重、根头重、结薯数均有明显增加，因为大种茎所含的养分、水分较多，发芽粗壮，植株高大，枝叶多，光合作用面积大，因此块根产量也高。据试验，用直径粗3～4 cm的木薯植株的茎作种茎，比直径粗2 cm以下的种茎作种，增产达7%左右。

(2)选择植株健康无病虫害的木薯茎。木薯植株的健康茎作种，要求其达到无病虫害、无霜冻危害。

2. 木薯种茎处理

(1)中下段作种。对木薯植株的种茎，把它的头、尾两端去掉，选择植株的中下段作种。木薯种茎，头部部分往往木质化程度严重，出苗率偏低。种茎的尾段，由于成熟度不够，过于幼嫩，营养积累不足，长出的芽比较弱。种茎的中下一段，腋芽发育完善，成熟度好，生长激素和营养水平较高，生命力强，发芽率高，种植后，出苗快而整齐，幼苗健壮，产量高。

(2)快刀砍种。木薯种茎段砍方法正确与否，影响播种后的出苗率。木薯种茎的腋芽，是萌发木薯幼苗的部位，保护好种茎腋芽的安全和完整，是确保木薯苗全苗壮的基础。因此，木薯种茎段砍，必须讲究方法。具体做法：用一直径为5～8 cm的木条垫底，将木薯种茎置于木条上方，注意种茎腋芽不被压在木条上(主要是以防伤害腋芽)，再用利刀使劲一刀砍断。种茎砍口，应有一个光滑的斜面，不开裂，以防病菌入侵污染，影响出苗。

(3)种茎长度。种茎长度是指种茎的总长度。种茎的长短会影响发芽率，并与产量密切相关。种茎过长，用种量大。种茎太短，又会影响发芽和产量。种茎的长度，因品种、种茎粗细而定，一般每段种茎，应留3～5个芽，长度15～20 cm。砍好的木薯茎段，要注意防晒、防淋。

(4)种茎消毒处理。砍好的木薯种茎，一般要进行消毒处理。消毒方法一般用波尔多液500倍液或1%多菌灵溶液浸泡处理，一般浸泡3～5 min后再播种，不但可以预防病菌感染，也可以提高抗旱能力和提早发芽。

(5)预防地下害虫危害种茎的处理。砍好的木薯种茎播种后在地下易遭白蚁、金针虫等为害。被害后有的不发芽，有的不能长根，甚至造成死亡。有白蚁、地老虎和金针虫为害的地方，播种前将砍好的种茎，用速杀畏或广杀畏75 g加水50 kg，再加入适量黄泥土拌成泥浆，种茎的两端切口蘸泥浆。

三、整地与施基肥

1. 整地

木薯是块根作物，同时也是深根作物，它的生长发育特别是块根伸长与膨大，要求要有较深厚而疏松的耕作层。木薯种植地的整地，应按照如下方法进行。

(1)深耕翻晒。不论熟地、新荒地，一般在播种前一段时间，采用机耕进行深耕翻晒，让木薯种植地能够充分暴晒，提高土壤温度和保墒能力。最好进行犁晒过冬。机耕翻晒，一般要深翻25～30 cm。在木薯播种前进行种植地深耕翻晒，是保证木薯高产的基础。

(2)碎土。木薯种植前，应对深耕翻晒的土壤进行碎土整地。具体为：有条件使用农机作业的，可使用旋耕拖拉机耙打，将整个耕作层打烂耙碎。如用牛犁耙的，要一犁三耙，将土层犁深耙碎。要求达到土层深、松、碎、平、净。土壤疏松，透气性好，可提高土壤的蓄水、保肥和抗旱能力，为木薯的根系充分发育和薯块的膨大创造良好的条件。

(3)起畦整地。为了保持水土，防止冲刷，利用山岭或坡度较大的斜坡地种植(不能超过25°)，应作等高线起畦，以防水土流失。山地或坡地等高线起畦的，畦间形成一条小沟。因此，应在小沟中间，每隔10 m左右用土构筑高10 cm左右的小坝，各小坝连接形成一条蓄水沟，下雨时有利于将雨水聚集在沟内，不但可以有效地防止水土流失，更有利于保证有足够的水分供木薯生长发育需要，促进木薯单产提高。

2. 施基肥

中国种植木薯的地区，大多是旱地、坡地和丘陵山地等，灌溉条件比较差，多数靠天降雨。在这种条件下，肥料作基肥施放，有利于肥料在土壤中供木薯生长发育利用。因此，播种前最好施足基肥，以便木薯根系充分发育和不断提供植株生长所需养分，特别是在播种前将有机肥和磷、钾肥及应配施的其他微量元素肥料，混合施入效果更好。

木薯对氮、磷、钾三要素的要求，其比例大致是2∶1∶3。在实际应用中，要根据木薯品种特性、土壤条件、气候条件，尤其是土壤营养状况，合理施足基肥。氮素肥料不可施入过多，在土壤肥力水平高的情况下，为了避免植株徒长，把全部氮肥的2/3作基肥施入，1/3作追肥。

结合木薯生长特点，基肥施用方法如下：

(1)农家肥施用。有条件的地方，木薯种植的基肥，尽可能施用农家肥。一般每亩施用堆肥或厩肥1 000～1 500 kg作基肥，或者沤熟的猪牛粪或鸡粪，每亩施用500～1 000 kg。数量不足的，每亩再添加复合肥15～25 kg。

(2)化肥施用。使用复合肥作木薯种植基肥，一般每亩施用量为50～100 kg。木薯种植施用基肥，不管农家肥施用，或者化肥施用，都应将肥料与土壤混匀、覆盖，避免与木薯种茎接触，以免影响发芽出苗。

除可将磷肥和有机肥做基肥，不提倡将复合肥、氮肥和钾肥做基肥。如果高浓度化肥靠近种茎，容易烧芽。而化肥距离种茎太远，幼苗难吸收，不能及早发挥肥效。植后如遇天旱，不溶解的肥料对木薯苗无效，且早施氮肥会增加挥发损失。确需把有机肥和化肥全作基肥，宜结合地膜覆盖，先把肥料和泥土充分拌匀，再挖穴，将肥料施在一侧，盖土后，在另一侧埋种茎，若是牛犁或机械开沟，先撒肥后放种茎，也可先放种茎后撒肥，然后犁土埋好。肥料要靠近种茎的下部缺口，即芽的反方向一端，此处是块根形成最多处，有利于木薯养分吸收和增产。木薯间套种其他作物，一般是对间套种作物施足基肥和追肥，木薯靠残余的肥料，就可维持中后期的良好生长，并获得较高产量。如木薯长势不好，在收获间套种作物后，及时补充追肥。

四、适时插植，合理密植

（一）播种期的确定

适时播种是木薯获得高产的重要环节。木薯播种后，在土温达 14～16℃时即可发芽，气温在 18℃以上时发芽出苗迅速。在气温稳定在 12℃以上时，即可以开始播种。气温低于 12℃，往往不能发芽，或者发芽时间延长，时间过长会造成霉烂，甚至失去发芽能力。

木薯不同品种，生育期差异明显，早熟品种生育期 6～7 个月，中熟品种 7～8 个月，晚熟品种 9～10 个月。因此，各个木薯种植区域，根据上述情况，合理安排木薯播种期，争取木薯有足够的生长时间，以获得高产。

(1)在北回归线以南地区。这一地区属亚热带或温带地区，宜于春暖后的 3 月份种植，初冬降霜前 11～12 月份收获。可以种植早熟、中熟、迟熟品种，不同类型品种生育期差异明显，同时，加工企业对木薯收获期的要求不同，合理搭配品种布局，需要规划播种时间、播种面积，因此安排适期播种，对提高产量和效益有现实意义。

(2)在热带地区。气温适合时可随时播种。在亚热带或温带地区，则要在气温 12℃以上才能进行播种。一般木薯种植，当年种植当年收获，也有当年种植次年收获的。如果生育期不够，往往会影响产量和淀粉含量。所以，在温度条件许可的地方，应尽量提前播种，以延长木薯的生育期。

(3)在北回归线以北地区。无霜期天数随着纬度北移减少，在这种情况下，品种安排将有中熟品种向早熟品种过渡，针对当地情况，合理选用品种和合理安排播种期至关重要。因此，作为春种冬收的木薯，必须有科学的安排，实现适期播种。

（二）木薯播种方式选择

木薯的播种要根据当地的实际情况，适期播种和选用正确的播种方法，才能最大限度地利用当地适合木薯生长发育的气候资源，才能提高种植产量和淀粉含量。品种、土壤、气候决定着是采用平放、斜插还是直插。只要雨量充足(1 000～2 000 mm),种茎放置的方式不重要,若是沙地或雨量不足地区,采用直插栽培。雨水多的地区,采用陇上直插栽培,干旱地区采用平放栽培或是开沟栽培。我国栽培结果表明直插栽培与斜插栽培的产量稍高一些。

木薯种茎经砍种、消毒等处理之后,即可进行播种。播种方法有平放、斜插和直插 3 种方式:

(1)平放。挖穴或开沟 5～8 cm,将种茎平放,用土浅埋。

其优点:四周结薯,水平分布,浅生易收获,此方法常用于生产上。缺点:因全埋于土中,通透性差,发芽出土困难,易引起缺株,抗风性也较差。

(2)斜插。木薯种茎斜插,将种茎直接插种于种植穴,或者种植沟,或者垄中,所插的木薯种茎与地面呈 15°～45°。所插的种茎,其芽眼朝上(种茎的芽眼一定不能向下)。种茎的一端约 2/3 插进土中,另一端 1/3 露出表土(垄面),也可以略露 3～5 cm 或全埋于土里。

其优点:斜插的种茎,由于种茎部分露出地面,发芽出苗快,出苗率高,对保证全苗有利。植株生长的薯块,同一方向伸展,收获方便。此方法多用于起垄种植,方便机械化收获。缺点:抗风性较差。其抗风性、抗旱性和收获难度,介于平放和直插之间。

(3)直插。木薯种茎直插,起垄后将种茎的一端,垂直插植于土中或垄中,种茎另一端的 1/3 或 1/4 露出表土或全埋于土里。

其优点:出苗早而整齐,结薯多,抗旱抗风性能较好。缺点:播种时花工较多,薯块入土较深,大小不均匀,收获也较困难,大面积生产较少使用。

(三)播种量的确定

木薯种植过密,植株采光差,枝叶徒长,叶序稀疏,节间加长,茎秆细小,薯块小,产量低。种植过疏,单株产量虽高,株数不足,难获高产。因此,合理密植是木薯高产丰产的关键措施之一。

1. 合理密植的原则

木薯种植的密度,要根据品种特性、气候和土壤肥力等条件而定。合理密植的原则是植株高大、分枝多、生长期较长的品种,宜稀植。植株矮小、分枝少、生长期短的品种,宜密植。气候温暖湿润,土壤肥沃的地方,宜稀植。气温低、雨量少、土壤肥力较差或株型直立品种,可适当密植。

2. 种植规格

(1)植株高大、分枝多、生长期较长的品种,一般每亩种植 600～700 株,株行距为 1.0 m×0.8 m。

(2)植株矮小、分枝少、生长期短的品种,一般每亩种植 800～900 株,株行距为 0.8 m×0.8 m。

(3)植株特别高大的品种,每亩种植密度可以考虑 500 株左右,株行距为 1.0 m×0.8 m。

3. 播种量

木薯种茎用种量根据种茎的长度、品种、种茎粗细而定,一般每段种茎,应 3～5 个芽,长度 15～20 cm,每亩用种量 100 kg 左右。

(四)播种

播种田间作业的顺序为:开种沟→施基肥→盖薄土→摆放种茎→撒防虫药→盖土→淋水(雨天或土壤湿度较大时可不淋水)→喷施除草剂。若在冬植则加盖地膜。

(1)开种沟。一般一犁一耙后,按株行距开沟种植,犁土深 30～40 cm,开沟深 20～25 cm。

(2)施基肥。一般每亩施用堆肥或厩肥 1 000～1 500 kg 作基肥,或者沤熟的猪牛粪或鸡粪,每亩施用 500～1 000 kg。数量不足的,每亩添加复合肥 15～25 kg。使用复合肥作木薯种植基肥,一般每亩施用量为 50～100 kg。

(3)盖薄土。木薯种植施用基肥,不管农家肥施用,或者化肥施用,都应将肥料与土壤混匀、覆盖,避免与木薯种子(种茎)接触,以免影响发芽出苗。

(4)摆放种茎。种植时用利刀砍断种茎,插条长度以 15～20 cm 为宜,平放、斜插或直插入土里,浅盖土。

(5)防虫药处理。有白蚁、地老虎和金针虫为害的地方,播种前将砍好的种茎,用速杀畏或广杀畏 75 g 加水 50 kg,再加入适量黄泥土拌成泥浆,种茎的两端切口蘸泥浆。

(6)盖土。下种后盖土,厚度 3～4 cm 为宜,最厚不超过 5 cm。

(7)淋水。雨天或土壤湿度较大时可不淋水。

(8)喷施除草剂。犁耙过后的干净无杂草地,可单用乙草胺。而有较多细小杂草的新地,则应混合乙草胺和草甘膦,利用草甘膦杀死地表杂草,而乙草胺抑制地下杂草种子。栽植后4天内种茎萌发之前,可选用乙草胺和草甘膦防治杂草,一般约15 kg水加入40～60 mL 50%乙草胺乳油,15 kg水加入0.3～0.5 kg 10%草甘膦水剂,按每亩45～60 kg水均匀喷洒杂草,加少量洗衣粉和尿素等可增加药效。

五、田间管理

(一)查苗补苗与间苗定苗

1. 查苗补苗

木薯植后3～5周,出苗率50%～87%,要及时进行查苗补苗,此时往往有少量种茎由于质量差或植后小环境不适而造成缺株,应及时在缺株的位置上补植,以保全苗。正常情况下,木薯一般约有10%的缺苗率,因此,在种植时最好多留部分预备苗。在按株行距种植完后,留下10%左右砍好的种茎密密地插在地头,缺苗时用来补苗。植后及时用原来预留的种茎,或移植预先多种植的小苗进行补苗,补苗通常在植后20天开始,30天内完成,以免补植的幼苗受到荫蔽,影响生长。

2. 间苗定苗

幼苗出土后,同一种茎常有多个幼苗长出,如任其生长,则造成密度加大、株行间荫蔽和养分消耗。待齐苗时,苗高15～20 cm间苗定苗,将多苗的植株,每株留2苗,其余间掉。间苗时,用手或脚将植株压实后,再将多余的幼苗拔掉。间苗工作可结合中耕除草进行。

(二)中耕除草

中耕除草是提高木薯产量的重要因素,能促进块根发育,提高单株产量。木薯种茎栽植3周后就应该开始除草作业,直到叶冠封地。栽植后前2个月内的杂草竞争可以造成50%减产,4个月后的除草作业对增产无效,收获前的杂草丛生对产量影响不大,但会影响收获,降低种茎的质量。

木薯的块根需要土壤疏松、通气良好的表土层才能发育良好。因此,植后3个月内的中耕除草是促进块根增长、提高单株产量的关键时期。一般植后30～40天,苗高15～20 cm时,就可以进行第一次中耕除草,促进幼苗生长。植后60～70天可进行第二次中耕除草。植后90～100天,如果需要,可进行第三次中耕松土。

（三）肥水管理

1. 因地制宜合理施肥

施肥应因地制宜，考虑土壤肥力、施肥时间、品种、气候条件、木薯营养需求等因素，适当调整配方比例施肥。施肥应按土壤肥力和木薯营养需求进行诊断后施肥，施肥量也应以土地肥瘦决定。一般在新垦荒地的肥沃土壤种木薯，建议在头2年连作木薯时，可不施肥。中等肥力土壤或连作2年木薯后，一般以 $N：P_2O_5：K_2O=2：1：(2\sim3)$为最佳平衡施肥配比。连作5年后，以 $N：P_2O_5：K_2O=3\sim4：1：(3\sim4)$为最佳平衡施肥配比。

木薯块根含有很高的钾(K)，其次是氮(N)，较低的磷(P)、钙(Ca)、镁(Mg)和硫(S)，整株木薯的氮、磷、钾、钙和镁的营养要求比例约为5：1：6：2：1。其中，磷、钙和镁肥需求量较少，大多数土壤不表现出缺乏症状。

2. 施肥时期

木薯的施肥时期和方法要根据其生长周期、气候特点、土壤肥力、肥料种类和经济因素等条件决定，原则是施足基肥，合理追肥，氮、磷、钾配合施用。

在水土流失不严重的地方，最理想的做法是在种植时施足基肥，木薯植后1个月，一次全施苗肥即可，此时苗高20 cm左右，趁雨后或雾天施肥，地湿和雾水可较快溶解肥料，让木薯苗吸收快长，植后2个月施肥。木薯前期生长营养不足，影响后期产量。植后1个月1次施完肥，比分次施或迟施能获得较高的鲜薯干物质含量和淀粉含量，既省工，又高产。如果发现在木薯中后期缺肥，可适当补施钾肥。

在高温多雨，淋溶严重的地方或易漏水、漏肥的沙壤土一次性施肥往往难以保证其全生育期的需要，一般追施2～3次，分为壮苗肥、结薯肥和壮薯肥。壮苗肥以氮为主，植后30～40天内施用，结薯肥以钾为主并适施氮肥，植后60～90天施用，可促进块根形成，保证单株薯数。如果土壤贫瘠，最好施一次壮薯肥，植后90～120天内施用，可促进块根膨大和淀粉积累。

3. 施肥方法

在生产上，由于木薯的生长与土壤和气候之间的相互作用，特别是在高温多雨，淋溶严重的地方，肥料的一次施用往往难于保证其全生育期的需要。因此，在实践上，一般应追施2～3次，分为壮苗肥，结薯肥和壮薯肥。壮苗肥以氮肥为主，每亩施尿素5～7.5 kg。于种植后30～40天内，结合中耕除草，间苗施用。结薯肥以钾肥为主并适施氮肥。每亩施尿素5 kg，氯化钾15 kg于种植后60～90天施用。可促进块根形成，保证单株结薯率。如果土壤贫瘠的地块，最好能施一次壮薯肥，于种植后90～120天内使用，每亩施氯化钾5～7.5 kg，可促进块根膨大和淀粉积累。

（四）植物生长调节剂的应用

生产上木薯生长调节剂主要有两大类：一类是促进萌芽及茎叶生长，如芸薹素、腐殖酸、氨基酸等；另一类是促进木薯块根膨大，同时有抑制茎叶生长的效果，如多效唑、矮壮素、块根膨大素等。按处理部位可分为处理种茎和处理叶片2种。如吲哚乙酸、芸薹素等浸泡种茎，宇花灵1号、多效唑等用来叶面喷施，均可增产。

用吲哚乙酸200 mg/L溶液浸泡木薯种茎，在激素的刺激下，种茎头部生根多、生根快、出芽快、吸收营养早，能提高叶绿素含量。综合应用生长调节剂的方法：

①用芸薹素浸种，提早出芽及齐苗。

②木薯株高30～50 cm时，喷300倍15%多效唑+0.3%磷酸二氢钾。

③木薯株高80～100 cm及120～150 cm时，各喷1次（共2次）300倍15%多效唑+0.3%磷酸二氢钾+块根膨大素。

综合应用上述生长调节剂，其综合效应一般都能达到15%左右的增产效果，每亩增产木薯500 kg左右。

（五）病、虫、冻害防治

木薯与其他农作物相比，抗逆性强，不但耐旱耐贫瘠，抵御病虫害能力相对较强。较为常见的木薯病害，主要有病毒病、细菌性枯萎病、细菌角斑病、褐色叶斑病和枯萎叶斑病等。主要害虫有螨类、金针虫、象鼻虫、地老虎、白蚁等。可以参考NT/T 2046—2011《木薯主要病虫害防治技术规范》进行防治。

中国木薯种植区域广，气候条件复杂，一些地区容易发生霜冻、寒害等，造成木薯生产尤其是木薯种茎冻死的灾害性后果。2008年1～2月份，中国南方地区发生大范围、长时间的低温寒害，给农业造成重大损失。广西在长达35天的低温寒冷天气中，给木薯造成重大灾害，不但尚未收获的木薯严重冻害，而且90%木薯种茎冻死。因此，加强木薯霜冻和寒灾生产恢复性技术研究，对保障木薯产业可持续发展有重要意义。

六、收获加工

木薯收获有两方面内容，一是适时收获。二是收获工艺，包括木薯植株的砍伐处理、块根采挖、块根装运等环节。

1. 适时收获

一般在木薯鲜薯产量基本达到要求、鲜薯淀粉含量达到较高水平时进行采收，称为适时采收。

我国广东、广西、海南等地，一般在 3 月份初至 3 月底播种，早熟品种可于 10 月中下旬起陆续收获，中熟品种可于 11 月初开始陆续收获，晚熟品种从 11 月底开始陆续收获。4 月份播种的，早熟品种在 11 月份初收获。中熟品种 11 月中旬开始收获。晚熟品种 11 月底开始收获。但是，在广西木薯主产区，由于劳动力安排、加工企业进厂原料安排和一般无霜冻为害等原因，木薯收获时间往往拉得较长，一般在每年的 11 月份至次年 2 月份收获，前后历时 4 个月，收获的原则是先早熟品种，后中熟品种、晚熟品种，以保证木薯淀粉含量处于较好水平。值得注意的是，在有霜冻的地区，应在霜冻来临之前收获，以减轻对木薯的伤害。

2. 木薯收获工艺

木薯采收方法，要因地制宜，并根据木薯植株利用途径，安排采收工艺。

(1)木薯植株的砍伐。一般木薯植株作种茎利用，宜采用整株连块根一起拔起，再砍植株。木薯植株直接粉碎还田的，可以直接用刀或者专用锄头，在植株的基部(地面上 5 cm 左右)砍断。

(2)木薯块根的采挖。一般木薯植株作种茎利用，宜采用整株连块根一起拔起，或者用专用木薯采收工具整株撬起。木薯植株直接粉碎还田的，或者不作种茎利用的，在植株的基部(地面上 5 cm 左右)砍断后，挖起木薯块根。也可用牛从木薯种植畦的两边犁开，再用锄头掘收，挖掘时注意不要将块根切断或损伤，以免腐烂。大面积种植，可用机械收获，方法是先砍去茎秆，然后在拖拉机上装上没有翻土板的犁头，犁松土表而翻动块根，加快收获速度和时间。

(3)木薯块根的砍伐。木薯植株的块根从地里挖出后，直接用利刀在木薯头和木薯块根的连接处砍断，木薯头和木薯块根分别堆放。为了使木薯块根耐贮藏、运输，在用刀砍伐块根和堆放时，要注意尽量避免伤害木薯块根表皮。

(4)木薯块根的装运。木薯采收后，及时装车运输，进入加工环节。

实验实训一　木薯种茎处理

一、目的要求

学习和掌握木薯种茎处理方法及操作步骤。

二、材料用具

木薯茎秆、石灰粉、锋利菜刀、砧板(木板)、大水缸、农药等。

三、方法步骤

(1)选择木薯植株茎的中下段作种。对木薯植株的种茎,把它的头、尾两端去掉,选择植株的中下段作种

(2)快刀砍种。用一直径为5～8 cm的木条垫底,将木薯种茎置于木条上方,注意种茎腋芽不被压在木条上(主要是以防伤害腋芽),再用利刀使劲一刀砍断。种茎砍口,应有一光滑的斜面,不开裂。

(3)种茎长度。一般每段种茎,应留3～5个芽,长度15～20 cm。砍好的木薯茎段,要注意防晒、防淋。

(4)种茎消毒处理。砍好的木薯种茎,一般要进行消毒处理。消毒方法一般用波尔多液500倍液或1%多菌灵溶液浸泡处理,一般浸泡3～5 min后再播种。

(5)种茎预防地下害虫的处理。用速杀畏或广杀畏75 g加水50 kg,再加入适量黄泥土拌成泥浆,种茎的两端切口蘸泥浆。

四、考核

序号	考核内容	考核要求	分值
1	选种	操作规范,符合标准	25
2	砍种	操作规范,熟练掌握砍种方法	25
3	种茎长度	符合标准	10
4	消毒	配药、消毒方法正确,操作熟练	20
5	预防地下害虫的处理	配药方法正确,操作熟练	20

五、作业

简述种茎处理的方法步骤，指出存在问题并提出解决办法。

实验实训二　木薯播种技术

一、目的要求

学习并初步掌握下种技术和要求。

二、材料用具

木薯种茎、肥料、农药、田块、锄、铲等。

三、方法步骤

(1)田块准备：经犁耙达整地质量要求后起畦。畦宽(包沟)100 cm。

(2)开种沟：按株行距开沟种植，犁土深 30～40 cm，开沟深 20～25 cm。

(3)施基肥：每亩施用复合肥 50～100 kg。

(4)盖薄土：将肥料与土壤混匀、覆盖，避免与木薯种子(种茎)接触。

(5)摆放种茎：种植时用种茎，插条长度以 15～20 cm 为宜，平放、斜插或直插入土里，浅盖土。株行距多为 1 m×0.8 m。

(6)撒防虫药：用速杀畏或广杀畏 75 g 加水 50 kg，再加入适量黄泥土拌成泥浆，种茎的两端切口蘸泥浆。

(7)盖土：下种后盖土，厚度 3～4 cm 为宜，最厚不超过 5 cm。

(8)淋水：雨天或土壤湿度较大时可不淋水。

(9)喷施除草剂：一般约 15 kg 水加入 40～60 mL 50%乙草胺乳油，15 kg 水加入 0.3～0.5 kg 10%草甘膦水剂，按每亩 45～60 kg 水均匀喷洒杂草，加少量洗衣粉和尿素等可增加药效。

四、考核

序号	考核内容	考核要求	分值
1	整地	标准、规范	15
2	开种沟	标准、规范	15
3	施基肥	方法正确、规范	10
4	盖薄土	方法正确、规范	10
5	摆放种茎	操作步骤正确、规范	10
6	撒防虫药	准确配药、操作熟练	10
7	盖土	标准、规范	10
8	淋水	操作熟练、水量适中	10
9	喷施除草剂	准确配药、熟练使用喷雾器	10

五、作业

计划种植华南205号100亩，行距1 m，株距0.8 m，已知每个种茎平均重量为0.1 kg，问应准备多少吨木薯种茎？

思考与讨论

1. 简述木薯生产的意义。
2. 简述木薯形态特征。
3. 简述木薯生长发育与环境条件关系。
4. 简述木薯播种的平放、斜插和直插三种方法优缺点。
5. 简述木薯种茎选择方法和木薯种茎处理的技术要求。
6. 试述木薯播种技术。
7. 试述木薯施肥技术。
8. 试述木薯植物生长调节剂应用技术。

参考文献

[1]张明沛．广西冬季农业．西宁：广西人民出版社，2012.

[2]李振陆．作物栽培．北京：中国农业出版社，2008.

[3]张振文，李开绵．木薯及加工利用100问．国家木薯产业技术体系．北京：中国农业出版社，2017.

[4]韦本辉．中国木薯栽培技术与产业发展．北京：中国农业出版社，2010.